Paul Gerretz

Hydrogetriebe

Grundlagen,
Bauglieder, Auslegung, Gestaltung

Springer-Verlag
Berlin · Heidelberg · New York 1977

PAUL GERRETZ
Ing. (grad.), Oberingenieur,
ehem. Leiter des technischen Kundendienstes für hydrostatische Getriebe
der Mannesmann-Meer AG, Mönchengladbach

Mit 149 Abbildungen

ISBN 978-3-540-07673-5 ISBN 978-3-642-52187-4 (eBook)
DOI 10.1007/978-3-642-52187-4

Library of Congress Cataloging in Publication Data
Gerretz, P. 1931-Hydrogetriebe: Grundlagen, Bauglieder, Auslegung, Gestaltung.
Bibliography: p. Includes index. 1. Oil hydraulic machinery. 2. Hydraulic control. I. Title.
TJ843.G43 621.2'0424 76-23216

Offsetdruck: fotokop wilhelm weihert kg, Darmstadt. Bindearbeiten: Konrad Triltsch, Würzburg.

Vorwort

In den beiden letzten Jahrzehnten hat die Ölhydraulik als Antriebstechnik verbreitet Anwendung im allgemeinen Maschinenbau gefunden. Sie steht in der Vielfalt ihrer Anwendungsarten, Gestaltungsmöglichkeiten und Bedeutung gleichrangig neben dem direkten elektrischen Antrieb. In ihrer Vielfalt hat sie sich bereits in eine Anzahl von Einzelgebieten aufgeteilt, die selbständig nebeneinander existieren. Jedes ist über Jahrzehnte gewachsen und setzt zu seiner Beherrschung Spezialkenntnisse voraus.

Das vorliegende Buch beschränkt sich ausschließlich auf die Hydrogetriebe (hydrostatische Getriebe). Es soll vor allen Dingen den Konstrukteur und den in Ausbildung befindlichen Fachhochschulingenieur mit den Besonderheiten dieser Antriebsart vertraut machen. Da eine Anzahl guter Fachbücher und Veröffentlichungen die rein theoretischen Grundlagen der Hydrostatik, der Hydrodynamik und der Hauptelemente des Hydrogetriebes, nämlich Hydropumpe und Hydromotor, vermittelt, wird in diesem Buch nur insoweit auf die grundsätzlichen Zusammenhänge eingegangen, wie es zum Verständnis für die Entwicklung von Formeln u.ä. für den praktischen Gebrauch erforderlich ist.

Damit ist gleichzeitig die Zielsetzung dieses Buches umrissen: Mit den Erkenntnissen der letzten 20 Jahre soll da, wo früher mit Annahmen gearbeitet werden mußte, weil es an Erfahrung fehlte, der Rechenschieber zur Hand genommen werden, um die Einflußgrößen so klar zu erfassen, daß mit der in der Technik erforderlichen ausreichenden Genauigkeit und Sicherheit projektiert, konstruiert und gefertigt werden kann. Es ist meine Hoffnung, daß es auch in diesem Bereich der Technik gelingen mag, viele Fehler, die noch heute immer wieder unterlaufen, in Zukunft zu vermeiden.

Wegberg, im Sommer 1976 Paul Gerretz

Inhaltsverzeichnis

1 Einführung

1.1 Grundlagen, Begriffsbestimmung

Der Begriff "Getriebe" ist in der Technik klar umrissen. Ein Getriebe ist ein Antriebselement, welches zur Wandlung von Drehzahlen und Drehmomenten dient.

Man unterscheidet mechanische Getriebe und hydraulische Getriebe, deren Abtriebsdrehzahl entweder nicht veränderbar, stufenlos veränderbar oder in Stufen veränderbar ist. Beim hydraulischen Getriebe unterscheidet man ferner das hydrostatische Getriebe und das hydrodynamische Getriebe.

Beim mechanischen Getriebe erfolgt die Übertragung der Leistung, d.h. von Drehmoment und Drehzahl, durch mechanische Elemente, wie z.B. Zahnräder, Keilriemen u.ä. Beim hydraulischen Getriebe werden in der Regel als Übertragungsmittel homogene Flüssigkeiten benutzt, z.B. Mineralöle, Öl-Wasser-Gemenge und synthetische Flüssigkeiten.

Die Begriffe "hydrostatisch" und "hydrodynamisch" sind aus einem Teilgebiet der technischen Physik, der Mechanik, entlehnt. In der vorliegenden Wortzusammensetzung bedeutet hydro: Wasser oder inkompressible Flüssigkeit, statisch: Leistungsübertragung durch eine Kraft, dynamisch: Leistungsübertragung durch eine Bewegung.

Die Bezeichnungen "hydrostatische" und "hydrodynamische Getriebe" sind im Laufe der Zeit zu Eigenbegriffen geworden. Streng genommen ist eine ausschließliche Zuordnung in die Gebiete Hydrostatik und Hydrodynamik nicht korrekt.

1.1.1 Hydrostatisches Getriebe

Von Pascal stammt das Gesetz: Wird eine Flüssigkeit einem äußeren Druck ausgesetzt, der nur in einer Richtung wirkt, so pflanzt sich dieser auf alle Flüssigkeitsteile (und die Teile, die mit der Flüssigkeit in unmittelbarer Berührung stehen) nach allen Richtungen fort (Bild 1). Dieses physikalische Grundgesetz der Hydrostatik kommt im hydrostatischen Getriebe, im folgenden kurz Hydrogetriebe genannt, zur Anwendung [1].

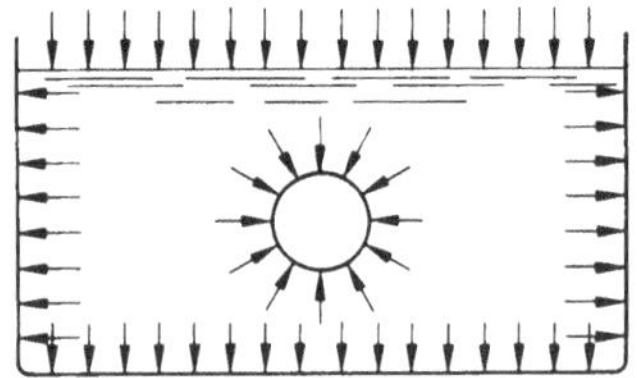

Bild 1. Hydrostatisches Prinzip nach Pascal

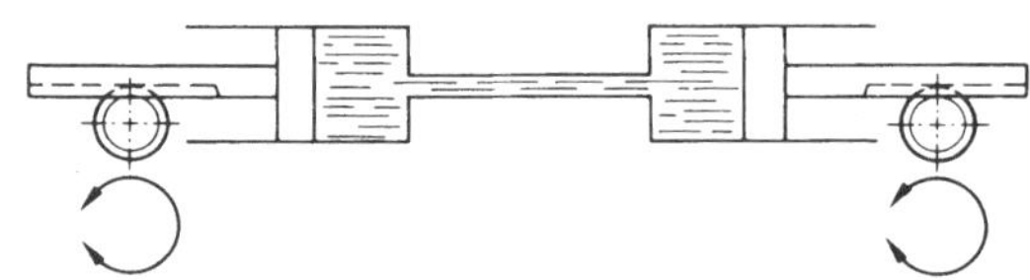

Bild 2. Physikalisches Prinzip eines hydrostatischen Getriebes

In einer Verdrängerpumpe (z.B. Kolbenpumpe) wird ein Flüssigkeitsstrom (Volumen pro Zeiteinheit) unter Druck gesetzt. Führt man diesen Druckflüssigkeitsstrom einem Verdrängermotor (z.B. Kolbenmotor) zu und ermöglicht in diesem eine Druckentspannung, so nimmt die Abtriebswelle dieses Verdrängermotors eine dem Flüssigkeitsstrom direkt proportionale Drehzahl an bei gleichzeitiger Abgabe eines der Druckentspannung direkt proportionalen Drehmomentes. Die bei diesem Vorgang übertragene Leistung ist das Produkt aus dem Volumenstrom (Flüssigkeitsstrom) und der Druckdifferenz (Bild 2) [2].

Ein Hydrogetriebe besteht aus den Hauptgliedern Hydropumpe und Hydromotor, wobei jedes dieser Glieder mindestens einmal vorhanden ist. Man unterscheidet vier Arten:

Hydrogetriebe mit offenem Kreislauf, ohne Speisepumpe (Bild 3). Die Hydropumpe entnimmt die Betriebsflüssigkeit aus dem Flüssigkeitsbehälter und führt diese über Rohrleitungen (Ferngetriebe) bzw. Bohrung oder Kanäle (Kompaktgetriebe) dem Hydromotor zu. Vom Hydromotor gelangt die Betriebsflüssigkeit wieder in den Behälter.

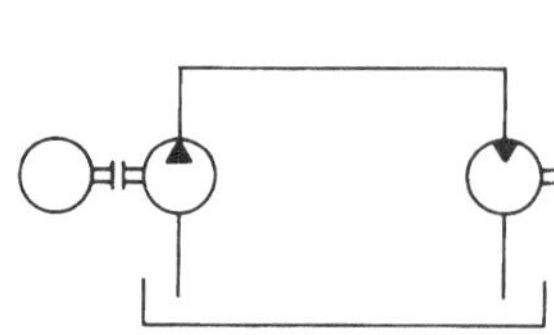

Bild 3. Hydrogetriebe im offenen Kreislauf ohne Speisepumpe

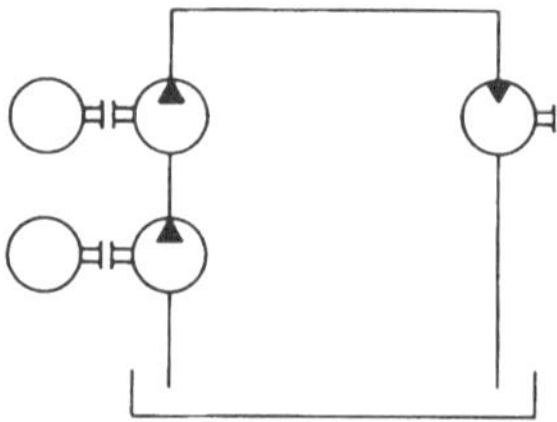

Bild 4. Hydrogetriebe im offenen Kreislauf mit Speisepumpe

Hydrogetriebe mit offenem Kreislauf, mit Speisepumpe (Bild 4). Eine zusätzliche Speisepumpe entnimmt die Betriebsflüssigkeit dem Behälter und führt sie der Hydropumpe zu (Einspeisung). Hydrogetriebe mit geschlossenem Kreislauf, ohne Speisepumpe (Bild 5). Die Hydropumpe entnimmt über ein Nachsaugeventil die Betriebsflüssigkeit aus dem Flüssigkeitsbehälter und führt sie dem Hydromotor zu.

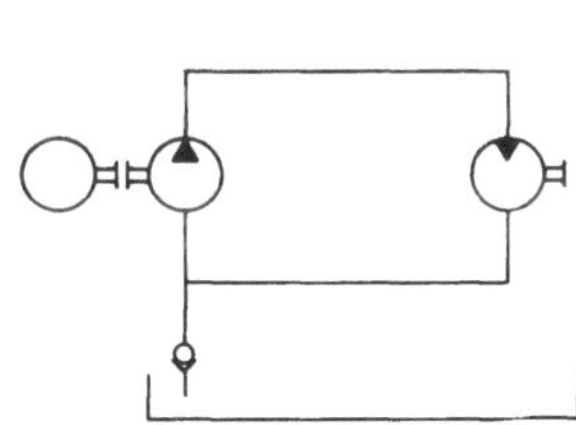

Bild 5. Hydrogetriebe im geschlossenen Kreislauf ohne Speisepumpe mit Nachsaugeventil

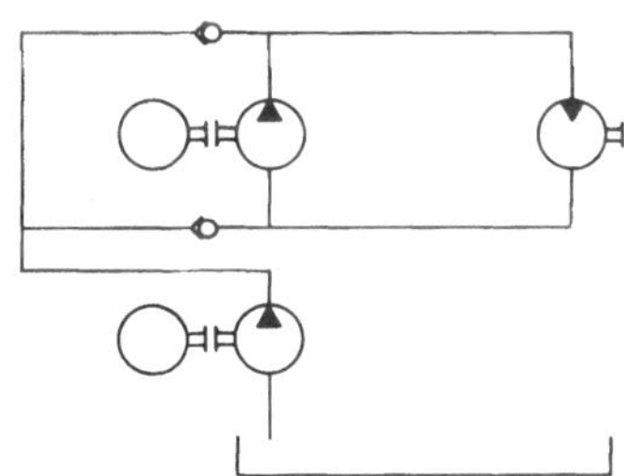

Bild 6. Hydrogetriebe im geschlossenen Kreislauf mit Speisepumpe und Speiseventile

Von diesem gelangt die Betriebsflüssigkeit unmittelbar zur Hydropumpe zurück. Zum Ausgleich von Leckverlusten saugt die Hydropumpe ein bestimmtes Flüssigkeitsvolumen über ein Nachsaugeventil laufend nach.

Hydrogetriebe mit geschlossenem Kreislauf, mit Speisepumpe (Bild 6). Eine zusätzliche Speisepumpe entnimmt die Betriebsflüssigkeit aus dem Flüssigkeitsbehälter und füllt beim Anfahren über zwei Speiseventile Rohrleitungen, Hydropumpe und Hydromotor. Die Betriebsflüssigkeit wird dann von der Hydropumpe dem Hydromotor zugeführt. Vom Hydromotor gelangt die Betriebsflüssigkeit unmittelbar zur Pumpe zurück. Zum Ausgleich von Leckverlusten speist die Speisepumpe laufend in das System ein.

Um die erforderliche Betriebssicherheit zu gewährleisten, sind weitere Bauglieder erforderlich, wie z.B. Kupplungen, Filter, Wärmetauscher, Druckmeßgeräte, Druckbegrenzungsventile u.ä. Nähere Erläuterungen hierzu siehe Abschnitt 3.2.

1.1.2 Hydrodynamisches Getriebe

Von Newton stammt das Gesetz: Kraft ist gleich Masse mal Beschleunigung (Bild 7). Es kommt im hydrodynamischen Getriebe zur Anwendung.

In einer Zentrifugalpumpe (z.B. Kreiselpumpe) wird einem Flüssigkeitsstrom (Masse pro Zeiteinheit) eine Geschwindigkeit aufgedrückt. Führt man diesen Massenstrom einer Turbine zu und ermöglicht in dieser eine Verzögerung der Geschwindigkeit, so gibt die Abtriebswelle der Turbine ein der Verzögerung proportionales Drehmoment ab. Die Abtriebsdrehzahl ist abhängig von der Belastung. Die bei diesem Vorgang übertragene Leistung ist das Produkt aus Dralländerung des Massenstromes und der Winkelgeschwindigkeit [3].

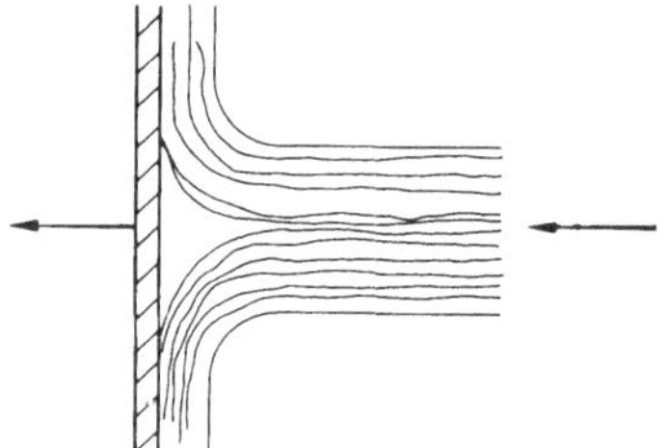

Bild 7. Hydrodynamisches Prinzip nach Nowton

Das hydrodynamische Getriebe besteht aus den Hauptgliedern Pumpenrad, Turbinenrad, Leitrad und Gehäuse (Bild 8).

Bild 8. Bauelemente eines hydrodynamischen Getriebes

1.1.3 Zusammenfassung

Hydrogetriebe und hydrodynamisches Getriebe sind in Funktionsprinzip, Aufbau und Anwendungsmöglichkeit grundverschieden. Beide arbeiten nach völlig unterschiedlichen physikalischen Grundgesetzen. Beim Hydrogetriebe resultieren Abtriebsdrehmoment - und - drehzahl aus den Beziehungen (Bild 9)

Drehmoment = Druck des Volumenstromes mal Verdrängerfläche mal Hebelarm,

$$M = p S r;$$

$$\text{Drehzahl} = \frac{\text{Volumenstrom}}{\text{verdrängtes Volumen pro Umdrehung}},$$

$$n = \frac{Q}{S\,2r\pi}.$$

Beim hydrodynamischen Getriebe resultiert das Abtriebsdrehmoment aus (Bild 10) [4]

Drehmoment = Massenstrom mal Differenz der Geschwindigkeitskomponenten mal Hebelarm,

$$M = \frac{Q}{g_n} (c_1 \cos\alpha_1 r_1 - c_2 \cos\alpha_2 r_2).$$

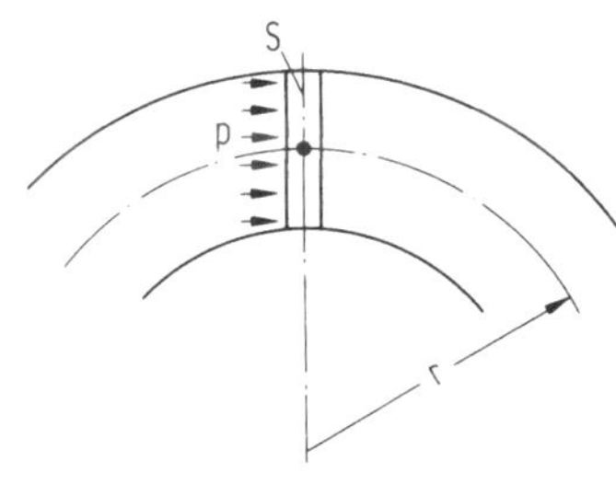

Bild 9. Drehmoment beim Hydrogetriebe

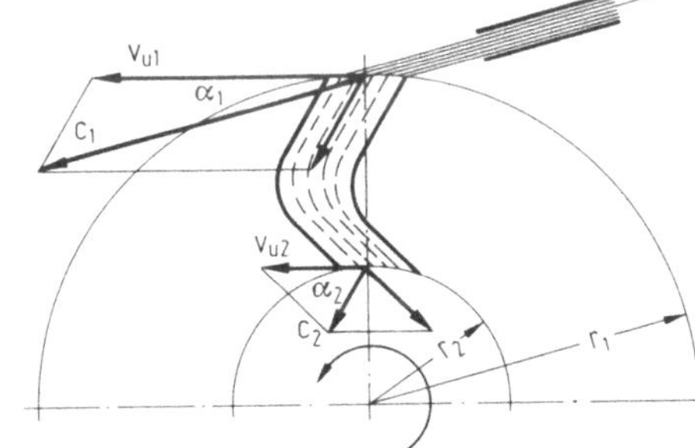

Bild 10. Drehmoment beim hydrodynamischen Getriebe

Die Abtriebsdrehzahl ist abhängig von der Belastung, der konstruktiven Auslegung von Kreiselpumpe und Turbine sowie der Antriebsdrehzahl der Kreiselpumpe.

1.2 Physikalische Grundgesetze

1.2.1 Die Gesetze der Hydrostatik

In der Physik werden die Gesetze der Hydrostatik meist an Behältern, die mit einer ruhenden, inkompressiblen, homogenen Flüssigkeit gefüllt sind, abgeleitet. Diese Flüssigkeit zeigt das für rein theoretische Untersuchungen ideale Verhalten und soll daher als "ideale Flüssigkeit" bezeichnet sein.

Im Gegensatz hierzu steht die "reale Flüssigkeit", die das natürliche Verhalten zeigt. Obwohl beim Hydrogetriebe die reale Flüssigkeit in Bewegung und in beschränktem Ausmaß kompressibel ist, bleiben die Gesetze der Hydrostatik (mit der "idealen Flüssigkeit") gültig.

Als wesentliches Merkmal der Hydrostatik ist der Flüssigkeitsdruck p, die pro Flächeneinheit wirkende Druckkraft, anzusehen. Jeder Flüssigkeitsdruck läßt sich in Form eines Höhenmaßes ausdrücken. Ist ein Gefäß im luftleeren Raum mit einer idealen Flüssigkeit mit der Masse m gefüllt, so beträgt der Flüssigkeitsdruck am Boden des Gefäßes (Bild 11)

$$p_h = \frac{G}{S}.$$

Setzt man

$$G = S h \rho g_n ,$$

so wird

$$p_h = \frac{S h \rho g_n}{S} = h \rho g_n$$

und damit

$$h = \frac{p_h}{\rho g_n} , \qquad (1)$$

d.h. jeder Flüssigkeitsdruck kann als ein durch das Eigengewicht einer entsprechend hohen Flüssigkeitssäule hervorgerufener Druck (Kraft pro Flächeneinheit) angesehen werden.

Nach der früheren technischen Definition übt eine Wassersäule von 10 m Höhe bei einer Temperatur von 4 °C auf eine Fläche von 1 cm² eine Druckkraft von 1 kp = 9,81 N aus. Der Flüssigkeitsdruck beträgt dann

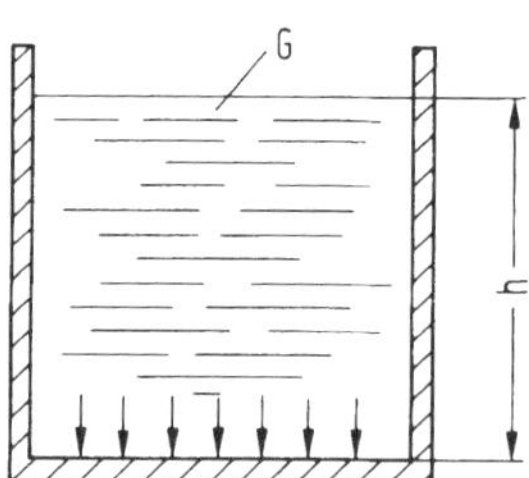

Bild 11. Flüssigkeitsdruck aus der Gewichtskraft

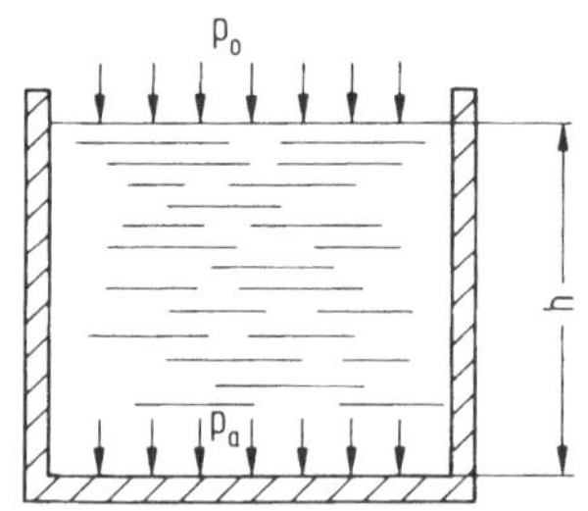

Bild 12. Absoluter Druck aus Gewichtskraft und Luftdruck

$$1\,\mathrm{kp/cm^2} = 9{,}81 \cdot 10^4\,\mathrm{N/m^2} = 0{,}981\,\mathrm{bar}.$$

Unter Berücksichtigung des Luftdruckes p_0, der auf die Oberfläche der Flüssigkeitssäule wirkt, beträgt der Druck am Boden des Gefäßes (Bild 12)

$$p_a = p_h + p_0 = h \rho g_n + p_0 .$$

Dieser Druck wird absoluter Druck genannt und hatte im früheren Maßsystem die Einheit ata. Der den absoluten Druck übersteigende Druck $p_ü$ wurde Überdruck genannt (Einheit: atü), der Luftdruck p_0 hieß Atmosphärendruck (Einheit: atm). Eine Unterschreitung des jeweils herrschenden Luftdruckes wurde Unterdruck p_u

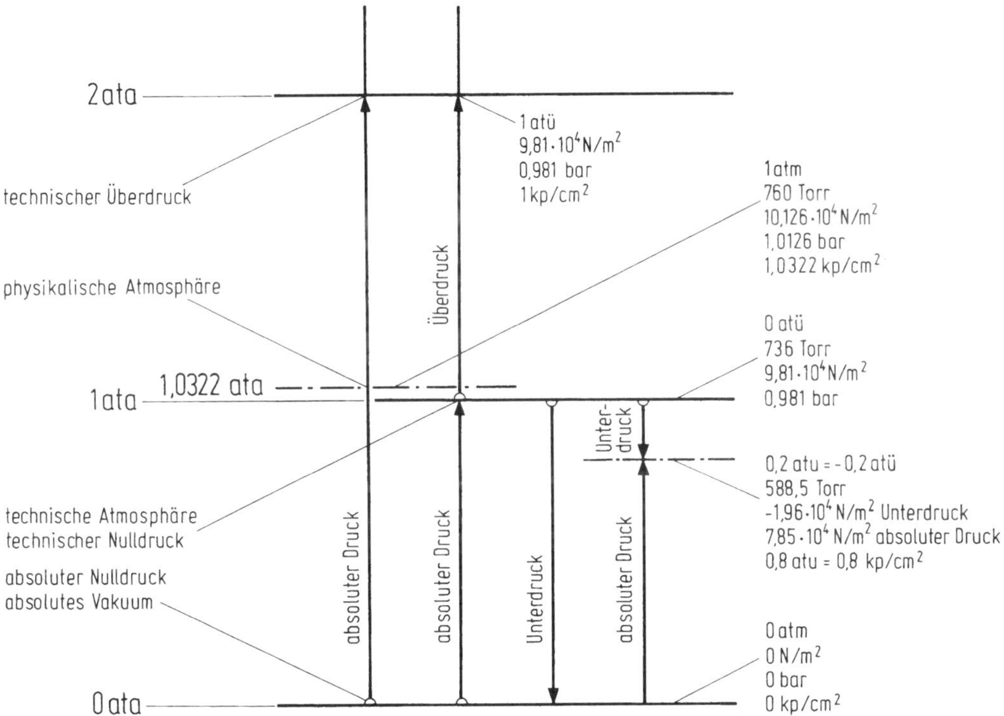

Bild 13. Gegenüberstellung der Druckangaben in verschiedenen Maßsystemen

genannt (Einheit: atu). Zur Veranschaulichung dieser verschiedenen Drücke dient Bild 13.

Da der Luftdruck schwankt, hat man als technische Atmosphäre 1 at = 735, 559 Torr = 0, 967841 atm = 0, 980665 bar = 9, 80665 · $10^4 N/m^2$ festgelegt. Dieser Druck herrscht grundsätzlich im vom vollen Luftdruck belasteten Raum. Da der Luftdruck aber im räumlichen Bereich der technischen Praxis überall vorhanden ist, hebt sich seine Wirkung praktisch immer auf (Bild 14). Jeder Gegenstand wird allseitig mit dem gleichen Druck belastet [5].

Um das Gesetz von Pascal (vgl. Abschnitt 1.1.1) zu veranschaulichen, denke man sich ein Gefäß gemäß Bild 15. Der Kolben K_1 soll um die Höhe h_1 durch Verdrängen des Volumens mittels Kolben K_2 (K_3,K_4) angehoben werden. Das zu verdrängende Volumen beträgt

$$V_1 = S_1 h_1 .$$

Dieses Volumen V_1 muß gleich sein dem durch K_2 (K_3,K_4) verdrängten Volumen, also

$$V_1 = V_2 (= V_3 = V_4) = S_1 h_1 = S_2 h_2 \; (= S_3 h_3 = S_4 h_4) \, .$$

Der von K_2 (K_3, K_4) auszuführende Hub beträgt also

$$h_2 = \frac{S_1 h_1}{S_2} \, , \left(h_3 = \frac{S_1 h_1}{S_3} \, , \; h_4 = \frac{S_1 h_1}{S_4} \right) .$$

Die zu verrichtende Arbeit beträgt

$$A = F_1 h_1 = F_2 h_2 (= F_3 h_3 = F_4 h_4) \, .$$

Die an K_1 wirksam werdende Kraft F_1 beträgt

$$F_1 = S_1 p_1 \, .$$

Es ist also

$$S_1 p_1 h_1 = F_2 h_2 (= F_3 h_3 = F_4 h_4)$$

und weiter

$$S_1 p_1 h_1 = F_2 \frac{S_1 h_1}{S_2} \left(= F_3 \frac{S_1 h_1}{S_3} = F_4 \frac{S_1 h_1}{S_4} \right) ,$$

$$p_1 = \frac{F_2}{S_2} = \frac{F_3}{S_3} = \frac{F_4}{S_4} \, .$$

Der Druck ist also an jedem Kolben gleich.

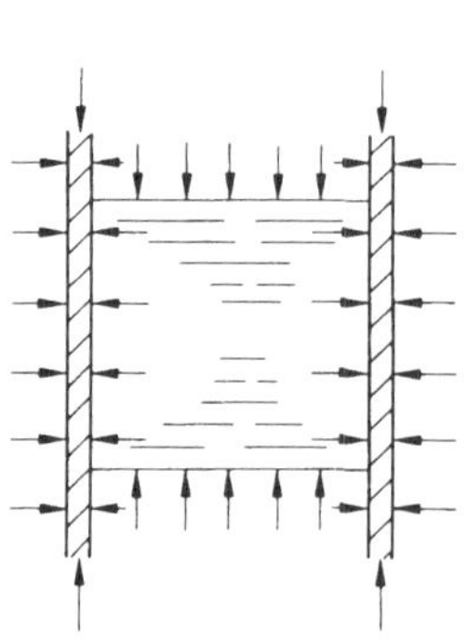

Bild 14. Ausgleich des Luftdruckes

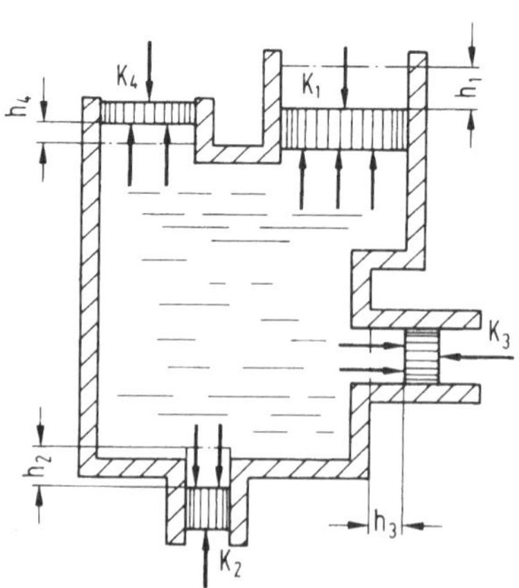

Bild 15. Veranschaulichung des Gesetzes von Pascal

Die vorstehenden Darstellungen beinhalten die wichtigsten Funktionsgrundlagen des Hydrogetriebes, deren Kenntnis Voraussetzung für seine Auslegung und Gestaltung sind. Die Ableitung der speziellen Berechnungsformeln erfolgt in Abschnitt 2.

1.2.2 Die Gesetze der Strömungslehre

Die folgenden Erörterungen setzen voraus, daß die Gesetze der Strömungslehre in ihrer Ableitung bekannt sind. Es werden daher nur wesentliche Gesichtspunkte, die für die Erklärung noch aufzuzeigender Zusammenhänge von Bedeutung sind, angeführt.

In Abschnitt 1.2.1 wurde bereits erwähnt, daß im Gegensatz zu den Voraussetzungen bei der klassischen Ableitung der Grundgesetze der Hydrostatik beim Hydrogetriebe die Betriebsflüssigkeit weder ruhend noch verlustfrei noch inkompressibel ist. Die Kompressibilität und die Bewegung der Flüssigkeit spielen bei der Auslegung eines Hydrogetriebes eine bedeutende Rolle. Trotzdem behalten die Gesetze der Hydrostatik ihre volle Gültigkeit.

Da die Betriebsflüssigkeit innerhalb des Hydrogetriebes in Bewegung ist, sind neben den Gesetzen der Hydrostatik die der Strömungslehre, von Bedeutung. Der Begriff der "Strömung" läßt sich definieren als Bewegung einer kontinuierlichen, über bestimmte Räume verteilte Flüssigkeitsmasse, deren einzelne Teilchen in jedem Augenblick unter der Wirkung ihrer Umgebung stehn und somit ihre Bewegung gegenseitig ständig beeinflussen [6]. Jedes Masseteilchen der strömenden Flüssigkeit besitzt eine ihm zugeordnete Geschwindigkeit, die sich in Größe und Richtung laufend verändern kann. Bleiben Größe und Richtung der Geschwindigkeit aller Masseteilchen, die an einer Strömung teilnehmen, mit der Zeit unverändert, so ist die Strömung stationär. Ändern sich Größe und Richtung der Geschwindigkeit der Masseteilchen laufend, ist die Strömung instationär. Darüber hinaus kann eine Strömung ein-, zwei- oder dreidimensional sein.

Die Bahnen, die die einzelnen Masseteilchen zurücklegen, bezeichnet man als Stromlinien. Die Stromlinien einer Anzahl betrachteter Masseteilchen bilden zusammen eine Stromröhre, deren flüssiger Inhalt als Stromfaden bezeichnet wird. In der praktischen Anwendung betrachtet man den gesamten Volumenstrom in einem Rohr als einen einzigen Stromfaden und rechnet mit dem über den Querschnitt der Stromröhre genommenen Mittelwert der Geschwindigkeit. Sie beträgt

$$v = \frac{Q}{S},$$

wenn Q das in der Zeiteinheit durchströmende Volumen bezeichnet und S den Strömungsquerschnitt senkrecht zur Strömungsachse (Bild 16).

Die Geschwindigkeit v ändert sich umgekehrt proportional mit dem Strömungsquerschnitt S. Daraus resultiert mit (Bild 17)

$$v_1 = \frac{Q}{S_1},\ v_2 = \frac{Q}{S_2},\ v_3 = \frac{Q}{S_3},\ v_4 = \frac{Q}{S_4}$$

die Kontinuitätsgleichung der raumbeständigen Flüssigkeit

$$Q = vS = \text{konstant} .$$

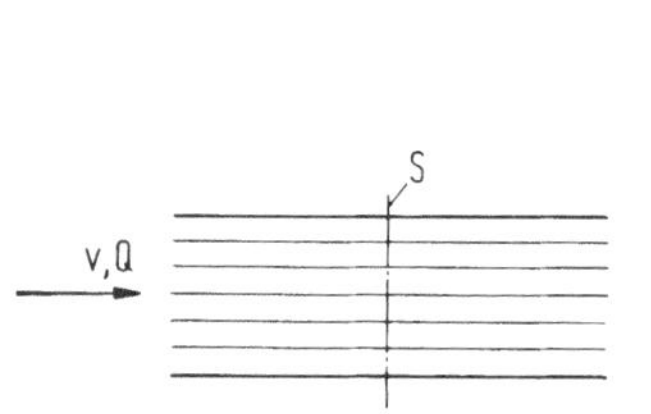

Bild 16. Zusammenhang zwischen Strömungsgeschwindigkeit, Volumen und Volumenstrom

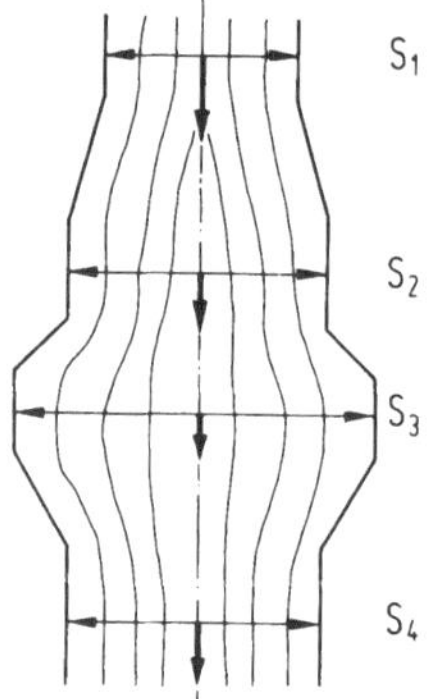

Bild 17. Kontinuität der Strömung einer raumbeständigen Flüssigkeit

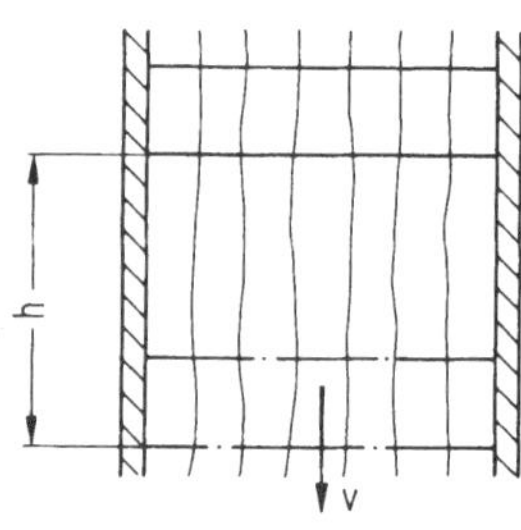

Bild 18. Im "freien Fall" ausströmendes Volumen

Die Einflüsse, die die Strömungsgeschwindigkeit v und damit die Größe des Volumenstromes Q bestimmen, lassen sich mit den bekannten Ableitungen der Dynamik auch für die reibungsfreie Strömung bestimmen. Fließt aus einem offenen Gefäß ein Volumen im "freien Fall" aus (Bild 18), so erreicht dieses nach Zurücklegen der Strecke h die Geschwindigkeit

$$v = \sqrt{2 g_n h} . \tag{2}$$

Das gilt auch für den Fall des Ausströmens aus einer Öffnung am Boden eines Gefäßes oder in der Wandung (Bilder 19 und 20), verlustfreies Verhalten vorausgesetzt, also innere Reibung der Flüssigkeit, Strahleinschnürung usw. vernachlässigt. Hier "schiebt" das "fallende" Volumen das ausströmende Volumen vor sich her. Mit (1) ist dann

$$v = \sqrt{2 g_n \frac{p_h}{\rho g_n}} = \sqrt{\frac{2}{\rho} p_h}$$

worin p_h der Flüssigkeitsdruck an der Ausflußöffnung ist (freier Fall setzt fehlende Atmosphäre voraus).

Steht eine Flüssigkeit unter zusätzlicher Druckbelastung $p_ü$ (Bild 21), so kann man sich auch hier die zusätzliche Druckbelastung durch eine Vergrößerung der Höhe der Flüssigkeitssäule entstanden vorstellen. Es wird dann nach (1)

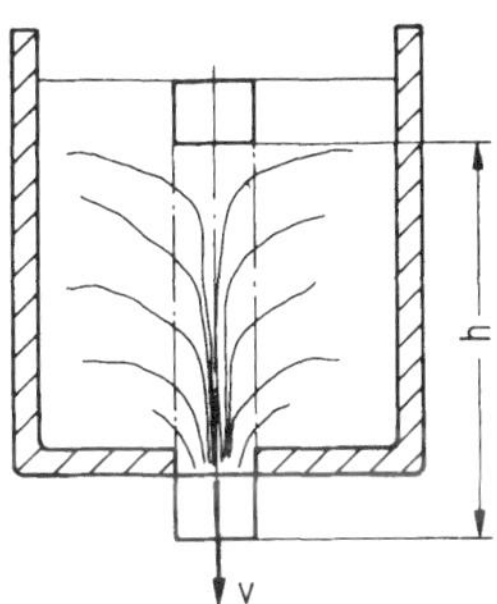

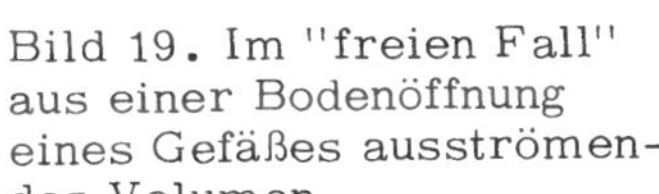
Bild 19. Im "freien Fall" aus einer Bodenöffnung eines Gefäßes ausströmendes Volumen

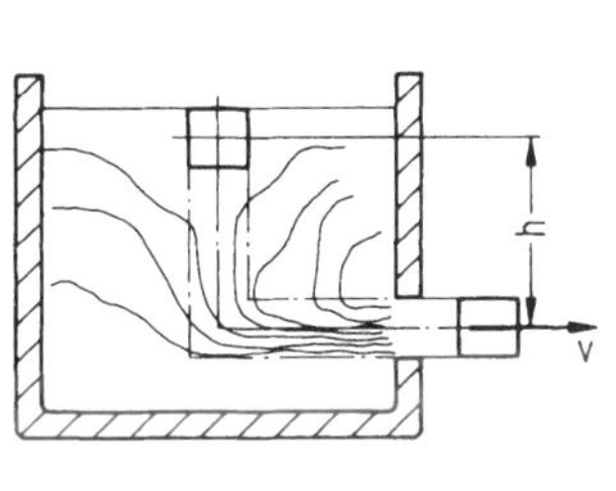

Bild 20. Im "freien Fall" aus einer Seitenöffnung eines Gefäßes ausströmendes Volumen

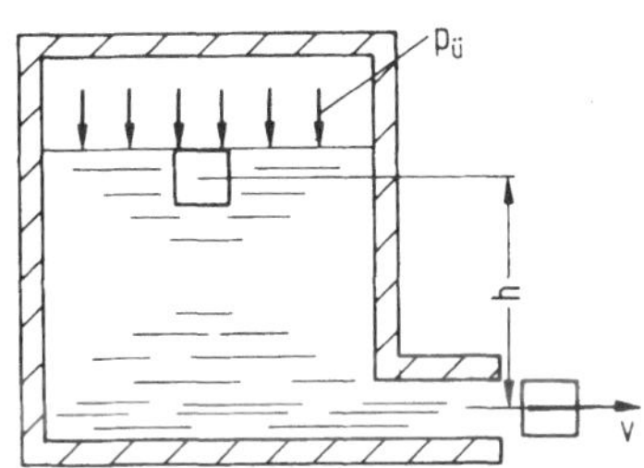

Bild 21. Unter Druckbelastung aus einer Seitenöffnung eines Gefäßes ausströmendes Volumen

$$v = \sqrt{2 g_n \left(\frac{p_h}{\rho g_n} + \frac{p_ü}{\rho g_n} \right)} = \sqrt{\frac{2}{\rho} (p_h + p_ü)}$$

und mit $p_h + p_ü = p'$

$$v = \sqrt{\frac{2}{\rho} p'} \, .$$

Damit läßt sich bestimmen, welcher Druck vorhanden sein muß, um eine Flüssigkeit mit der Dichte ρ mit der Geschwindigkeit v strömen zu lassen. Es ist

$$p' = \frac{\rho}{2} v^2 \, . \tag{3}$$

In der Praxis der technischen Strömung, die ja meist in Rohren erfolgt, ist der Gewichtsanteil im Hinblick auf den Druck vernachlässigbar klein. Der Druck oder - besser gesagt - das Druckgefälle, welches vorhanden sein muß, um eine Flüssigkeit fortlaufend strömen zu lassen, beträgt dann (Bild 22)

$$\Delta p_{th} = p_E - p_A \, .$$

Das gilt unter idealen Verhältnissen, d.h. weder innere noch äußere Reibung des Volumenstromes sowie stationäre, eindimensionale Strömung.

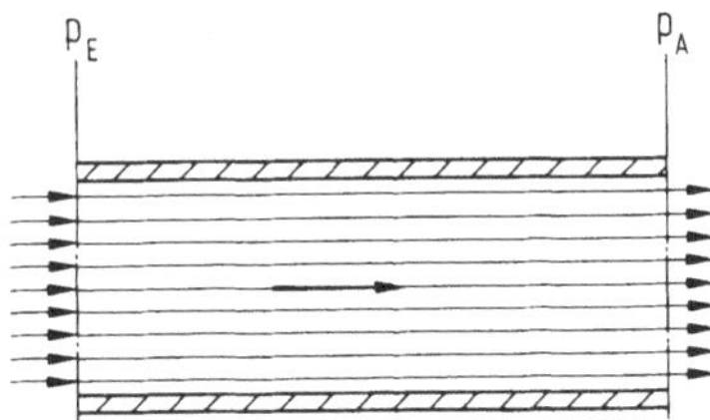

Bild 22. Druckgefälle im technischen System

Mit (2) läßt sich weiter ableiten, daß sich die Höhe einer Flüssigkeitssäule durch den Ausdruck $v^2/2g_n$ dargestellt werden kann, womit nun Druck, Höhe und Geschwindigkeit gleichzusetzen sind. Damit ergibt sich der Satz von Bernoulli vom unveränderlichen Energieinhalt einer reibungslos strömenden Flüssigkeit, der in jedem Punkt der Strömungsachse zu jeder Zeit gleich ist. Der Energieinhalt teilt sich dabei in die drei Anteile Druckenergie $p/\rho g_n$, kinetische Energie $v^2/2g_n$ und potentielle Energie h. Es gilt (Bild 23)

$$h_1 + \frac{p_1}{\rho g_n} + \frac{v_1^2}{2g_n} = h_2 + \frac{p_2}{\rho g_n} + \frac{v_2^2}{2g_n} = h_3 + \frac{p_3}{\rho g_n} + \frac{v_3^2}{2g_n}$$

oder vereinfacht, ohne den Gewichtsanteil h (Bild 24),

$$\frac{p_1}{\rho g_n} + \frac{v_1^2}{2g_n} = \frac{p_2}{\rho g_n} + \frac{v_2^2}{2g_n} = \frac{p_3}{\rho g_n} + \frac{v_3^2}{2g_n} .$$

Bei Strömungen durch veränderliche Querschnitte findet eine dauernde Wandlung zwischen kinetischer und potentieller Energie statt.

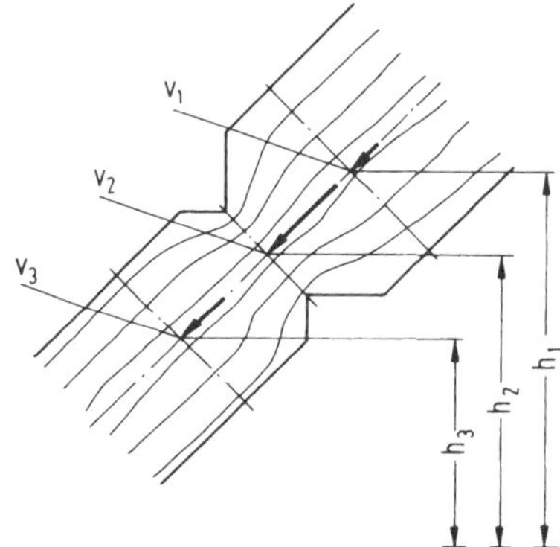

Bild 23. Energieinhalt einer strömenden Flüssigkeit mit statischer Höhe

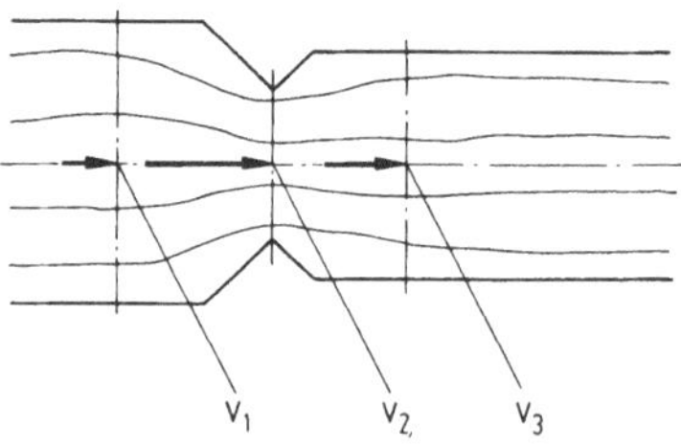

Bild 24. Energieinhalt einer strömenden Flüssigkeit ohne statische Höhe

Mit der realen Flüssigkeit und dem technisch rauhen Rohr ändert sich die grundsätzliche Aussage von Bernoulli nicht. Hier wird nur - bedingt durch die innere und äußere Reibung des Volumenstromes - ein Teil des Energieinhaltes der strömenden Flüssigkeit z.B. in Wärmeenergie umgesetzt, die, würde kein Wärmeaustausch zwischen Flüssigkeit, Rohrwand und Umgebung stattfinden, ebenfalls (als Temperaturerhöhung) im Gesamtenergieinhalt verbleibt.

Die Reibung der einzelnen Flüssigkeitsteilchen aneinander und an der rauhen Rohrwand verbrauchen einen Teil des Energieinhaltes. Zur Erklärung und Messung der inneren Reibung einer Flüssigkeit kann man sich zwei große ebene Platten vorstellen (Bild 25), die sich parallel und relativ zueinander mit der Geschwindigkeit v bewegen. Zwischen beiden Platten befindet sich eine reale, raumbeständige Flüssigkeit [7]. Unterstellt man, daß die äußeren Flüssigkeitsschichten, die jeweils die Platten berühren, an diesen haften, so werden diese die jeweilige Geschwindigkeit der Platten annehmen. Damit tritt bei relativer Bewegung der Platten eine Verschiebung innerhalb der Flüssigkeitsschicht ein, die das Aufbringen einer Schubkraft zur Voraussetzung hat. Es ist leicht verständlich, daß diese Schubkraft um so größer sein muß, je zäher die Flüssigkeit ist.

Newton hat erkannt, daß die Gesamtschubkraft F proportional dem Geschwindigkeitsgefälle $D = v/y$ und der Plattenfläche S ist. Jede Flüssigkeit hat eine ihr eigene Proportionalitätskonstante η_P, die als "dynamische Viskosität" bezeichnet wird und ein Maß für die Zähigkeit darstellt. Mißt man die Schubkraft in N, die Geschwindigkeit in m/s und den Abstand der Platten bzw. die Dicke der Flüssigkeitsschicht in m, so wird mit

$$F = \eta_P S D = \eta_P S \frac{v}{y}$$

die Einheit für η_P Ns/m^2. Mit dieser Einheit wird die Kraft in N angegeben, die zwei Flüssigkeitsschichten im Abstand von 1 m mit der Fläche von 1 m^2 in einem bestimmten Zustand aufeinander ausüben, wenn sie sich relativ zueinander mit einer Geschwindigkeit von 1 m/s bewegen.

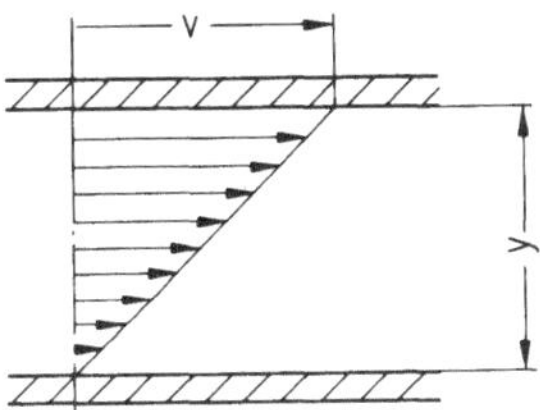

Bild 25. Innere Reibung einer Flüssigkeit

Durch Bezug auf die Dichte der Flüssigkeit $\rho = m/V$ führte Maxwell den Begriff der "kinematischen Zähigkeit" ein, die das Verhältnis der "dynamischen Zähigkeit" zur Dichte darstellt. Es ist

$$\nu = \frac{\eta_P}{\rho}.$$

Mit ρ in kg/m^3 und η_P in kg/ms erhält ν die Einheit m^2/s. In der Ölhydraulik wird zur Zeit noch ν in cSt (Centistockes) ausgedrückt, wobei

$$1\,m^2/s = 10^6\,cSt; \; 1\,St = 100\,cSt = 10^{-4}\,m^2/s$$

ist.

Um nun das Volumen Q in einer bestimmten Zeit durch ein Rohr mit kreisrundem Querschnitt strömen zu lassen, ist bei realen Verhältnissen ein Druckgefälle Δp_G erforderlich, welches höher sein muß als das theoretische Druckgefälle nach (3). Es gilt dann

$$\Delta P_G = \xi_G \frac{\rho v^2}{2} .$$

Hierin ist ξ_G der einheitenlose Widerstandsbeiwert, der alle Einflüsse erfaßt, die die Größe des Widerstandes bestimmen, der vom Volumenstrom überwunden werden muß, wie z.B. Länge und Durchmesser des Rohres, Rauhigkeit der Rohrwand, innere Reibung der Flüssigkeit, Querschnittsveränderungen, Art der Strömung u.a. Dabei werden die Widerstände im geraden Rohr mit kreisrundem Querschnitt im Beiwert ξ_R und die in den übrigen Rohrleitungseinzelteilen als Summe der Einzelwiderstände ξ_E erfaßt. Es ist

$$\xi_G = \xi_R + \Sigma \xi_E .$$

Die präzise Erfassung der Widerstandsbeiwerte ist also Voraussetzung für die Bestimmung des Druckgefälles. Die Einführung des Widerstandbeiwertes ξ_G greift der klassischen Form der Ableitung der Formel für das Druckgefälle in geraden kreisrunden Rohren vor. Dort ist

$$\Delta p_R = \lambda_R \frac{l}{d} \frac{v^2 \rho}{2} ,$$

worin λ_R die einheitenlose Widerstandszahl ist, die wiederum nach dem Reynoldsschen Ähnlichkeitsgesetz abhängig ist von der ebenfalls einheitenlosen Reynoldsschen Zahl

$$Re = \frac{v d}{\nu} ,$$

Für das gerade kreisrunde Rohr ist also

$$\xi_R = \lambda_R \frac{l}{d} .$$

Ist Re < 2300, so liegt laminare Strömung vor, d.h. die Stromfäden bewegen sich parallel zur Achsrichtung der Strömung. In diesem Bereich gilt

$$\lambda_R = \frac{64}{Re} .$$

Damit wird

$$\xi_{R\,2300} = \frac{64 \nu}{v d} \cdot \frac{l}{d} = 64 \frac{\nu l}{v d^2} .$$

Bei laminarer Strömung bleibt die Rauhigkeit der Rohrwand ohne Einfluß, was die einfache Form von λ_R zur Folge hat. Man kann sich vorstellen, daß die der Rohrwand anhaftende Flüssigkeitsschicht die Unebenheiten "abdeckt".

Wird Re > 2300, so ist die Strömung turbulent, d.h. die Masseteilchen der strömenden Flüssigkeit wirbeln während des Strömens durcheinander. Hier wird die Rauhigkeit der Rohrwand voll wirksam, da es nicht zum Anhaften einer Flüssigkeitsschicht an der Rohrwand kommen kann. Gleichzeitig steigt auch die innere Reibung der Flüssigkeit. Für diese Strömungsart hat Blasius die Beziehung

$$\lambda_R = \frac{0,3164}{\sqrt[4]{Re}}$$

empirisch ermittelt, welche im Bereich $2300 < Re \leqslant 10^5$ gültig ist. Für den Bereich $10^5 < Re \leqslant 3,24 \cdot 10^6$ stellte Nikuradse die Beziehung

$$\lambda_R = 0,0032 + 0,221\,Re^{-0,237}$$

auf. Nach [7, Bild 53] erscheint es zweckmäßig, für den Bereich der Ölhydraulik anzusetzen

$$Re < 2300 : \lambda_R = \frac{64}{Re},$$

$$2300 \leqslant Re < 1,25 \cdot 10^5 : \lambda_R = \frac{0,3164}{\sqrt[4]{Re}},$$

$$1,25 \cdot 10^5 \leqslant Re < 3,24 \cdot 10^6 : \lambda_R = 0,0032 + 0,221\,Re^{-0,237}.$$

Die Werte für die Einzelwiderstände ξ_E von Rohrleitungseinzelteilen können in der Regel nur empirisch ermittelt werden (vgl. Abschnitt 5.2.1.5).

Da das vorgenannte Druckgefälle zusätzlich zu dem zur Leistungsübertragung benötigten Flüssigkeitsdruck vorhanden sein muß, wird es auch als Druckverlust bezeichnet.

2 Anwendung der physikalischen Grundgesetze auf das Hydrogetriebe

Dic bestimmenden Größen für die Auslegungsberechnung eines Hydrogetriebes sind die geometrischen Verdrängervolumen der in einem Hydrogetriebe zusammenarbeitenden Verdrängerpumpen und -motoren (vgl. Abschnitt 3.1.2.2). Das geometrische Verdrängervolumen ist bestimmt durch die Verdrängerfläche und deren Weg bzw. Hub (Bilder 26 und 27). Da es sich beim Hydrogetriebe um rotierende Antriebselemente handelt, wird das Verdrängervolumen auf eine Umdrehung der Antriebs- bzw. Abtriebswelle der jeweiligen Hydropumpe bzw. des jeweiligen Hydromotors bezogen. Die rechnerische Größe des Verdrängervolumens ist das Produkt aus der theoretischen Fläche des Verdrängers und dessen theoretischen Hubs, d.h. nicht das tatsächliche, sondern das theoretisch pro Umdrehung verdrängte Volumen.

Da alle Verdrängersysteme den gleichen Gesetzen folgen, werden nachfolgend die Beziehungen der einzelnen Berechnungsgrößen zueinander nur allgemein entwickelt.

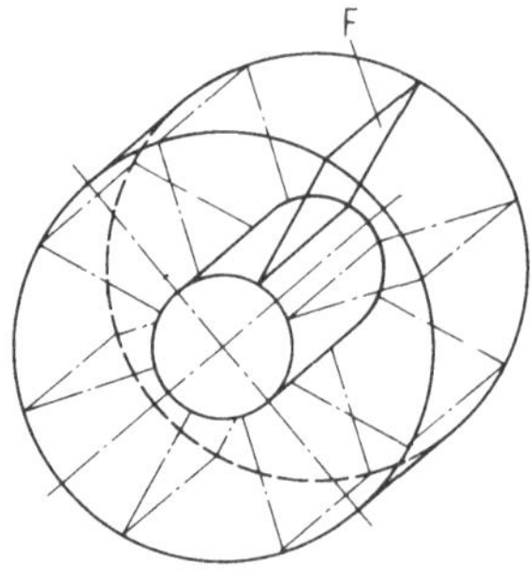

Bild 26. Geometrisches Verdrängervolumen aus Verdrängerfläche und Weg

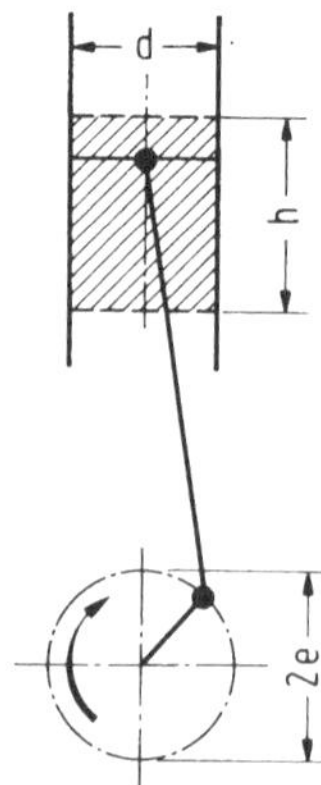

Bild 27. Geometrisches Verdrängervolumen aus Verdrängerfläche und Hub

2.1 Ableitung der Berechnungsformeln

2.1.1 Volumen, Volumenstrom, Drehzahl, Drehmoment, Leistung

Man stelle sich ein Rohr mit kreisförmigem Querschnitt vor, welches zu einem Kreisring zusammengebogen wurde. Im kreisförmigen Querschnitt des so entstandenen Ringkanals bewege sich eine allseitig dicht an der Innenwand anschliessende Scheibe um den Mittelpunkt (Bild 28). Der Ringkanal sei mit einer idealen Flüssigkeit gefüllt. Das System arbeite verlustfrei. Hat die Scheibe eine Umdrehung um den Mittelpunkt des Ringkanals durchgeführt, so hat sie einen Weg zurückgelegt von

$$s = 2\pi r\,.$$

Dabei hat sie eine Flüssigkeitsmenge" vor sich hergeschoben", d.h. verdrängt, von

$$V = S s = d^2 \frac{\pi}{4}\, 2\pi r = \frac{\pi^2}{2}\, d^2 r\,.$$

Diese verdrängte Volumen pro Umdrehung wird auch als "spezifisches" oder "theoretisches Hubvolumen" bzw. "geometrisches Verdrängervolumen" bezeichnet.

Erfolgt der Umlauf der Scheibe in der Zeit t, so ergibt sich der "Volumenstrom" zu

$$Q = \frac{V}{t}\,. \tag{4}$$

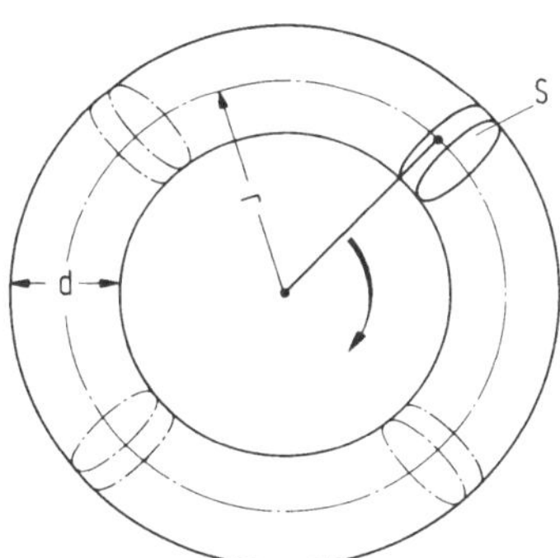

Bild 28. Modell eines Verdrängersystems, Verdrängervolumen und Drehmoment

Mit der Drehzahl $n = 1/t$ ist dann der Volumenstrom

$$Q = Vn\,. \tag{5}$$

Sind Volumenstrom und Volumen gegeben, so errechnet sich die Drehzahl aus

$$n = \frac{Q}{V} . \qquad (6)$$

Da $V = Ss$, gilt auch

$$Q = S\frac{s}{t} = S v ,$$

worin $v = s/t$ die Umlaufgeschwindigkeit der Scheibe um den Mittelpunkt des Ringkanals ist. Mit $s = 2\pi r$ wird weiter

$$Q = S\frac{2\pi r}{t} = S r\frac{2\pi}{t} ,$$

worin $\omega = 2\pi/t$ die Winkelgeschwindigkeit ist. Es ist also auch

$$Q = S r \omega .$$

Ist zur Verdrängung der Flüssigkeit ein Widerstand in Form eines Druckes p zu überwinden, so wird an der Scheibe eine Kraft F erforderlich von

$$F = S p .$$

Verbindet man den Kraftangriffspunkt an der Scheibe über einen Hebelarm mit dem Mittelpunkt des Ringkanals (Bild 28), so wird das in diesem Mittelpunkt für die Weiterbewegung der Scheibe aufzubringende Drehmoment M, verlustfreies Verhalten vorausgesetzt, zu

$$M = F r = S p r .$$

Da $s = 2\pi r$ (und hieraus $r = s/2\pi$), wird

$$M = S p\frac{s}{2\pi} ,$$

und mit $V = Ss$ gilt

$$M = \frac{Vp}{2\pi} . \qquad (7)$$

Arbeit A ist das Produkt von Kraft und dem durch die Kraftwirkung zurückgelegten Weg. Also gilt

$$A = F s = S p s$$

und mit $V = Ss$

$$A = V p . \qquad (8)$$

Da $M = V p/2\pi$ (und hieraus $V p = 2\pi M$), wird

$$A = 2\pi M .$$

Die Leistung P ist die in der Zeit t verrichtete Arbeit, also

$$P = \frac{A}{t} . \qquad (9)$$

Mit $A = V p$ und $n = 1/t$ wird

$$P = V p n = 2 \pi M n .$$

Da $Vn = Q$, wird

$$P = pQ . \qquad (10)$$

Dieses die die gebräuchlichste Formel für die Bestimmung der "hydraulischen Leistung" beim Hydrogetriebe.
Durch die Gleichsetzung

$$2 \pi M n = P = pQ$$

ist gleichzeitig bewiesen, daß die "hydraulische" Leistung pQ der "mechanischen" Leistung $2\pi Mn$ entspricht.

2.1.2 Drehzahl- und Drehmomentübersetzung

Die vorstehenden Berechnungsformeln gelten jeweils für Hydropumpe und Hydromotor, die in einem Hydrogetriebe zusammenarbeiten, d.h. sowohl für das Primärglied (in diesem wird die zugeführte mechanische Energie in hydraulische umgewandelt) als auch für das Sekundärglied (in diesem wird die zugeführte hydraulische Energie in mechanische umgewandelt).

Die einzelnen Berechnungsgrößen erhalten die Indizes 1 für das Primärglied und 2 für das Sekundärglied. Da das Primärglied hydraulische Energie abgibt, handelt es sich um die Hydropumpe. Das Sekundärglied nimmt hydraulische Energie auf und ist damit Hydromotor.
Hydropumpe und -motor können während des Betriebes ihre jeweilige Energieumwandlungsfunktion umkehren, z.B. beim Bremsen. Der Hydromotor wird dann zur Pumpe und die Pumpe zum Hydromotor. Die Indizes müssen bei diesem Funktionswechsel vertauscht werden.

Beträgt der theoretische Volumenstrom der Hydropumpe

$$Q_{1th} = V_{1th} n_{1th}$$

und wird dieser dem Hydromotor mit dem Volumen V_{2th} verlustfrei zugeführt, so wird mit $Q_{1th} = Q_{2th}$

$$n_{2th} = \frac{Q_{1th}}{V_{2th}} = \frac{V_{1th} n_{1th}}{V_{2th}} .$$

Daraus ergibt sich die Drehzahlübersetzung

$$\frac{n_{2th}}{n_{1th}} = \frac{V_{1th}}{V_{2th}} = i_g ,$$

d.h. die Drehzahlen verhalten sich umgekehrt wie die Volumina. Das Verhältnis der Volumina

$$\frac{V_{1th}}{V_{2th}} = i_g$$

bezeichnet man als das "geometrische Übersetzungsverhältnis". Beträgt das Drehmoment an der Antriebswelle der Hydropumpe

$$M_{1th} = \frac{V_{1th} p_{1th}}{2\pi}$$

und ist im verlustfreien System $p_{1th} = p_{2th}$, so wird das Drehmoment an der Antriebswelle des Hydromotors

$$M_{2th} = \frac{V_{2th} p_{1th}}{2\pi} .$$

Daraus ergibt sich die Drehmomentübersetzung

$$\frac{M_{2th}}{M_{1th}} = \frac{V_{2th}}{V_{1th}} ,$$

d.h. die Drehmomente verhalten sich wie die Volumina. Es ist

$$\frac{V_{2th}}{V_{1th}} = \frac{1}{i_g} .$$

Für die Leistung gilt im verlustfreien System

$$P_{1th} = P_{2th} .$$

Damit sind die gegenseitigen Abhängigkeiten der Größen Volumen, Volumenstrom, Drehzahl, Drehmoment, Leistung fixiert.

2.2 Verluste

In der Praxis ist, im Gegensatz zu den bisherigen Voraussetzungen, verlustfreier Betrieb nicht möglich. Die anfallenden Verluste werden im Wirkungsgrad erfaßt. Beim Hydrogetriebe setzt sich der Gesamtverlust aus drei Teilen zusammen.

2.2.1 Volumetrische Verluste

Dieser Verlustanteil umfaßt die Teile des Volumenstromes, die gewollt (z.B. für Schmier- und Entlastungszwecke) bzw. ungewollt (z.B. durch vermeidbare oder unvermeidbare Leckstellen) oder durch mangelnde Füllung des Verdrängerraumes beim Saughub u.a. den theoretisch möglichen Volumenstrom Q_{th} um den Verlust ΔQ zum effektiven Volumenstrom Q_{eff} reduzieren. Es ist

$$Q_{eff} = Q_{th} - \Delta Q .$$

Der "volumetrische Wirkungsgrad" ist das Verhältnis von effektiven zum theoretischen Volumenstrom

$$\eta_v = \frac{Q_{eff}}{Q_{th}} .$$

Die volumetrischen Verluste treten als Schlupf zwischen der Antriebsdrehzahl und der Abtriebsdrehzahl des Hydrogetriebes in Erscheinung. Wird das Primärglied mit der Drehzahl n_1 angetrieben, so beträgt der Volumenstrom Q_1 am Rohrleitungsanschluß dieses Gliedes

$$Q_1 = V_{1th} n_1 \eta_{1v} (= Q_{1eff}) .$$

Während der Weiterleitung des Volumenstromes Q_1 vom Primärglied zum Sekundärglied, können weitere Volumenstromverluste auftreten, z.B. in Ventilen, Steuerschiebern usw. Der das Sekundärglied tatsächlich erreichende Volumenstrom Q_2 wird dann

$$Q_2 = Q_1 \eta_{3v} \cdots \eta_{nv} = V_{1th} n_1 \eta_{1v} \eta_{3v} \cdots \eta_{nv} .$$

Da innerhalb des Sekundärgliedes ebenfalls volumetrische Verluste auftreten, beträgt die tatsächliche Abtriebsdrehzahl

$$n_2 = \frac{Q_2}{V_{2th}} \eta_{2v} = \frac{V_{1th}}{V_{2th}} n_1 \eta_{1v} \eta_{2v} \eta_{3v} \cdots \eta_{nv} .$$

Es verhält sich dann

$$\frac{n_2}{n_1} = \frac{V_{1th}}{V_{2th}} \eta_{Gv} = i_g \eta_{Gv} = i_h ,$$

worin

$$\eta_{Gv} = \eta_{1v} \eta_{2v} \eta_{3v} \cdots \eta_{nv}$$

der volumetrischer Gesamtwirkungsgrad ist. Als "hydrostatisches Übersetzungsverhältnis" i_h bezeichnet man das Produkt von volumetrischen Gesamtwirkungsgrad und dem geometrischen Übersetzungsverhältnis

$$i_h = i_g \eta_{Gv} .$$

2.2.2 Hydraulische und mechanische Verluste

Ein Teil des Flüssigkeitsdruckes wird durch mechanisches Reibung, z.B. der Antriebselemente für die Verdränger, durch Reibung des Volumenstromes in Bohrungen und Rohrleitungen u.ä. reduziert. Der theoretisch mögliche Druck p_{th} erleidet den Verlust Δp auf den effektiv wirksamen Druck p_{eff}:

$$p_{eff} = p_{th} - \Delta p .$$

Der hydraulisch-mechanische Wirkungsgrad ist das Verhältnis von effektiven zum theoretischen Druck:

$$\eta_{hm} = \frac{p_{eff}}{p_{th}} .$$

Da sowohl die hydraulischen als auch die mechanischen Verluste ausschließlich als Druckverlust in Erscheinung treten, faßt man diese in der Praxis zusammen. Insbesondere für die Auslegungsberechnung des Hydrogetriebes ist eine Einzelerfassung nicht erforderlich.

Da der Flüssigkeitsdruck eine Funktion des Drehmomentes ist und umgekehrt, so ist leicht verständlich, daß die an der Verdrängerfläche des Primärgliedes infolge des über die Antriebswelle eingeleiteten Drehmomentes ankommende Kraft reduziert ist (um die mechanischen Reibungsverluste in der Wellenlagerung, der Verdrängerlagerung u.ä.). Das vom Verdränger ausgestoßene Flüssigkeitsvolumen muß, ehe es das Primärglied verläßt, Bohrungen, Umsteuerkanten, u.ä. durchströmen, wobei ebenfalls ein Widerstand zu überwinden ist. Die "treibende" Kraft, d.h. das Druckgefälle wird also kleiner.

Wird das Primärglied mit dem Drehmoment M_1 angetrieben, so beträgt der Flüssigkeitsdruck am Rohrleitungsanschluß dieser Einheit

$$p_1 = \frac{2\pi M_1}{V_{1th}} \eta_{1hm} .$$

Während der Weiterleitung des Volumenstromes zum Sekundärglied treten beim Durchströmen der Rohrleitung, von Ventilen, Krümmern u.a. weitere Druckverluste auf. Der das Sekundärglied tatsächlich erreichende Flüssigkeitsdruck beträgt dann

$$p_2 = p_1 \eta_{3hm} \cdots \eta_{nhm} = \frac{2\pi M_1}{V_{1th}} \eta_{1hm} \eta_{3hm} \cdots \eta_{nhm} .$$

Da innerhalb des Sekundärgliedes ebenfalls wieder Verluste auftreten (hydraulische- vom Rohrleitungsanschluß bis zur Verdrängerfläche - und mechanische - von der Verdrängerfläche bis zur Abtriebswelle) beträgt das abgegebene Drehmoment

$$M_2 = \frac{V_{2th} p_2}{2\pi} \eta_{2hm} = \frac{V_{2th}}{V_{1th}} M_1 \eta_{1hm} \eta_{2hm} \eta_{3hm} \cdots \eta_{nhm} ,$$

worin

$$\eta_{Ghm} = \eta_{1hm} \eta_{2hm} \eta_{3hm} \cdots \eta_{nhm}$$

als mechanisch-hydraulischer Gesamtwirkungsgrad bezeichnet wird. Es ist auch

$$\frac{M_2}{M_1} = \frac{1}{i_g} \eta_{Ghm} ,$$

und damit ist der mechanisch-hydraulische Wirkungsgrad das unter Berücksichtigung des geometrischen Übersetzungsverhältnisses ermittelte Verhältnis von abgegebenem Drehmoment zum aufgenommenen Drehmoment. Die mechanisch-hydraulischen Verluste treten als Drehmomentminderung in Erscheinung.

2.2.3 Gesamtverluste

Druck- und Volumenstromverluste gemeinsam ergeben den Leistungsverlust

$$\Delta P = P_1 - P_2 .$$

Hierin ist P_1 die dem Primärglied zugeführte Leistung und

$$P_2 = 2\pi M_2 n_2 = 2\pi M_1 \frac{1}{i_g} \eta_{Ghm} n_1 i_g \eta_{Gv} = 2\pi M_1 n_1 \eta_{Ghm} \eta_{Gv} = 2\pi M_1 n_1 \eta_G .$$

Mit dem Gesamtwirkungsgrad des Hydrogetriebes

$$\eta_G = \eta_{Ghm} \eta_{Gv}$$

wird dann

$$\Delta P = P_1 - 2\pi M_1 n_1 \eta_G$$

oder mit der dem Primärglied zugeführten Leistung $P_1 = 2\pi M_1 n_1$

$$\Delta P = P_1 (1 - \eta_G) . \qquad (11)$$

Der Gesamtwirkungsgrad η_G ändert sich in Abhängigkeit von Druck, Drehzahl und Strömungsgeschwindigkeit, Temperatur und Zustand des Hydrogetriebes. Sämtliche Verluste setzen sich in Wärme um, was beim Anfahren eines Hydrogetriebes zunächst zu einer Erwärmung der Betriebsflüssigkeit und der mit dieser in Berührung kommenden Teile führt. Diese Wärme verbleibt während des Betriebes in der Anlage. Übersteigt die Oberflächentemperatur des Hydrogetriebes, d.h. Gehäusewandung, Rohrwand usw., z.B. die Temperatur der umgebenden Luft, so erfolgt durch Abstrahlung und Konvektion eine Wärmeabfuhr an das umgebende Medium.

Je nach Größe und Zustand der Oberfläche, Temperaturdifferenz zur Umgebung und Wärmeanfall kann sich nach einer bestimmten Zeit eine Beharrungstemperatur einstellen, die trotz weiterem Wärmeanfall nicht mehr steigt. In der Praxis ist dieses jedoch selten der Fall. Meistens ist eine zusätzliche Wärmeabfuhr über Wasser- oder Luft-Wärmetauscher unerläßlich. Bei der Aufstellung der Gesamtenergiebilanz für ein Hydrogetriebe sind die zusätzlichen Leistungen für separate Speise- und Steuerdrucksysteme sowie der Energieaufwand für die Abfuhr der Verlustwärme einzuschließen.

2.2.4 Wärme durch Leistungsverluste

Nach dem Gesetz der Erhaltung der Energie muß der Verlustanteil der in einem Hydrogetriebe übertragenen Energie in einer anderen Energieform wieder in Erscheinung treten.

Der Begriff "mechanisches Wärmeäquivalent" sagt aus, daß Wärme und Arbeit gleichwertige Energieformen sind. Wärme ist demnach eine Energieform, die aus mechanischer Energie hervorgehen oder in solche umgewandelt werden kann.

Die Einheit einer Wärmemenge ist ebenso wie die der Arbeit im Internationalen Einheitensystem (SI) das Joule (J):

$$1J = 1Nm = 1kgm^2/s^2 = 1Ws\ .$$

Im Technischen Maßsystem war die Einheit der Wärmemenge die Kalorie (cal) bzw. die Kilokalorie (kcal). 1kcal ist äquivalent dem 1/860. Teil der Energie von 1 Kilowattstunde (kWh). Es ist $1\ kcal = 4{,}186 \cdot 10^3\ J$, also einer Arbeit von $4{,}186 \cdot 10^3\ Nm$ äquivalent.

Ein Leistungsverlust kann nur in einer Zeitspanne entstehen. Da die Leistung die pro Zeiteinheit verrichtete Arbeit ist, ergibt das Produkt des Leistungsverlustes mit der Zeit, in der dieser anfällt, die verrichtete Arbeit und damit die anfallende Wärmemenge.

Beim Hydrogetriebe führt diese Verlustwärmemenge vornehmlich zu einer Temperaturerhöhung der Betriebsflüssigkeit, einmal unmittelbar, zum anderen mittelbar dadurch, daß die Betriebsflüssigkeit gleichzeitig die durch die mechanische Reibung in Wälz- bzw. Gleitlagern u.a. erzeugte Wärme aufnimmt und damit kühlt.

2.2.5 Temperaturerhöhung als Folge von Leistungsverlusten

Die Größe der Temperaturerhöhung ΔT in Kelvin (K) ist abhängig von der Größe des Leistungsverlustes ΔP in W, der Zeit t_v in s, in der der Verlust entsteht, der Masse der Betriebsflüssigkeit G in kg, die die Wärmemenge aufnimmt, und der diesbezüglichen Eigenart der jeweiligen Betriebsflüssigkeit, d.h. der "spezifischen Wärmekapazität" c in J/kg K. Es ist

$$\Delta T = \frac{\Delta P\, t_v}{G\, c} = \frac{P_1(1 - \eta_G)t_v}{G\, c}. \qquad (12)$$

Die Temperaturerhöhung in der Zeit beträgt dann

$$\Delta T_t = \frac{\Delta T}{t_v} = \frac{P_1(1 - \eta_G)}{G\, c}.$$

In diesem Zusammenhang ist eine weitere Ableitung für die Temperaturerhöhung als Folge eines Leistungsverlustes von Interesse. Eine Rohrleitung werde von einem unter dem Flüssigkeitsdruck p_E stehenden Volumenstrom Q durchströmt. Durch eine kleine Öffnung in der Rohrwandung tritt der Volumenstrom ΔQ aus der Rohrleitung aus, wobei der Druck nach dem Austritt auf p_A absinkt. Es ist

$$\Delta p = p_E - p_A.$$

Mit (10) errechnet sich dann der Leistungsverlust zu $\Delta P = \Delta Q\, \Delta p$. Braucht dieser Vorgang die Zeit t, so wird mit (4), (8) und (9)

$$\Delta A = \Delta P\, \Delta t = \Delta p\, \Delta Q\, \Delta t = \Delta p\, \Delta V.$$

Da Arbeit und Wärmemenge äquivalente Größen sind, ist also

$$\Delta A = \Delta p\, \Delta V$$

bzw.

$$\Delta p = \frac{\Delta A}{\Delta V}.$$

Daraus ist ersichtlich, daß ein Flüssigkeitsdruck sowohl als Arbeit pro Volumen (8) wie auch als Wärmemenge pro Volumen aufgefaßt werden kann.

Die Temperaturerhöhung wurde ermittelt aus (9) und (12), Mit $t_v = \Delta t$ und $G = \Delta G$ wird

$$\Delta T = \frac{\Delta P\, \Delta t}{\Delta G\, c} = \frac{\Delta A}{\Delta G\, c}.$$

Da ΔG die Masse des Flüssigkeitsvolumen ΔV ist, welche die Wärmemenge aufnehmen muß, wird mit $\Delta G = \rho\, \Delta V$ und 1 J = 1 Nm sowie $\Delta A = \Delta p\, \Delta V$

$$\Delta T = \frac{\Delta p\, \Delta V}{\Delta G\, c} = \frac{\Delta p}{\rho\, c}.$$

Damit ist der Temperaturanstieg ΔT lediglich auf den Druckabfall Δp und die spezifischen Eigenschaften (Dichte und spezifische Wärmekapazität) der jeweiligen Flüssigkeit zurückgeführt. Die Größe des austretenden Volumens bzw. dessen Masse und die Zweit nehmen keinen Einfluß. Die Temperaturerhöhung pro Druckeinheit wird dann

$$\Delta T_p = \frac{\Delta T}{\Delta p} = \frac{1}{\rho c} .$$

Unter Verwendung dieser Gleichung bzw. der Zahlenwerte in Tabelle 1 ist eine schnelle Übersicht über die zu erwartende Temperaturerhöhung in Folge eines Druckabfalles z.B. in einer Drosselstelle möglich. Dabei ist - wie gesagt - zu beachten, daß die Temperaturerhöhung beim gesamten die Drosselstelle durchströmenden Volumenstrom erfolgt, unabhängig von dessen Größe.

Tabelle 1. Temperaturanstieg in K (Kelvin) eines Volumenstromes bei Druckentlastung in einer Drosselstelle

Δp	$\rho = 0{,}850\ kg/m^3$			$\rho = 1{,}15\ kg/m^3$		
$N/m^2 \cdot 10^5$	c = 1800 J/kg K	c = 2000 J/kg K	c = 2300 J/kg K	c = 1700 J/kg K	c = 1900 J/kg K	c = 3200 J/kg K
	K	K	K	K	K	K
9,8	0,64	0,58	0,50	0,5	0,45	0,27
62,8	4,11	3,69	3,21	3,21	2,87	1,71
157	10,3	9,2	8,0	8,0	7,2	4,3
245	16,0	14,4	12,5	12,5	11,2	6,7
314	20,5	18,4	16,1	16,1	14,4	8,5
392	25,6	23,1	20,1	20,1	17,4	10,7
491	32,1	28,9	25,1	25,1	22,5	13,3
785	51,3	46,1	40,2	40,2	35,9	21,3

3 Bauglieder des Hydrogetriebes

3.1 Hauptglieder

Die Hauptglieder des Hydrogetriebes, Hydropumpe und Hydromotor, arbeiten nach dem Verdrängerprinzip: Der Volumenstrom wird durch Verdrängen der Flüssigkeit erzeugt.

3.1.1 Hydropumpen

Als Verdrängerpumpe bezeichnet man eine Pumpe, in der die Energieerhöhung der Förderflüssigkeit in abgegrenzten Arbeitsräumen erfolgt, die sich abwechselnd vergrößern (Ansaugphase) und verkleinern (Verdrängungsphase), so daß einzelne Teilvolumina nacheinander oder gleichzeitig gefördert werden. Die Veränderung der Arbeitsräume wird durch einen oder mehrere hin- und hergehende (oszillierende) oder umlaufende (rotierende) Verdränger erzielt. Ein- und Ausgang des geschlossenen Arbeitsraumes werden durch Trennelemente gesteuert [8]. Verdränger und Verdrängerraum können technisch unterschiedlich gestaltet sein. Die Übertragung der erforderlichen Kräfte und Bewegungen kann vom Antrieb auf den Verdränger oder den Verdrängerraum erfolgen.

3.1.2 Nicht regelbare Hydropumpen

Im Laufe der Zeit haben sich verschiedene Verdrängersysteme als besonders geeignet für den Bau von Hydropumpen herauskristallisiert, deren Prinzip nachfolgend näher beschrieben werden soll.

3.1.2.1 Oszillierende Verdränger

Die bekannteste und wohl auch älteste Form der Verdrängerpumpe ist die Kolbenpumpe, wie sie in den Bildern 29 und 30 dargestellt wird (Verdränger: Kolben 1,

Verdrängerraum: Zylinder 2, Austrittsventil: Druckventil 3, Eintrittsventil: Saugventil 4, Antrieb: Kurbelwelle 5). Der Kolbenhub h wird durch die Exzentrizität e der sich drehenden Kurbelwelle 5 erzeugt. Das Öffnen und Schließen der Eintritts- und Austrittsöffnungen kann selbsttätig durch Ventile oder zwangsweise durch Steuerschlitze oder Steuerschieber erfolgen.

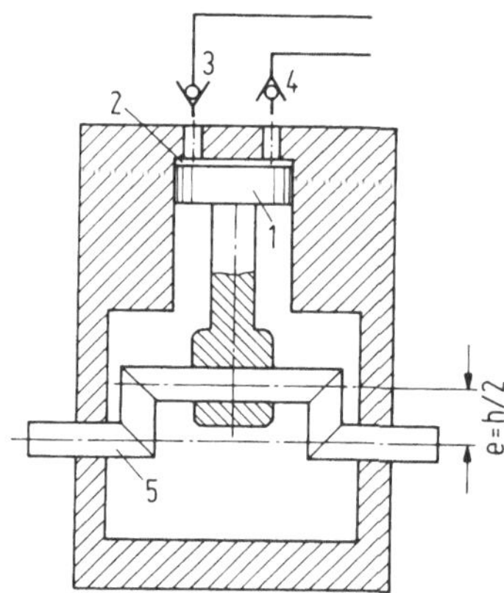

Bild 29. Verdrängerpumpe als Kolbenpumpe

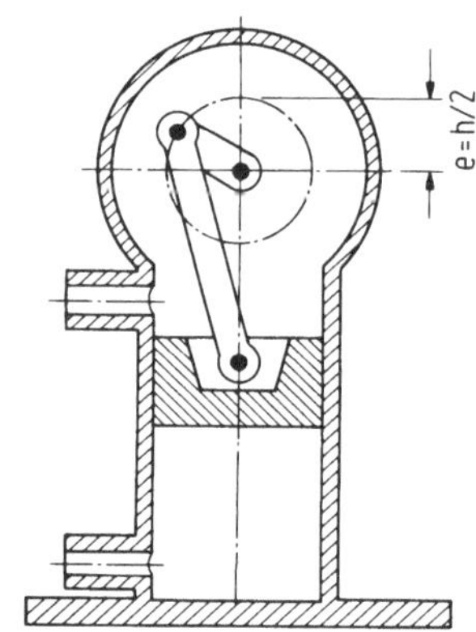

Bild 30. Verdrängerpumpe als Kolbenpumpe

Ordnet man mehrere Kolben hintereinander an (Bild 31), so spricht man von einer "Reihenkolbenpumpe". Ordnet man die Kolben sternförmig, d.h. radial an und ersetzt man die Kurbelwelle durch eine exzentrisch gelagerte Kreisscheibe, so erhält man die "einhubige Radialkolbenpumpe mit innerer Kolbenabstützung" (Bild 32). Hier erfolgt der Antrieb über die exzentrisch gelagerte Kreisscheibe 5 auf die Kolben (Verdränger) 1. Von der Phase Ansaugen wird auf die Phase Verdrängen über selbsttätig arbeitende Ventile oder über zwangsgesteuerte Schieber umgesteuert (Bilder 33 und 34). Bei der Pumpe nach Bild 33 wird das Ansaugen über Schlitze, das Verdrängen jedoch über selbsttätige Ventile gesteuert, bei der Pumpe nach Bild 34 beides über Steuerschieber.

Damit immer Kraftschluß zwischen Kolben und Kreisscheibe besteht, muß eine Radialkolbenpumpe mit innerer Kolbenabstützung vorgespeist werden, d.h. die zu

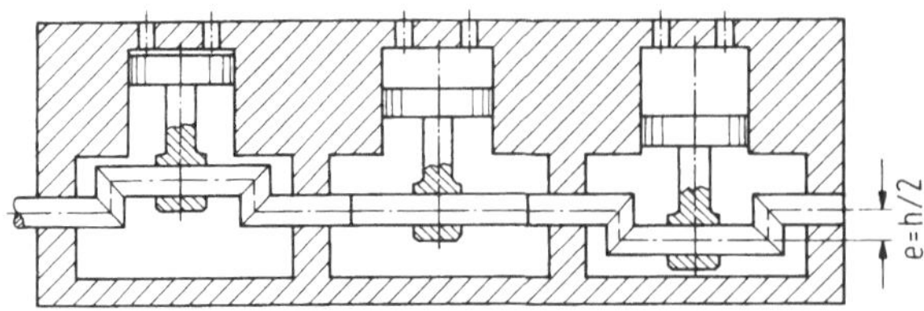

Bild 31. Verdrängerpumpe als Reihenkolbenpumpe

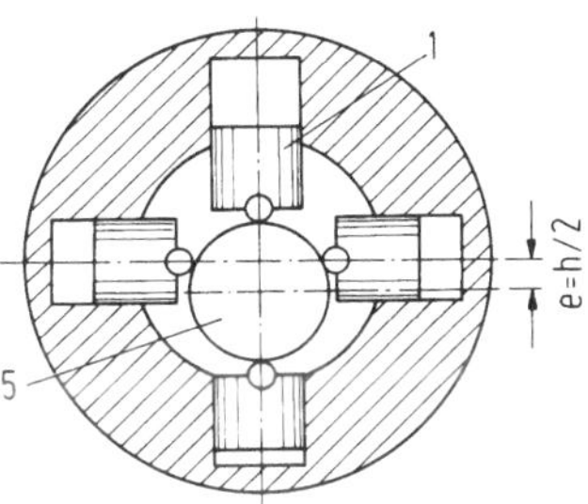

Bild 32. Verdrängerpumpe als einhubige Radialkolbenpumpe mit innerer Kolbenabstützung

fördernde Flüssigkeit muß der Pumpe mit einem bestimmten Druck zugeführt werden, oder die Kolben werden mittels Federn an die Kreisscheibe angedrückt bzw. formschlüssig mit dieser verbunden. Der am Kolben wirksame Ansaugüberdruck (Speisedruck) bzw. die Andrückkraft von Federn muß so hoch sein, daß die Massenkräfte aus der Bewegung der Kolben kompensiert werden. Nicht nur aus diesem Grund ist diese Bauform der Radialkolbenpumpe wenig verbreitet.

Bild 33. Taumelscheibenpumpe mit Schlitz- und Ventilumsteuerung (Foto Bucher)

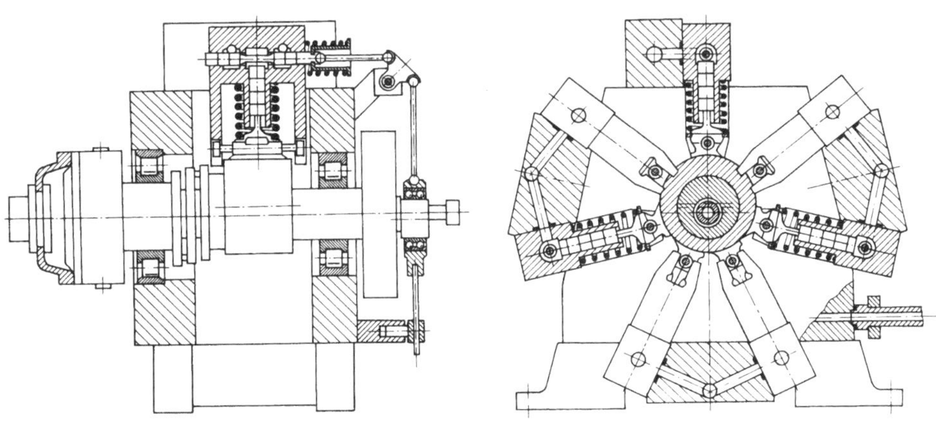

Bild 34. Schiebergesteuerte Radialkolbenpumpe

Wird die exzentrisch gelagerte Scheibe vergrößert und ordnet man die Verdränger in ihr radial so an, daß sie sich am inneren kreisrunden Umfang des Gehäuses abstützen, so erhält man die "einhubige Radialkolbenpumpe mit äußerer Kolbenabstützung (Bild 35). Bei ihr wirkt der Antrieb nicht unmittelbar auf die Verdränger, sondern unmittelbar auf die Verdrängerräume, d.h. auf die Zylinder. Der Laufkörper wird daher auch Zylindertrommel genannt. Der Kraftschluß zwischen Verdränger und Laufbahn wird durch die auf die Verdränger wirkende Fliehkraft erzielt. Von Ansaugen auf Verdrängen wird zwangsweise über Steuerschlitze an einem im Zentrum der Zylindertrommel angeordnete stillstehenden Steuerzapfen umgesteuert, welche von Bohrungen zu den einzelnen Zylinderräumen überstrichen werden (Bilder 36 und 37). Diese Bauform der Radialkolbenpumpe ist weitverbreitet.

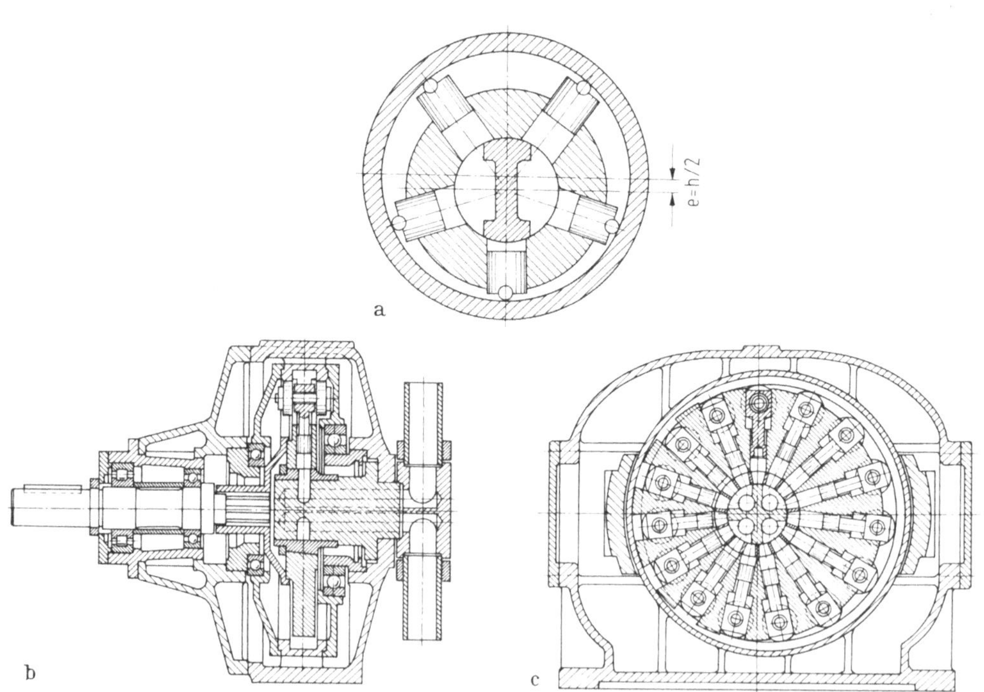

Bild 35. Verdrängerpumpe als einhubige Radialkolbenpumpe mit äußerer Kolbenabstützung. a) Exzentrizität und Hub; b) Querschnitt; c) Längsschnitt

Die beim Hydrogetriebe meist eingesetzten Pumpen sind die "Axialkolbenpumpen", die nach verschiedenen Systemen arbeiten. Bei der Axialkolbenpumpe nach Bild 38 verlaufen die Kolbenachsen parallel zur Achse der Antriebswelle. Die Kolben sind kreisringförmig um die Antriebswelle angeordnet und liegen kraftschlüssig an einer zu ihrer Achse geneigten Ebene an. Auf diese Ebene wirkt der Antrieb und zwar so, daß die Ebene rotiert. Die Kolben folgen der Taumelbewegung der Ebene und führen einen entsprechenden Hub aus. Von dieser Taumelbewegung abgeleitet, nennt man derartige Pumpen auch "Taumelscheibenpumpen".

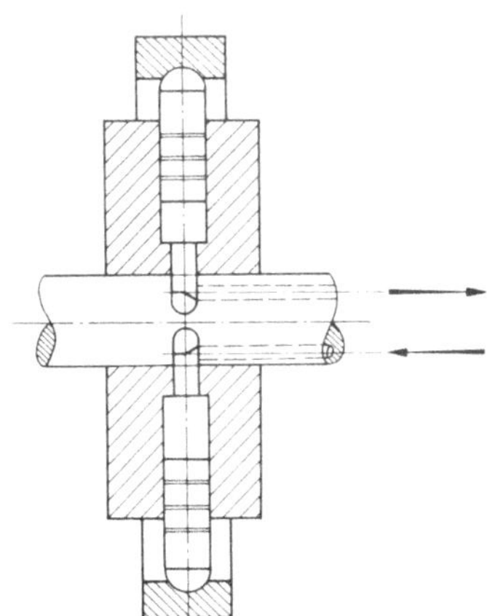

Bild 36. Umsteuerung einer Radialkolbenpumpe mit äusserer Kolbenabstützung

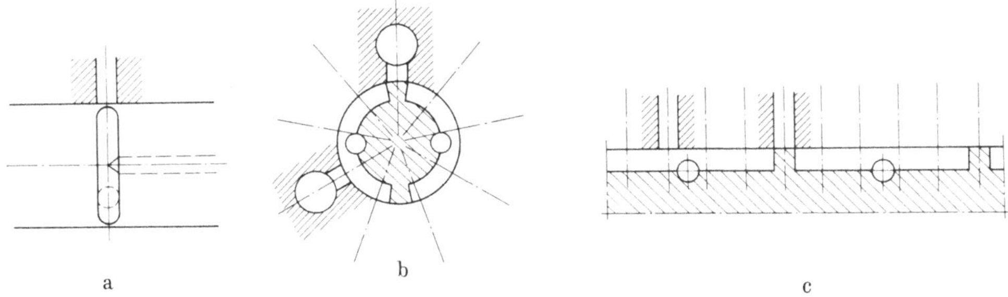

Bild 37. Prinzipdarstellung der Umsteuerung einer Radialkolbenpumpe mit äußerer Kolbenabstützung. a) Stillstehende Achse; b) in Seitenansicht; c) als Abwickelung

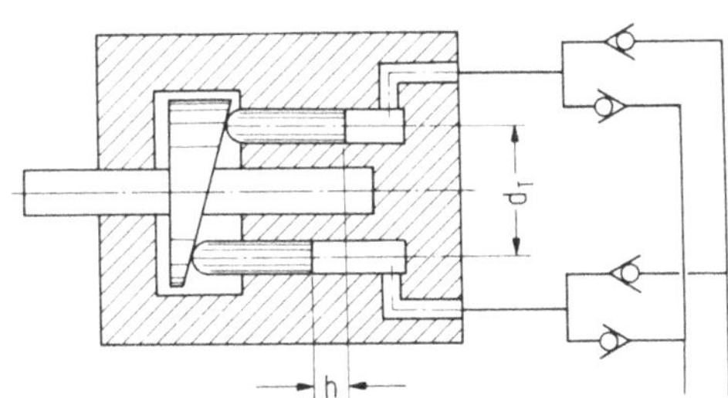

Bild 38. Verdrängerpumpe als Axialkolbenpumpe nach dem Taumelscheibenprinzip mit Ventilsteuerung

Die Umsteuerung von Ansaugen und Verdrängen erfolgt über Ventile (Bild 38) und/ oder Steuerschlitze (Bilder 39 und 40). Letztere Umsteuerart wird häufig angewendet. Hierbei überstreicht die Zylinderbohrung ringförmige Öffnungen (Bild 41), die (um π versetzt) zweimal vorhanden sind. Diese Öffnungen werden vielfach als "Steuerniere" bezeichnet. Die beiden Stege zwischen den beiden Steueröffnungen sind geringfügig breiter als die sie überstreichenden Zylinderbohrungen, so daß die Stege die Bohrungen praktisch abschließen und damit ebenfalls die Verdrängerräume. Bezogen auf den Kolbenhub befinden sich die Stege jeweils da, wo die Kolbenbewegung gleich Null ist und die Bewegungsrichtung sich umkehrt, d.h. im oberen Totpunkt (OT) bzw. unteren Totpunkt (UT). Der sich von den Steueröffnungen hinweg bewegende Kolben beendet also praktisch seinen Saughub gleichzeitig mit der Absperrung des zugehörigen Verdrängerraumes, d.h. mit der Trennung der Zylinderbohrung von Ansaugsteueröffnung.

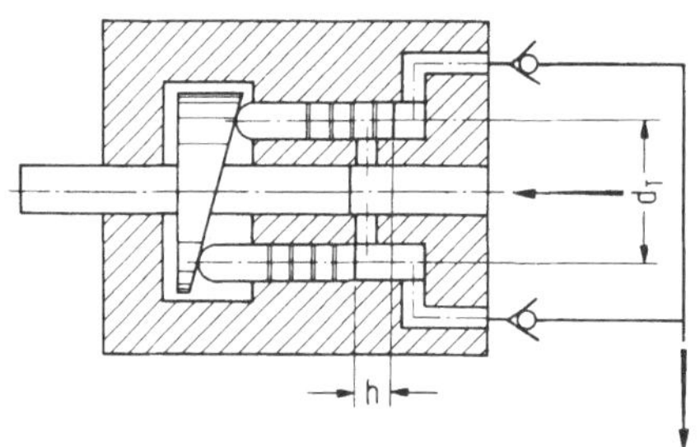

Bild 39. Verdrängerpumpe als Axialkolbenpumpe nach dem Taumelscheibenprinzip mit Ventil- und Schlitzumsteuerung

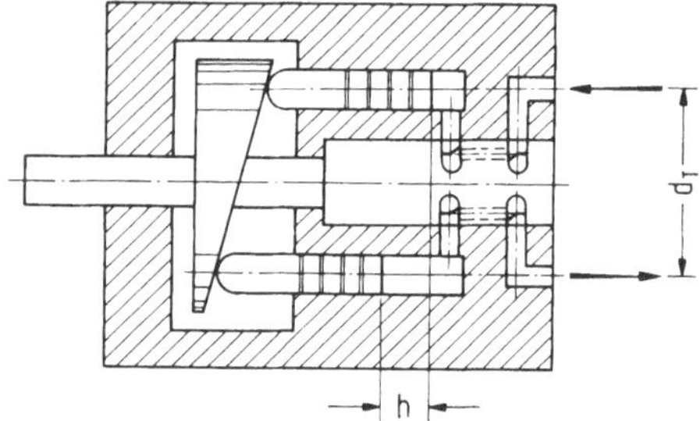

Bild 40. Verdrängerpumpe als Axialkolbenpumpe nach dem Taumelscheibenprinzip mit Schlitzumsteuerung

Bei weiterer Drehung setzt die entgegengesetzte, verdrängende Kolbenbewegung gleichzeitig mit dem Öffnen des Verdrängerraumes zur Ausstoßsteueröffnung hin ein, so daß sich mit zunehmender Kolbengeschwindigkeit die Zylinderbohrung ganz frei steuert. Der Verdrängerhub endet praktisch gleichzeitig mit der Absperrung des betreffenden Verdrängerraumes von der Ausstoßsteueröffnung. Gleichzeitig mit dem Einsetzen des Saughubes steuert sich der Verdrängerraum wieder auf usw.

Läßt man die geneigte Ebene stillstehen und die Kolben mit der Trommel (Zylindertrommel), die die Zylinderbohrung (Verdrängerräume) enthält, drehen, führen die Kolben ebenfalls einen Hub aus (Bild 42). Die Umsteuerung von Ansaugen auf Verdrängen erfolgt in der Regel über Steuerschlitze, wie beschrieben. Von der stillstehenden - schrägen - Scheibe abgeleitet, nennt man derartige Pumpen "Schrägscheibenpumpen" (Bild 43).

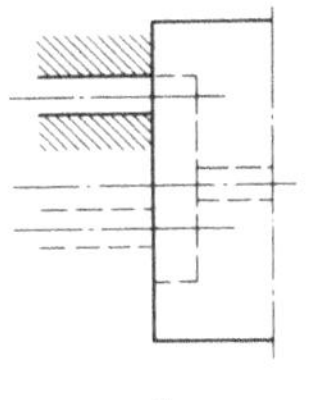

a

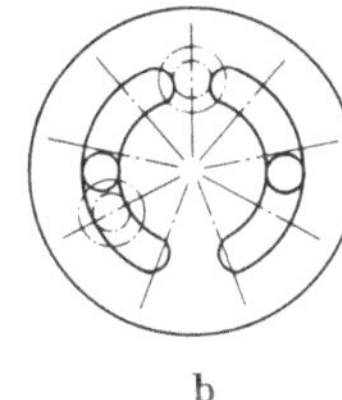

b

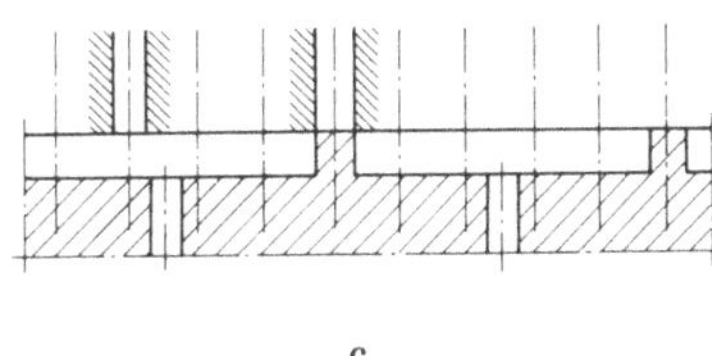

c

Bild 41. Prinzipdarstellung der Schlitzumsteuerung einer Pumpe nach Bild 40. a) Zylindertrommel und Steuerboden in Seitenansicht; b) Steuerboden in Draufsicht; c) Abwicklung

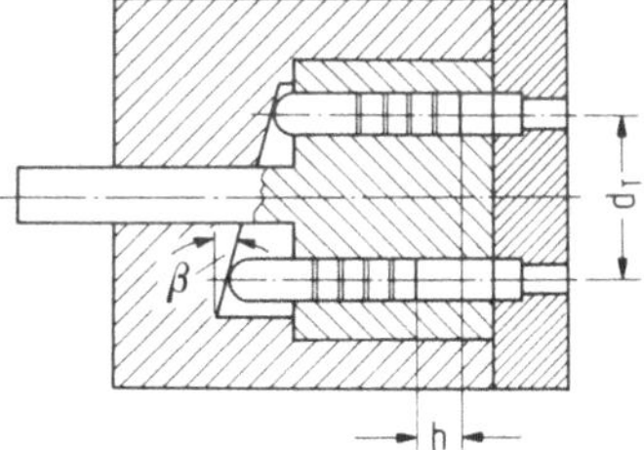

Bild 42. Prinzip der Schrägscheibenpumpe

Ein weiteres Axialkolbensystem entsteht, wenn man die Antriebswelle nach Bild 42 nicht parallel zu den Kolbenachsen, sondern rechtwinklig zur geneigten Ebene ansetzt (Bild 44). Es entsteht die sogenannte "Schrägtrommelpumpe", die in der Bauform mit drehender Zylindertrommel (Bild 45) nach ihrem Erfinder auch "Thoma-Pumpe" genannt wird.

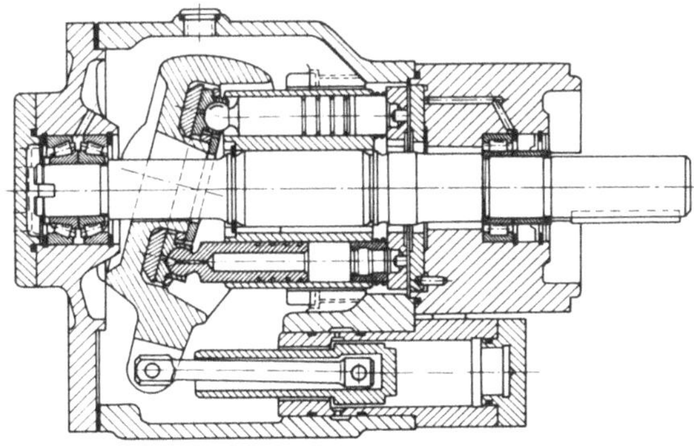

Bild 43. Verdrängerpumpe als Axialkolbenpumpe nach dem Schrägscheibenprinzip mit Schlitzumsteuerung

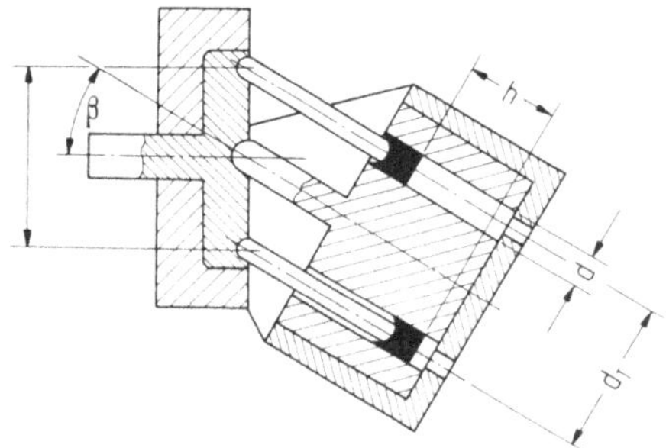

Bild 44. Verdrängerpumpe als Axialkolbenpumpe nach dem Schrägtrommelprinzip mit Schlitzumsteuerung

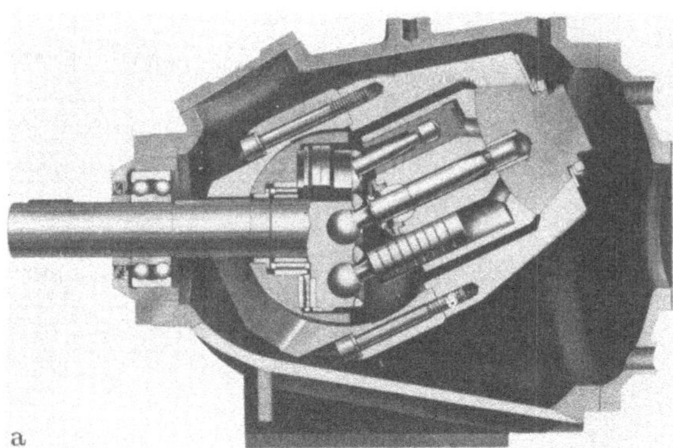

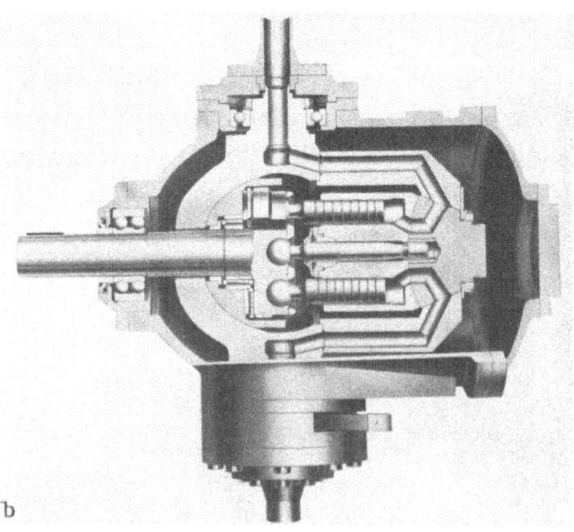

Bild 45. Schnitte durch eine Axialkolbenpumpe in Schrägtrommelbauart (Thoma) (Foto Mannesmann Meer AG)

Sämtliche aufgeführten Axialkolbenpumpensysteme folgen im Hinblick auf Volumenstrom, Antriebsdrehmoment und Leistung den gleichen Gesetzen.

3.1.2.2 Die kinematischen Zusammenhänge

Bei allen Pumpen, die nach dem Verdrängerprinzip arbeiten, teilt sich der Funktionsablauf in zwei Phasen auf. Wird z.B. der Kolben 1 (Verdränger, Bild 46), durch eine äußere Kraft 5 (Antrieb) in Kraftrichtung um den Weg h (Hub) im Zylinder 2 (Verdrängerraum) vorgeschoben, so verkleinert sich der mit dem Flüssigkeitsvolumen V gefüllte Raum. Betrug das eingeschlossene Volumen bei Ausgangsstellung des Kolbens V_{max}, so beträgt dieses nach Hubende

$$V_{min} = V_{max} - \Delta V .$$

Das aus dem Verdrängerraum verdrängte Flüssigkeitsvolumen beträgt im verlustfreien System

$$\Delta V_{th} = \frac{d^2 \pi}{4} h .$$

Die Größe des Volumenstromes ist abhängig von der Größe des Verdrängers und des Hubes bzw. der Geschwindigkeit, mit der die Verkleinerung des Verdrängerraumes erfolgt.

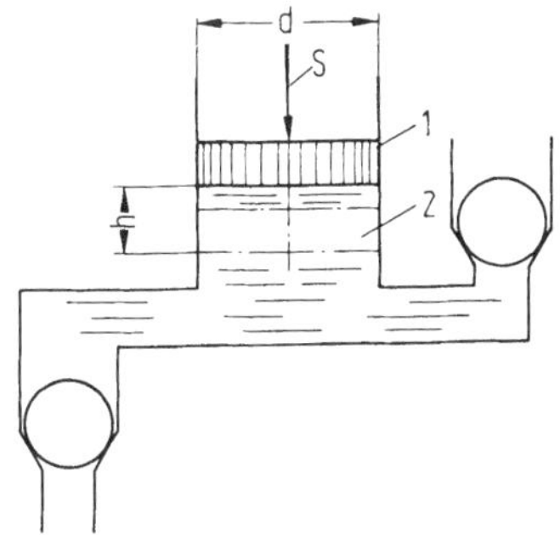

Bild 46. Verdrängerprinzip

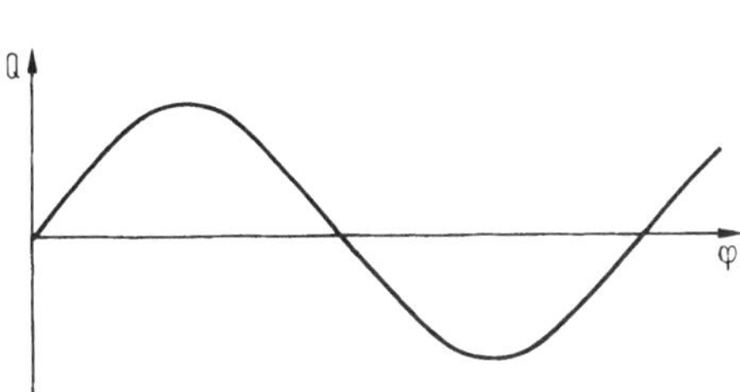

Bild 47. Volumenstrom in Abhängigkeit vom Drehwinkel

Es ist h = 2e (Bild 29). Damit errechnet sich das theoretische Fördervolumen für eine Umdrehung der Kurbelwelle zu

$$V_{th} = S h = S\, 2e = \frac{d^2 \pi}{4}\, 2e = \frac{\pi}{2} d^2 e$$

und bei n Umdrehungen der mittlerer Volumenstrom zu

$$Q_{thm} = \frac{\pi}{2} d^2 e n .$$

Da der Volumenstrom auch $Q = S\,v$ ist (vgl. Abschnitt 2.1.1) und sich beim Kurbeltrieb die Kolbengeschwindigkeit gemäß

$$v \approx e\omega \left(\sin\varphi \pm \frac{\lambda}{2} \sin 2\varphi \right)$$

ändert [5], ändert auch der Volumenstrom ständig seine Größe (Bild 47). Es ist

$$Q_{th} = S v \approx d^2 \frac{\pi}{4} e\omega \left(\sin\varphi \pm \frac{\lambda}{2} \sin 2\varphi \right)$$

und die Größe des theoretischen mittleren Volumenstromes

$$Q_{thm} = S v_m = d^2 \frac{\pi}{4} v_m ,$$

worin v_m die mittlere Kolbengeschwindigkeit ist.

Hat die zu verdrängende Flüssigkeit einen Widerstand zu überwinden, der als Flüssigkeitsdruck p am Verdränger wirksam wird, so beträgt die dem Antrieb abzufordernde Kraft (im verlustfreien System)

$$F_{th} = S p = d^2 \frac{\pi}{4} p .$$

Da diese Kraft mit der Geschwindigkeit v_m wirksam ist, beträgt die benötigte Leistung

$$P_{thm} = F_{th} v_m - d^2 \frac{\pi}{4} p v_m = S p v_m .$$

Betrachtet man das Prinzip der Schräg- oder Taumelscheibenpumpen nach Bild 48 und zwar zunächst mit nur einem Kolben, so muß dieser, um den Hub h_{max} zu machen, den Weg $s = r\pi$ zurücklegen. Dieser Weg entspricht der Strecke $2r$ in der dargestellten Schnittebene. In der Abhängigkeit vom Winkel φ beträgt $l = r(1 - \cos\varphi)$. Proportional mit dieser Strecke ändert sich der Hub gemäß

$$h = r(1 - \cos\varphi) \tan\beta .$$

Für $\varphi = \pi$ wird

$$h_{max} = 2 r \tan\beta .$$

Im Gegensatz zur Schräg- und Taumelscheibenpumpe, bei welcher die Kolbenkreisbahn auf einer Ebene liegt, die mit der schiefen Ebene den Winkel β bildet, liegt die Kolbenkreisbahn bei der Schrägtrommelpumpe auf der - hier gedachten - "schiefen Ebene" (Bild 49). Es ist unverändert

$$l = r(1 - \cos\varphi) ,$$

jedoch

$$h = r(1 - \cos\varphi) \sin\beta$$

und

$$h_{max} = 2 r \sin\beta .$$

Die Geschwindigkeit mit der sich der Kolbenhub ändert, ergibt sich aus Bild 50. Es ist

$$v_k = v \sin\varphi$$

und mit $v = 2\pi r n$ wird

$$v_k = 2 \pi r n \sin\varphi .$$

Bei der Schrägscheiben-, Taumelscheiben- und Schrägtrommelpumpe ist das verdrängte Volumen (Gesamtförderung) mit

$$V_{th} = S\,s = d^2 \frac{\pi}{4} r(1 - \cos\varphi) \tan\beta$$

bzw.

$$V_{th} = d^2 \frac{\pi}{4} r(1 - \cos\varphi) \sin\beta$$

eine Cosinus-Funktion des Drehwinkels und der Volumenstrom (Momentanförderung) mit

$$Q_{th} = S\,v_k = d^2 \frac{\pi}{4}\, 2\pi r n \sin\varphi$$

eine Sinus-Funktion des Drehwinkels (Bild 51) [9].

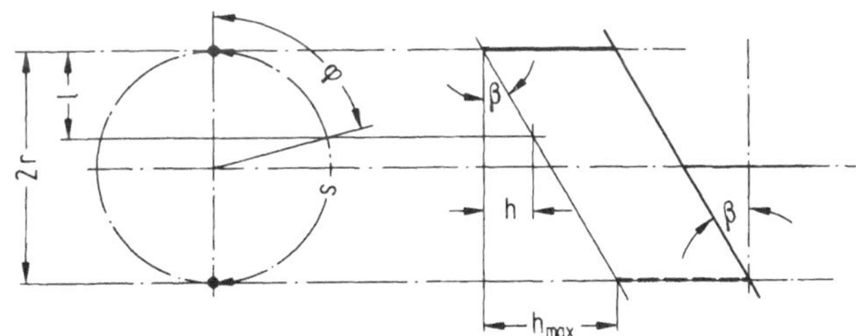

Bild 48. Kinematisches Prinzip der Schrägscheiben- und Taumelscheibenpumpe

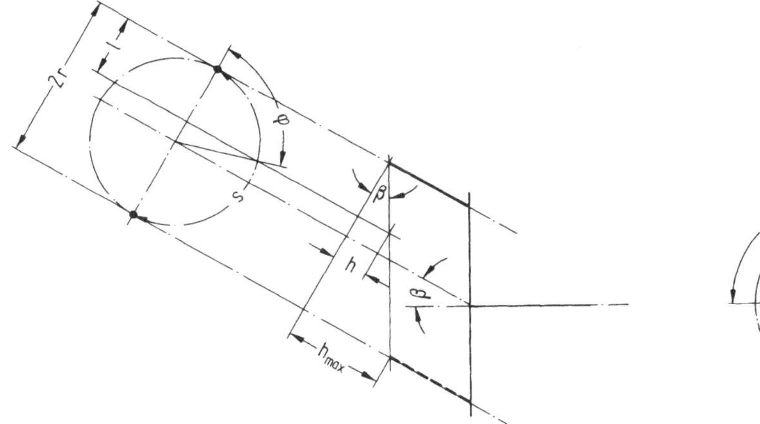

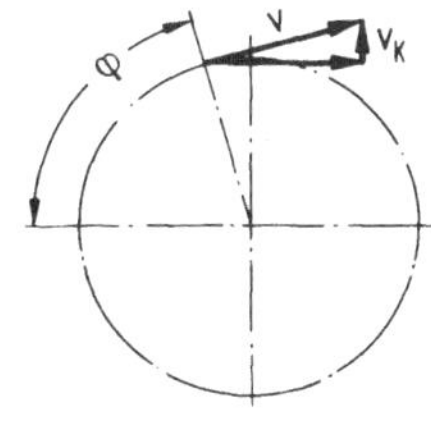

Bild 49. Kinematisches Prinzip der Schrägtrommelpumpe

Bild 50. Vektordiagramm der Kolbengeschwindigkeit

Wie aus Bild 52 ersichtlich, ist eine Einkolbenpumpe wegen des unterbrochenen Volumenstromes als Antriebselemente im Sinne des Hydrogetriebes unbrauchbar.

Bei Anordnung eines zweiten Verdrängers, der um π zum ersten Verdränger versetzt ist, erhöht sich zwar die Pulsation des Volumenstromes auf das Doppelte, bleibt aber in ihrer Intensität unverändert (Bild 53). Erst bei der Anordnung von drei und mehr Verdrängern in gleichmäßiger Teilung (Bild 54) ergibt sich ein nicht unterbrochener Volumenstrom, der jedoch auch noch mehr oder weniger stark pulsiert (Bild 55).

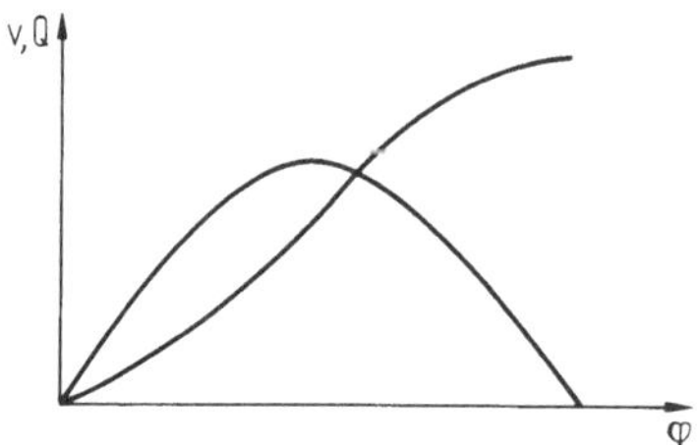

Bild 51. Gefördertes Volumen und Volumenstrom in Abhängigkeit vom Drehwinkel

Bild 52. Volumenstrom einer Einkolbenpumpe

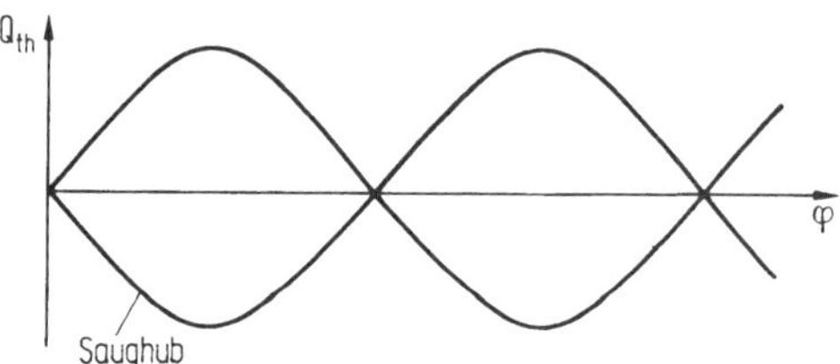

Bild 53. Volumenströme einer Zweikolbenpumpe

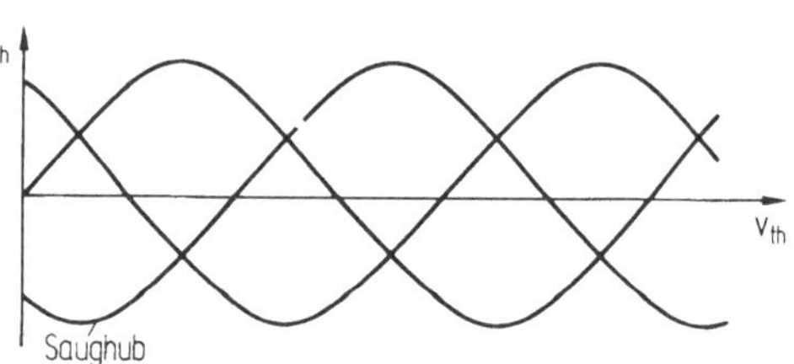

Bild 54. Volumenströme einer Dreikolbenpumpe

In Bild 56 sind die Pulsation der Volumenströme bei Anordnung von einem bis 15 Kolben dargestellt.

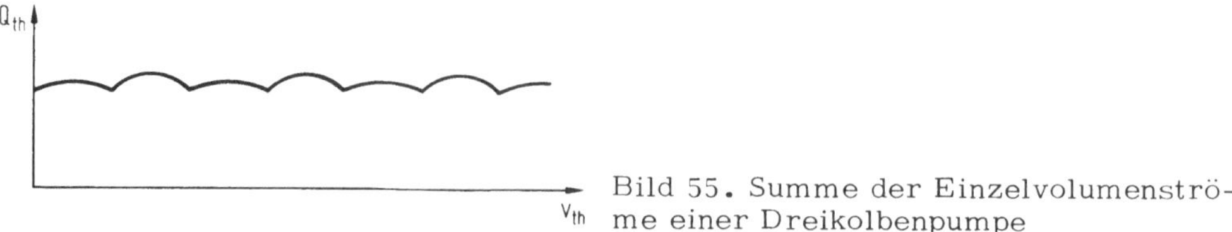

Bild 55. Summe der Einzelvolumenströme einer Dreikolbenpumpe

Wie aus den Bildern 57 und 58 im Vergleich mit Bild 29 hervorgeht, können auch die Radialkolbenpumpen in ihrer Kinematik als Sonderfall des durch einen Kurbeltrieb angetriebenen Verdrängers angesehen werden.

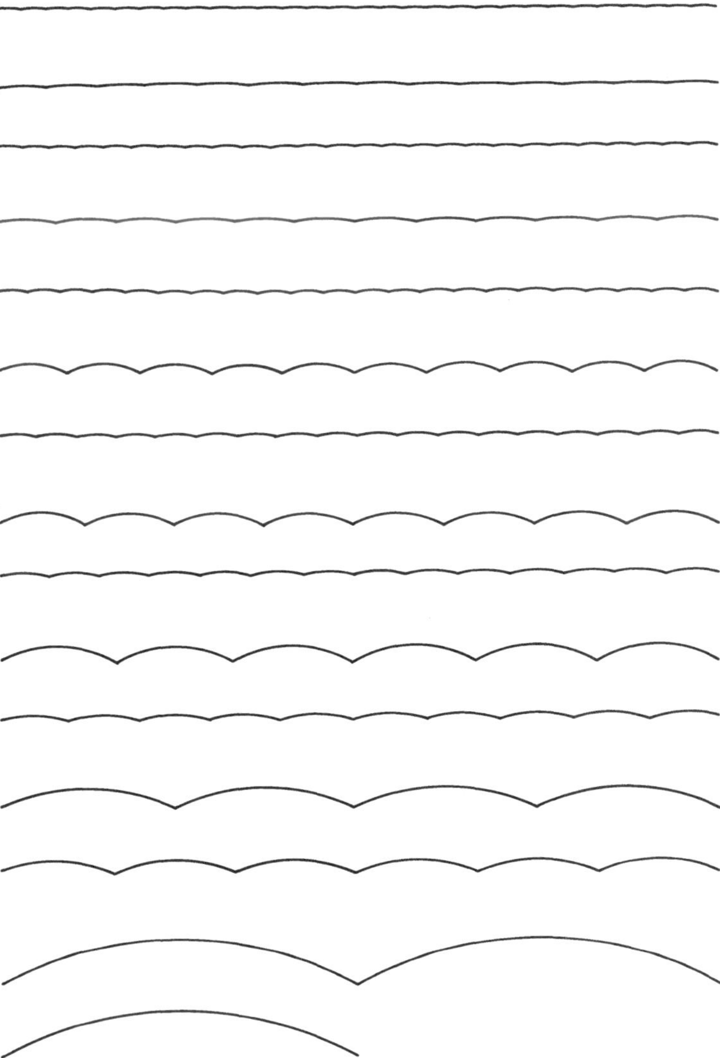

Bild 56. Pulsation des Volumenstromes bei 1 bis 15 Kolben

Für die Auslegung des Hydrogetriebes ist bis auf wenige Ausnahmefälle jeweils nur das mittlere verdrängt Volumen bzw. der mittlere Volumenstrom von Bedeutung. Es ist

$$V_{thm} = z\frac{\pi}{2}d^2 h_{max},$$

$$Q_{thm} = z\frac{\pi}{2}d^2 h_{max} n,$$

wenn z die Anzahl der Kolben ist

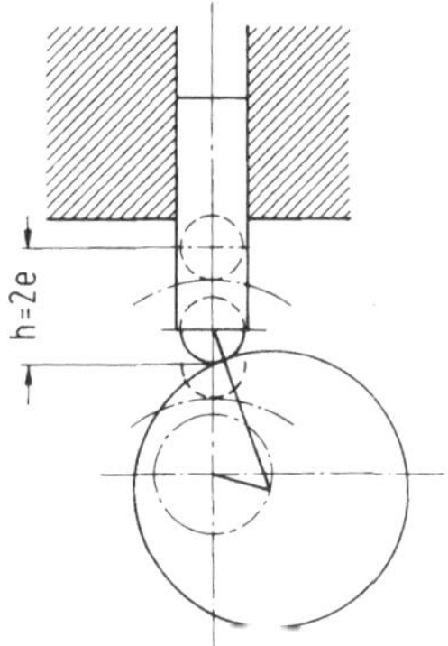

Bild 57. Kinematisches Prinzip einer Radialkolbenpumpe mit innerer Kolbenabstützung

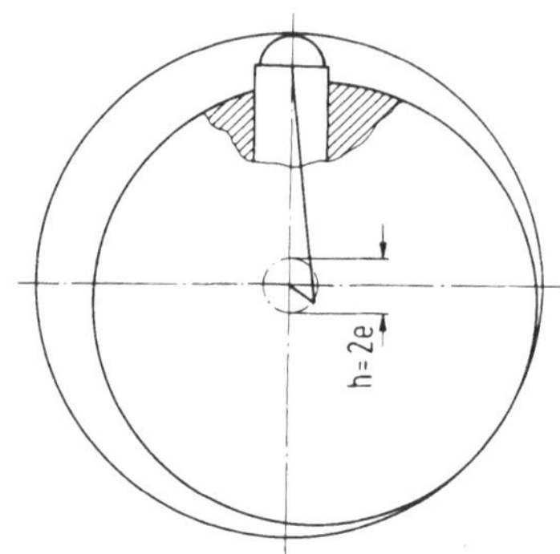

Bild 58. Kinematisches Prinzip einer Radialkolbenpumpe mit äusserer Kolbenabstützung

3.1.2.3 Rotierende Verdränger

Mit den bisher erläuterten Radial- und Axialkolbensystemen ist ein großer Teil der beim Hydrogetriebe - insbesonders für größere Leistungsübertragung - verwendeten Verdrängerpumpen erfaßt. Es gibt jedoch noch eine Reihe weiterer Verdrängersysteme, die - insbesonders für die Übertragung kleinerer Leistungen - eingesetzt werden. Zur Abrundung bzw. um einen Gesamtüberblick zu ermöglichen noch die nachfolgende Ergänzung.

Bereits im Jahre 1856 wurde eine Wasserpumpe ausgeführt, bei der als Verdränger nicht ein Kolben im heutigen Sinne, sondern eine Exzenterscheibe unmittelbar als Drehkolben eingesetzt wurde (Bild 59). Bei diesem "Kapselwerk" erfolgt die Trennung zwischen Saug- und Druckraum durch einen möglichst engen Spalt zwischen dem Umfang der Exzenterscheibe und der Innenfläche der "Kapsel", d.h. des Gehäuses, wie auch zwischen den Seitenflächen der Exzenterscheibe und den Gegenflächen des Gehäuses. Die Exzenterscheibe dreht um eine feststehende Achse, durch die, über einen Steg und Schlitze gesteuert, das Wasser in die Kapsel eintritt und wieder aus dieser verdrängt wird. Die Kapsel schwingt dabei hin und her [10].

Nach einem ähnlichen Prinzip arbeitet die Luftpumpe nach Bild 60. Die Abdichtung am Umfang der Exzenterscheibe ist durch einen Sperrschieber ersetzt, der Bestandteil eines Laufringes ist, der durch den Exzenter - oder auch durch eine Kurbelwelle - bewegt wird. Der Schieber gleitet dabei in einer dichtenden "Nuß" auf und ab. Saug- und Druckanschluß befinden sich am Gehäuse.

Bei dem System nach Bild 61 dient die Exzenterscheibe ebenfalls unmittelbar als

Verdränger. Bei dem System nach Bild 62 wird der Sperrschieber durch einen "Sperrflügel" ersetzt, der nunmehr kraftschlüssig mit dem Umfang der Exzenterscheibe in Berührung steht und ebenfalls auf- und abgleitet.

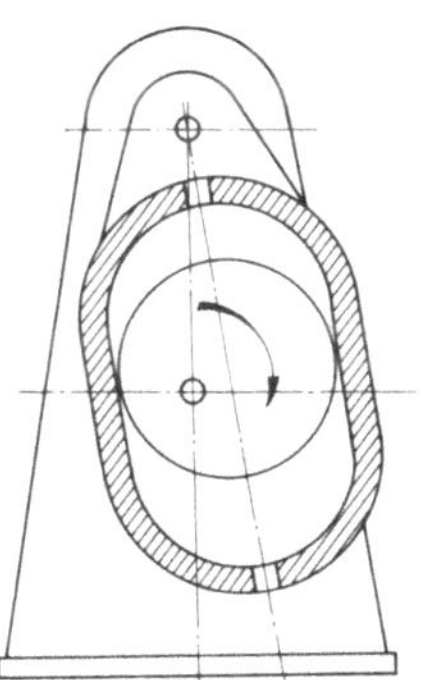

Bild 59. Kapselwerk mit Drehkolben (aus AWF- und VDMA-Getriebeblätter)

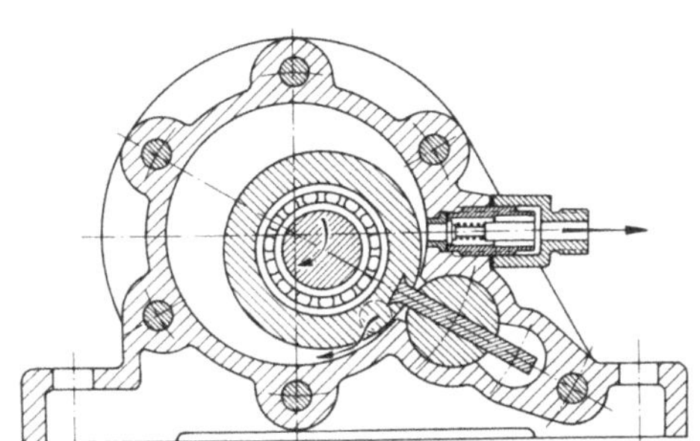

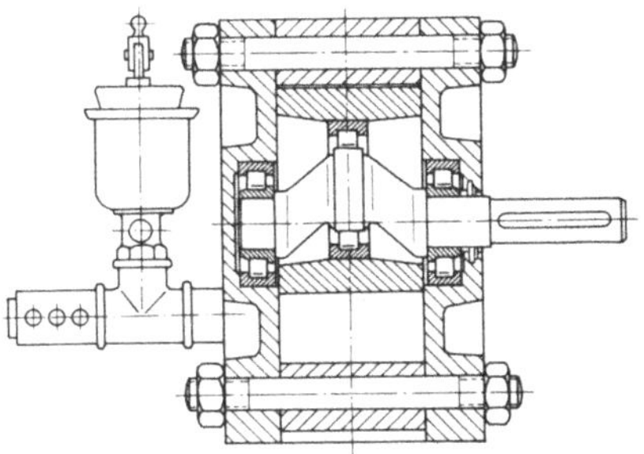

Bild 60. Sperrflügelpumpe als Luftpumpe (Knorr-Bremse)

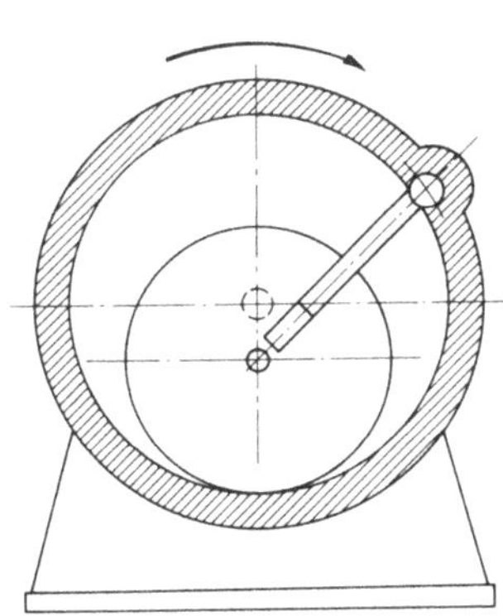

Bild 61. Kapselwerk mit Exzenterscheibe und Sperrschieber (aus AWF- und VDMA-Getriebeblätter)

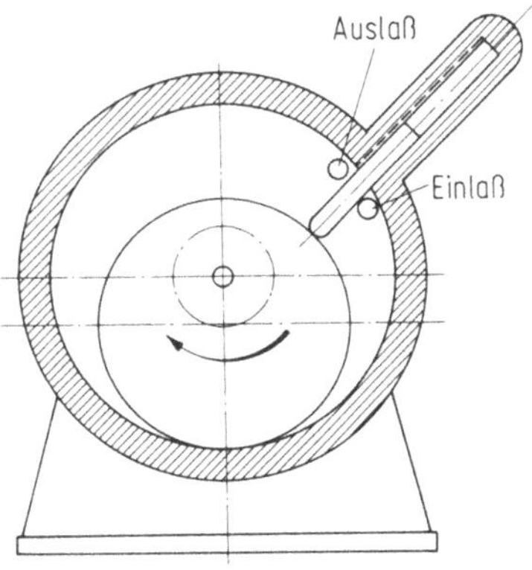

Bild 62. Kapselwerk mit Exzenterscheibe und Sperrschieber (aus AWF- und VDMA-Getriebeblätter)

Hieraus entstanden die "Sperrflügelsysteme", so das auch heute noch gebaute "Deri-System" nach Bild 63. Letzteres ist doppelhubig, d.h. bei einer Umdrehung der Exzenterscheibe werden beide Sperrflügel zweimal angehoben. Die Deri-Pumpe hat in zwei getrennten Kammern, die nur über Bohrungen verbunden sind, zwei um $\pi/2$ versetzt angeordnete "Doppelexzenter" (Läufer).

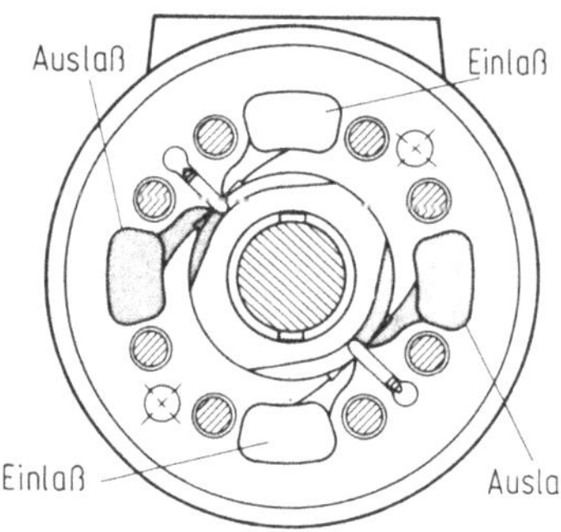

Bild 63. Hydropumpe als Sperrflügelpumpe-Deri-Prinzip (Sauer & Sohn)

Verlegt man den Sperrflügel in den Läufer so, daß dieser an der Innenwand des Gehäuses abdichtet (Bild 64), erhält man die "Flügelzellenpumpe" (durch Flügel gebildete Förderzellen bzw. Verdrängerräume) in einhubiger (Bild 65) oder mehrhubiger Form. Bei der einhubigen Flügelzellenpumpe liegt die Drehachse exzentrisch zum Innen-(Lauf-)Durchmesser des Gehäuses. Die Ausführung in einhubiger Bauform hat den Vorteil, daß mit geringem Aufwand der Volumenstrom während des Betriebes in seiner Größe verändert werden kann. Bei der mehrhubigen bzw. mehrzelligen Ausführung mit geradzahliger Teilung ergibt sich hingegen der Vorteil, daß die Antriebswelle und die Wellenlagerung, durch die symetrische Anordnung der vom Flüssigkeitsdruck belasteten Verdränger- oder Läuferflächen, von Querkräften frei bleiben.

Die Verdrängervolumina und Volumenströme aller Sperrflügel- und Flügelzellenpumpen können nach dem gleichen Schema berechnet werden: Die Differenz der beiden Abstände der Berührungslinie der Flügel mit dem Läufer (Bild 66) bzw. dem Gehäuse in den beiden Extremstellungen, gemessen vom Mittelpunkt des Gehäuses aus (also praktisch der Hub der Flügel), multipliziert mit der Flügel- bzw. Läuferbreite ergibt zunächst die Verdrängerfläche. Multipliziert man diese mit dem Umfang des Kreises, dessen Radius sich aus dem arithmetischen Mittelwert der beiden vorerwähnten Abstände ergibt (Verdrängerweg), so erhält man ein Volumen, welches nunmehr noch um die Volumina aller in das so entstandene Kreisringvolumen hineinragenden Teile wie Flügel, Läufernocken u.ä. vermindert werden muß (Bild 67). Multipliziert man dieses verminderte Volumen mit der An-

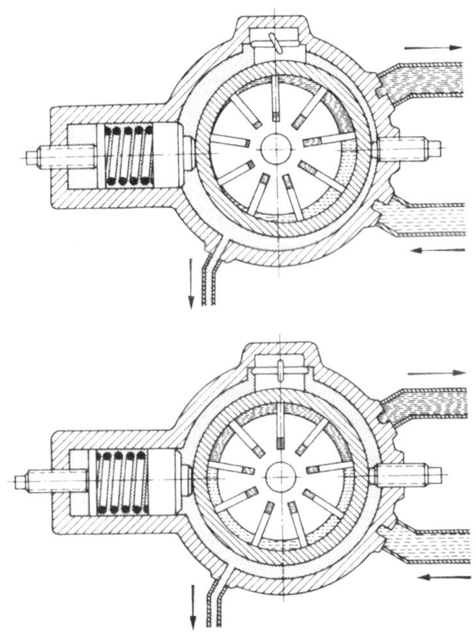

Bild 64. Flügelzellenpumpe mit veränderbarem Hubvolumen, einfachwirkend (Boehringer)

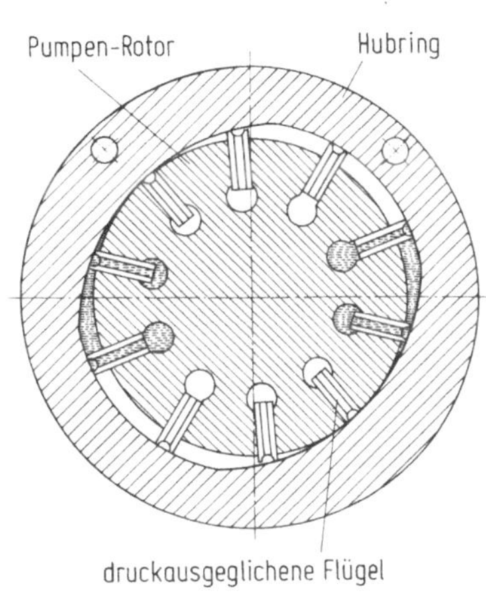

Bild 65. Doppeltwirkende Flügelzellenpumpe (Teves)

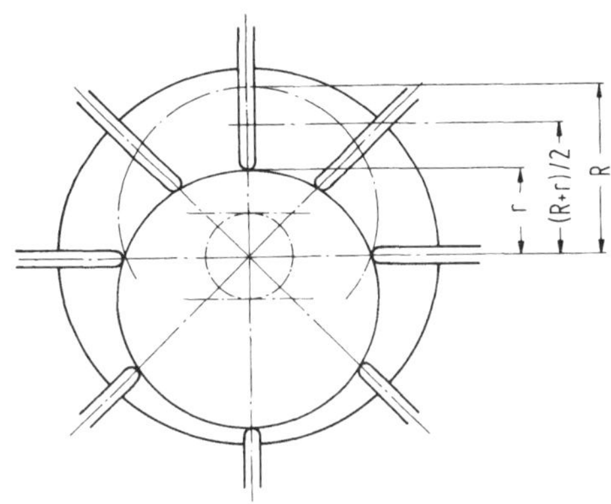

Bild 66. Kinematisches Prinzip der Sperrflügel- und Flügelzellenpumpen

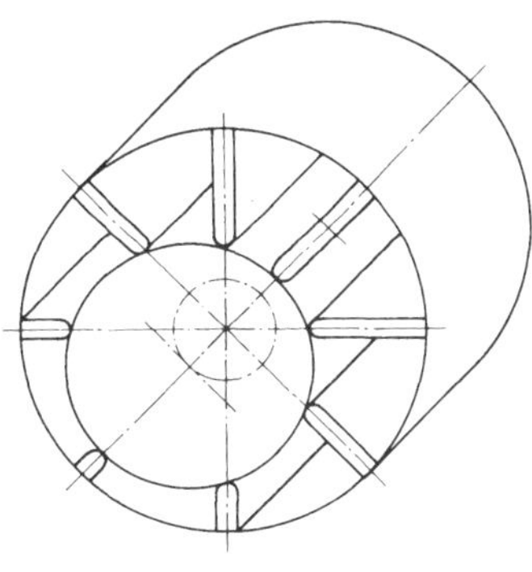

Bild 67. Verdrängerräume der Sperrflügelpumpe

zahl der Schieberhübe z bei einer vollen Läuferumdrehung, so erhält man das theoretische Verdrängervolumen pro Umdrehung zu

$$V_{th} = \left[(R - r)b\frac{R + r}{2} 2\pi - \Sigma \Delta V\right] z .$$

Mit D = 2R und d = 2r wird

$$V_{th} = \left[\frac{D - d}{2} b \frac{D + d}{2} 2\pi - \Sigma\Delta V\right] = \left[\frac{\pi}{2} b(D^2 - d^2) - \Sigma\Delta V\right] z \, .$$

Eine weitere Gruppe von Verdrängersystemen entsteht durch die Verwendung des Zahnes eines Zahnrades als Verdränger. (Bild 68). Die Abdichtung zwischen Saug- und Druckraum erfolgt durch den engen Spalt zwischen Zahnkopf und Gehäuseinnendurchmesser wie auch durch die Mitnahmeberührung der beiden Zahnräder im Zahneingriff. Die eigentliche Verdrängung erfolgt durch das Eintauchen des Zahnes in die Zahnlücke des anderen Zahnrades. Die Berechnung kann nach dem vorerwähnten Schema erfolgen. Es ist jedoch nicht einfach, ΔV rechnerisch zu bestimmen. Daher erscheint es wenig sinnvoll, stark vereinfachende Formeln anzuführen, die ohne praktischen Wert sind. Für genauere Berechnung wird auf [11] verwiesen.

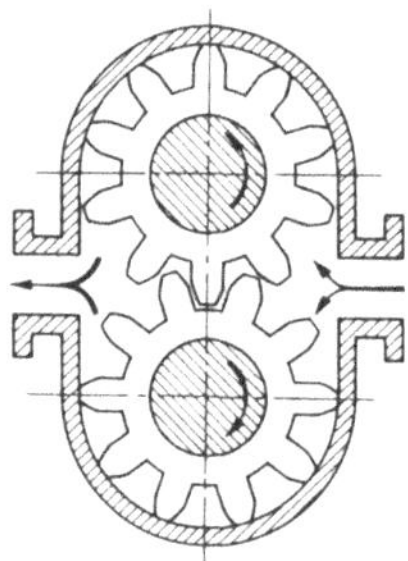

Bild 68. Zahnradpumpe

Es sei noch einmal betont, daß die angeführten Berechnungsformeln nur zum besseren Verständnis dienen sollen. Insbesondere der systemabhängig sehr unterschiedliche volumetrische Wirkungsgrad wurde bei den Ableitungen völlig außer acht gelassen.

3.1.3 Regelbare Hydropumpen

Bei den bisherigen Beschreibungen wurde zunächst nicht auf die Veränderbarkeit der Größe des Volumenstromes während des Betriebes eingegangen. Es gibt aber auch Pumpen, "regelbare Hydropumpen" genannt, deren Volumenstrom veränderbar ist.

Da sich der mittlere Volumenstrom Q_{thm} gemäß

$$Q_{thm} = z S h n$$

errechnet, sind also vier Veränderliche vorhanden, die die Größe des Volumenstromes bestimmen. Mit der Änderung der Antriebsdrehzahl n der Pumpe ändert sich der Volumenstrom direkt proportional. Diesen Weg wird man in der Praxis nur in ganz bestimmten Ausnahmefällen gehen, und zwar nur dann, wenn ein Hydrogetriebe als "hydraulische Welle" eingesetzt werden soll (z.B. um den Kühlerventilator, der bei einem Omnibus auf dem Dach angeordnet ist, in Abhängigkeit der Motordrehzahl anzutreiben, wobei keine Pumpe mit veränderbarem Volumenstrom eingesetzt wird). Die Anzahl z der Verdränger läßt sich während des Betriebes nicht verändern. Es bleiben dann als mögliche Veränderliche die Verdrängerfläche S und der Verdrängerweg s.

3.1.3.1 Hydropumpen mit veränderlichem Verdrängerweg.

Hierunter fallen ausschließlich Kolbensysteme. Bei diesen ist die Verdrängerfläche, d.h. der Kolbendurchmesser, während des Betriebes nicht veränderbar. Es muß also der Verdrängerweg durch Eingriff von außen verändert werden.

a) Radialkolbenpumpen mit veränderlichem Verdrängerweg und innerer Kolbenabstützung

An der Radialkolbenpumpe mit innerer Kolbenabstützung nach Bild 32 läßt sich die Änderung des Verdrängerweges (Kolbenhubes) leicht veranschaulichen. Die exzentrisch gelagerte Kreisscheibe 5 verursacht bei ihrer Drehung eine Bewegung der Kolben um den Hub (Exzentrizität) e. Dieser Wert wird um so größer, je weiter sich der Mittelpunkt der Kreisscheibe vom Mittelpunkt des Gehäuses entfernt. Fallen beide Mittelpunkte zusammen, so ist $e = 0$, und die Kolben machen keinen Hub, d.h. die Pumpe fördert nicht mehr. Durch eine Veränderung der Exzentrizität e von 0 bis zum Maximalwert während des Betriebes ändert sich der Volumenstrom also auch von 0 bis zu einem Maximalwert. Die Exzentrizität e läßt sich aber auch über 0 hinaus in die entgegengesetzte Richtung verschieben.

In Bild 32 sei diese Stellung der Kreisscheibe mit $+e_{max}$ bezeichnet. Der mit 1 bezeichnete Kolben befindet sich im unteren Totpunkt (UT). Bei Drehung der Kreisscheibe im Uhrzeigersinn um π bewegt sich der Kolben von UT zum oberen Totpunkt (OT), verdrängt also das im Zylinderraum (Verdrängerraum) enthaltene Flüssigkeitsvolumen. Geht man von der gleichen Grundstellung der Kreisscheibe aus und schiebt diese ohne Drehung in die entgegengesetzte Exzentrizität $-e_{max}$, so wird bei Drehung der Kreisscheibe um π ebenfalls im Uhrzeigersinn der Kolben 1 nun vom OT zum UT wandern, also eine genau entgegengesetzte Bewegungsrichtung annehmen, dabei den Verdrängerraum wieder vergrößern und ein Flüssigkeitsvolumen aufnehmen. Die stufenlose Verlagerung der Exzentrizität von

$+e_{max}$ nach $-e_{max}$ verursacht also eine Umkehrung der Förderrichtung der Hydropumpe bei gleichbleibender Drehrichtung der Kreisscheibe. Bei dieser Pumpe wird dann der Sauganschluß zum Druckanschluß und umgekehrt. Somit wird eine stufenlose Veränderung des Volumenstromes zwischen zwei Maximalwerten erzielt.

Bei den Pumpen mit innerer Kolbenabstützung wird man in der Regel bemüht sein, die Kreisscheibe verschiebbar auszuführen, da bei Verschiebung der Verdrängerräume eine ebenfalls verschiebbare Flüssigkeitszu- und abführung vorgesehen werden müßte.

b) Radialkolbenpumpen mit veränderlichen Verdrängerweg und äußerer Kolbenabstützung

Bei der Radialkolbenpumpe nach Bild 35 ist ebenfalls der Volumenstrom durch Veränderung der Exzentrizität veränderbar. Hier wird jedoch das Gehäuse und nicht die Zylindertrommel mit den Verdrängerräumen verschoben.

c) Axialkolbenpumpen mit veränderlichem Verdrängerweg

Bei der Axialkolbenpumpe nach Bild 42 ist der Kolbenhub abhängig von der Höhendifferenz der schrägen Laufbahn (bezogen auf eine Ebene senkrecht zu den Kolbenachsen) bzw. von der Größe des Winkels β. Bildet man die schräge Laufbahn als schwenkbare Scheibe aus, deren Schwenkachse mit ihrem Drehpunkt auf der Achse liegt, die parallel zu den Kolben im Gehäuse läuft (Bild 69), so wird auch der Kolbenhub dieser Pumpe durch Eingriff von außen, nämlich durch Veränderung des Winkels β, veränderbar.

Bildet die Schrägscheibe mit der Achse durch den Mittelpunkt des Teilungskreises D einen rechten Winkel, so ist $\beta = 0$ und es findet kein Kolbenhub statt. Wird $\beta = +\max$, so bewegt sich der Kolben bzw. die Verdrängerfläche bei Drehung der Schrägscheibe um π im Uhrzeigersinn vom OT zum UT. Wird $\beta = -\max$, so wandert der Kolben bei Drehung der Schrägscheibe um π im Uhrzeigersinn von UT zum OT.

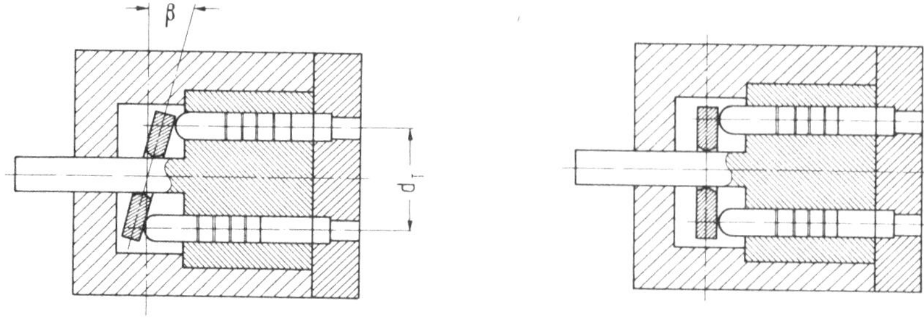

Bild 69. Schrägscheibenpumpe mit veränderlichem Winkel β

Hier findet also ebenso eine stufenlose Veränderung des Volumenstromes zwischen zwei Maximalwerten und darüber hinaus eine Umkehrung der Richtung des Volumenstromes statt. Es ist (Bild 70)

$$\pm h = 2r(\pm \tan \beta)$$

und damit

$$\pm Q = zS\,2r(\pm \tan \beta)n\,.$$

Je nach System wird die Taumelscheibe (Bild 38) oder die Schrägscheibe (Bild 43) in ihrem Winkel β verändert.

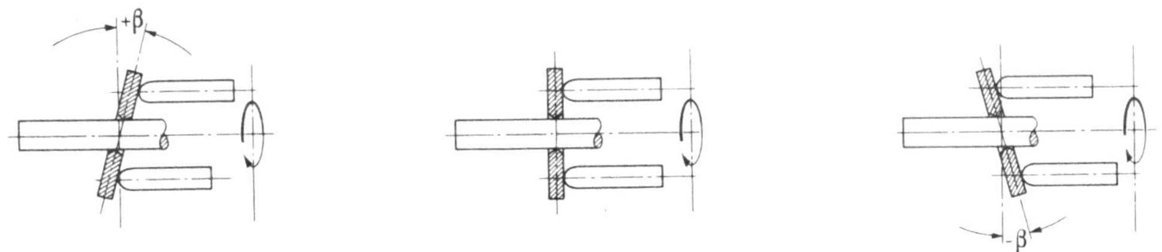

Bild 70. Prinzip der Schrägscheibenpumpe mit umkehrbarer Hubrichtung

Bei der Schrägtrommelpumpe (Bild 71) ist der Kolbenhub ebenfalls von der Höhendifferenz der schrägen Laufebene der Kolben (bezogen auf eine Ebene senkrecht zu den Kolbenachsen) abhängig. Zur Veränderung dieser Höhendifferenz wird aber nicht der Winkel der schrägen Laufbahn, sondern der Winkel der Zylindertrommel verändert (Bild 72). Der Schwenkpunkt liegt dabei im Mittelpunkt des Teilungskreises der Kolben und zwar in der Ebene, die durch die Schwenkpunkte der Kolbenachsen verläuft.

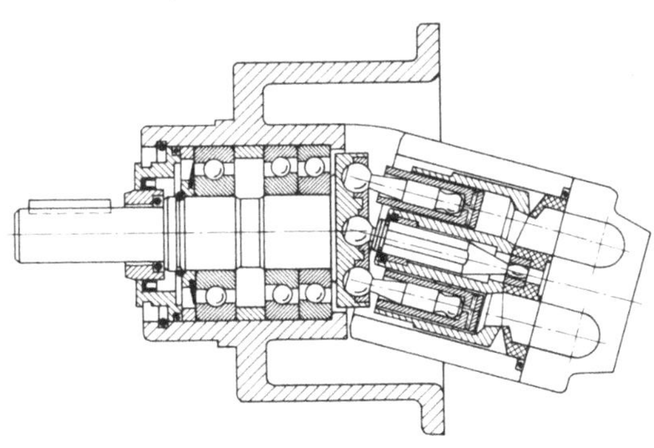

Bild 71. Schrägtrommelpumpe mit veränderlichem Winkel β (Hydromatik)

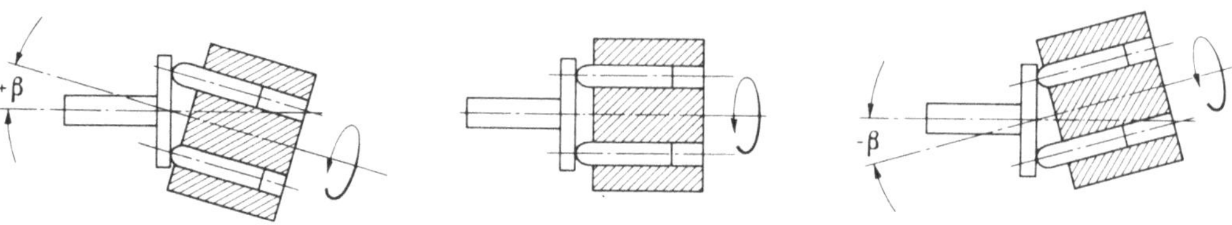

Bild 72. Prinzip der Schrägtrommelpumpe mit umkehrbarer Hubrichtung

Auch die Schrägtrommelpumpe entspricht also in der Veränderbarkeit des Volumenstromes den schon beschriebenen anderen Systemen. Im Gegensatz zu den Taumel- und Schrägscheibenpumpen ist jedoch der Verdrängerweg

$$\pm h = 2r(\pm \sin \beta),$$

$$\pm Q = zS\,2r(\pm \sin \beta)n.$$

Da der Winkel β klein ist, kann für überschlägige Berechnungen mit ausreichender Genauigkeit die Änderung des Hubes direkt proportional zur Änderung des Winkels umgerechnet werden. Es ist

$$h' \approx \frac{h_{max}\beta'}{\beta_{max}},$$

$$Q' \approx \frac{Q_{max}\beta'}{\beta_{max}}.$$

Zu beachten ist noch, daß die Vergrößerung des Hubes, von $\beta = 0$ ausgehend, zunächst sehr gering ist. Im verlustbehafteten System hat dieses zur Folge, daß der zunehmende Volumenstrom zunächst für Schmierungszwecke, zur Deckung der unvermeidlichen Leckagen u.ä. verbraucht wird. Ein nutzbarer Volumenstrom entsteht erst, wenn β eine bestimmte Größe erreicht hat, die von verschiedenen Faktoren abhängt, so z.B. Druck, Zähigkeit der Betriebsflüssigkeit, Temperatur, allgemeiner Zustand u.ä. (Bild 73).

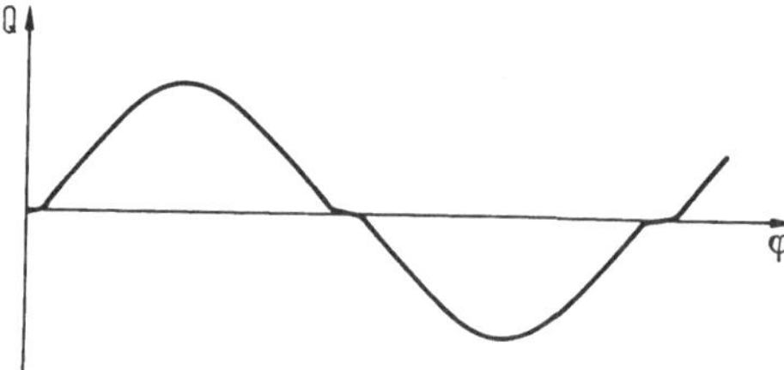

Bild 73. Volumenstrom eines Kolbens einer Axialkolbenpumpe mit veränderbarem Volumenstrom im verlustbehafteten System

3.1.3.2 Hydropumpen mit veränderlicher Verdrängerfläche

Eine Veränderung der Verdrängerfläche ist nur bei den Hydropumpen und -motoren möglich, deren Läufer exzentrisch zum Gehäuse gelagert sind und die mit Flügeln als Sperrelemente arbeiten. Verschiebt man in Bild 74 den Läufer um e in die Gehäusemitte, so findet keine Förderung statt, da die Verdrängerräume bei einer Umdrehung keine Veränderung ihres Volumen erfahren. Durch Verschieben des Läufers um das Maß +e wird die Verdrängerfläche, d.h. die rechnerische Arbeitsfläche der Flügel, stufenlos verändert. Der Verdrängerweg bleibt unverändert. Genau genommen verändert sich bei diesen Geräten auch der Verdrängerweg und nicht die Fläche, da ja der Verdrängerraum durch das "Eintauchen" der exzentrisch gelagerten Kreisscheibe verkleinert wird. Die Flügel haben nur eine Sperrfunktion. Da aber in die Berechnung der Volumina die Arbeitsfläche der Flügel eingeht, werden diese Systeme hier erwähnt.

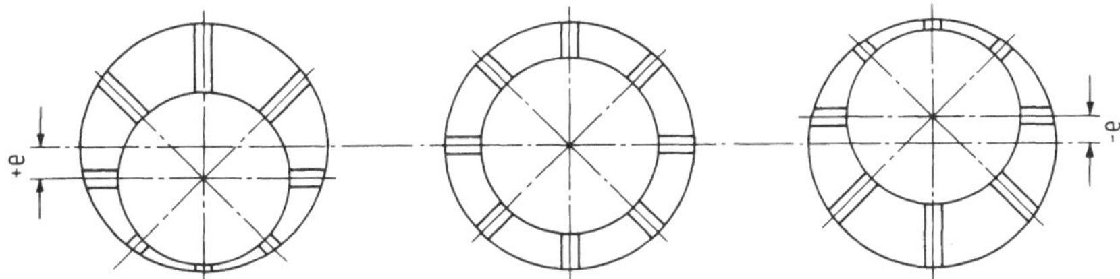

Bild 74. Prinzip einer Sperrflügelpumpe mit veränderbarem Verdrängungsraum

3.1.4 Hydromotoren

Analog zur Definition der Verdrängerpumpe (vgl. Abschnitt 3.1.1) ist der Hydromotor ein Aggregat, in dem die Energieabgabe der zugeführten Flüssigkeit in begrenzten Arbeitsräumen erfolgt, die sich abwechselnd vergrößern (Verdrängungsphase) und verkleinern (Ausstoßphase), so daß einzelne Teilvolumina aufgenommen bzw. ausgestoßen werden. Die Veränderung der Arbeitsräume wird durch einen oder mehrere hin- und hergehende (oszillierende) oder umlaufende (rotierende) Verdränger erzielt. Ein- und Ausgang des geschlossenen Arbeitsraumes werden durch Trennelemente gesteuert. Verdränger und Verdrängerraum können technisch unterschiedlich gestaltet sein. Die Übertragung der wirksam werdenden Kräfte und Bewegungen kann von Verdränger oder Verdrängerraum auf den Antrieb erfolgen.

3.1.5 Nicht regelbare Hydromotoren

Die Hydromotoren entsprechen in ihrem Bauprinzip den Hydropumpen.

3.1.5.1 Oszillierende Verdränger

Der Funktionsablauf beim Hydromotor ist eine Umkehrung des Funktionsablaufes der Hydropumpe. Dieses bedeutet (Bild 29), daß über das Einströmventil 4 der Volumenstrom in den Verdrängerraum eintritt und den Kolben 1 verdrängt. Hierdurch wird an der Kurbelwelle 5 eine Drehung erzeugt. Das aufgenommene Volumen wird durch die Umkehrung der Kolbenbewegung ausgestoßen. Während bei der Hydropumpe die Leistung für das Ansaugen und Verdrängen vom Antrieb aufgebracht wird, muß der Hydromotor die Leistung für das Ausstoßen des aufgenommenen Volumens dem eigenen Arbeitsablauf entnehmen. Dieses ist bei Einkolbenmotoren nur möglich durch Energiespeicherung in einem Schwungrad. Bei der Anordnung mehrer Kolben (Bild 31) wird die Ausstoßleistung unmittelbar dem Arbeitshub der verdrängten Kolben entnommen.

3.1.5.2 Die kinematischen Zusammenhänge

Jede Verdrängerpumpe arbeitet grundsätzlich auch als Verdrängermotor, wenn man ihr die Flüssigkeit mit einem entsprechenden Druck zuführt. Während die Aufgabe der Hydropumpe darin besteht, einem Volumenstrom Druckenergie mitzuteilen, besteht die Aufgabe des Hydromotors darin, dem Volumenstrom die Druckenergie zu entnehmen und in ein nutzbares Drehmoment umzuwandeln.

Beträgt das eingeschlossene Gesamtvolumen bei Ausgangsstellung des Kolbens 1 (Bild 29)

$$V_{min} = S s = \frac{d^2 \pi}{4} h' ,$$

so beträgt das eingeschlossene Volumen nach Zurücklegung des Hubes h

$$V_{max} = \frac{d^2 \pi}{4} (h' - h) .$$

Das über das Eintrittsventil 4 eingeströmte, d.h. aufgenommene oder "geschluckte" Flüssigkeitsvolumen ("Schluckvolumen") beträgt dann

$$\Delta V_{th} = V_{max} - V_{min} = \frac{d^2 \pi}{4} h .$$

Wird die Bewegungsrichtung des Kolbens 1 umgekehrt, so schließt das Eintrittsventil 4, und das Austrittsventil 3 öffnet sich, so daß das aufgenommene Volumen wieder austreten kann. Die Größe der mittleren Kolbengeschwindigkeit ist abhängig von der Größe des zugeführten Volumenstromes Q_{thm} und der Kolbenfläche S:

$$v_m = \frac{Q_{thm}}{S} = \frac{Q_{thm}}{d^2\pi/4} .$$

Wird zum Verschieben des Kolbens an der Verdrängerfläche S eine Kraft F erforderlich, so muß der Volumenstrom den Flüssigkeitsdruck

$$p_{th} = \frac{F_{th}}{S} = \frac{F_{th}}{d^2\pi/4}$$

annehmen. Da diese Kraft bei der Geschwindigkeit v_m wirksam wird, beträgt die aufgebrachte Leistung

$$P_{th} = F_{th} v_m = S\, p_{th} v_m = \frac{d^2\pi}{4} p_{th} v_m .$$

Überträgt man diese Zusammenhänge auf Bild 29, so errechnet sich das theoretische Schluckvolumen des Hydromotors zu

$$V_{th} = \frac{d^2\pi}{4} 2e = \frac{\pi}{2} d^2 e ,$$

und zwar identisch mit dem theoretischen Fördervolumen der Hydropumpe. Der dem Hydromotor zugeführte Volumenstrom erzeugt an der Kurbelwelle 5 eine Drehzahl von

$$n_{th} = \frac{Q_{thm}}{V_{th}} = \frac{Q_{thm}}{d^2\pi/2 \cdot e} .$$

Für die Kolben-Hydromotoren gilt wie bei den Kolben-Hydropumpen: Da das Schluckvolumen über dem Drehwinkel φ nicht konstant ist, sondern der Änderung des Kolbenhubes über dem Drehwinkel mit

$$h = 2e = r(1 - \cos\varphi)$$

folgt, ändert sich die Winkelgeschwindigkeit der Antriebswelle des Hydromotors mit der Änderung der Kolbengeschwindigkeit v_k nach der in Abschnitt 3.1.2.2 abgeleiteten Sinus-Funktion

$$n'_{th} = \frac{Q_{thm}}{S v_k} = \frac{Q_{thm}}{d^2\pi/4 \cdot 2\pi r \sin\varphi}$$

und mit

$$\omega = 2\pi n = \frac{Q_{thm}}{d^2\pi/4\, r \sin\varphi}$$

(Bild 75).

Bei der Anordnung von z Kolben gilt das mittlere Drehmoment

$$M_{th} = \frac{p_{th} V_{th}}{2\pi},$$

wie in Abschnitt 2.1.1 näher erläutert. Es soll aber nicht versäumt werden, in diesem Zusammenhang auf eine Besonderheit hinzuweisen. Es ist nach (5)

$$n_{2th} = \frac{Q_2}{V_{2th}}.$$

Wird nun das Schluckvolumen V_{2th} von $V_{2th\,max}$ ausgehend verringert, so steigt die Drehzahl n_{2th} proportional zur Schluckvolumenminderung an. Wenn $V_{2th} \to 0$ geht, dann folgt zwangsläufig $n_{2th} \to \infty$. Ist ferner

$$M_{2th} = \frac{p_2 V_{2th}}{2\pi},$$

so wird, wenn $V_{2th} \to 0$ geht, auch $M_{2th} \to 0$ gehen, d.h. die Drehzahl n_{2th} "geht durch" und das Drehmoment M_{2th} "bricht zusammen".

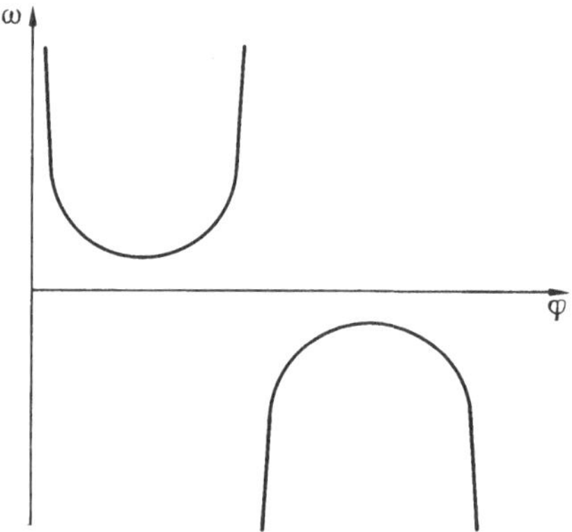

Bild 75. Winkelgeschwindigkeit des Axialkolbenmotors mit einem Kolben in Abhängigkeit vom Schwenkwinkel

Diese rein theoretische Betrachtung läßt erkennen, daß der Verminderung des Schluckvolumens eines Hydromotors bestimmte Grenzen gesetzt sind, auf die später noch näher einzugehen ist. Die Ungleichförmigkeiten des zugeführten Volumenstromes und des Schluckstromes können nicht nur beim Zusammenfallen der ungünstigen Extremwerte zu unliebsamen Erscheinungen führen, sondern ganz allgemein Ausgangspunkt von Betriebsstörungen sein. Nur bei schnellaufenden Antrieben mit relativ großen Trägheitsmomenten 2. Grades kann in der Regel die Ungleichförmigkeit ohne besondere Beachtung bleiben.

3.1.5.3 Rotierende Verdränger

Auch hier besteht völlige Analogie zu den Hydropumpen mit rotierendem Verdränger. Für die Ableitung der Funktionsumkehrung gilt das in den Abschnitten 3.1.5.1 und 3.1.5.2 Gesagte.

3.1.6 Regelbare Hydromotoren

Bei den Hydromotoren kann ebenfalls während des Betriebes eine Änderung des Schluckvolumens vorgenommen werden, wobei diese Möglichkeit - im Gegensatz zur Hydropumpe - nur in relativ engen Grenzen ausgenutzt werden kann (vgl. Abschnitt 3.1.5.2).

3.1.6.1 Hydromotoren mit veränderlichem Verdrängerweg

Es besteht völlige Analogie zu den Hydromotoren mit veränderlichem Verdrängerweg. Für die Ableitung der Funktionsumkehrung gilt das bereits Gesagte.

3.1.6.2 Hydromotoren mit veränderlicher Verdrängerfläche

Es besteht völlige Analogie zu den Hydropumpen mit veränderlicher Verdrängerfläche. Für die Ableitung der Funktionsumkehrung gilt das bereits Gesagte.

3.1.7 Drehmomente von Hydropumpe und Hydromotor

Wie vorstehend bereits erläutert, sind Hydropumpe und Hydromotoren in ihrer Kinematik völlig gleich. In den Bildern 76 und 77 kann daher die Kolbenkraft je einmal als wirkende Kraft und einmal als Gegenkraft aufgefaßt werden. Das resultierende Drehmoment aus dem radialen Anteil der Kolbenkraft ist durch den Neigungswinkel der schiefen Ebene bestimmt: Bei der Schrägscheiben- und der Taumelscheibenpumpe (Bild 76) ist

$$F_R = F_k \tan\beta ,$$

bei der Schrägtrommelpumpe (Bild 77)

$$F_R = F_k \sin\beta .$$

Diese Kraft greift bei beiden Systemen am Hebelarm

$$r' = r \sin\varphi$$

an, so daß das Drehmoment

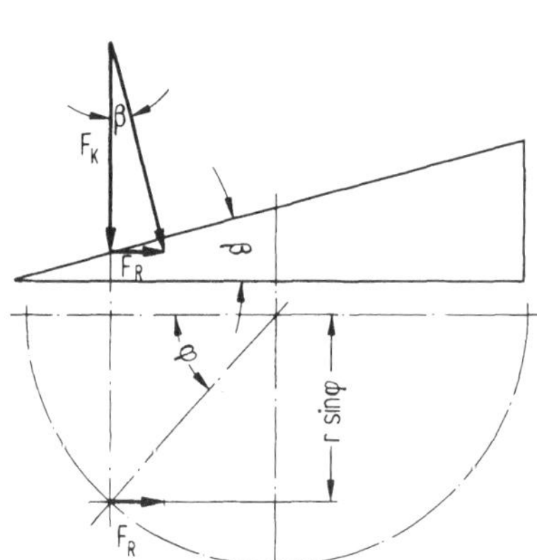

Bild 76. Vektordiagramm der Kolbenkraft einer Schrägscheibenpumpe

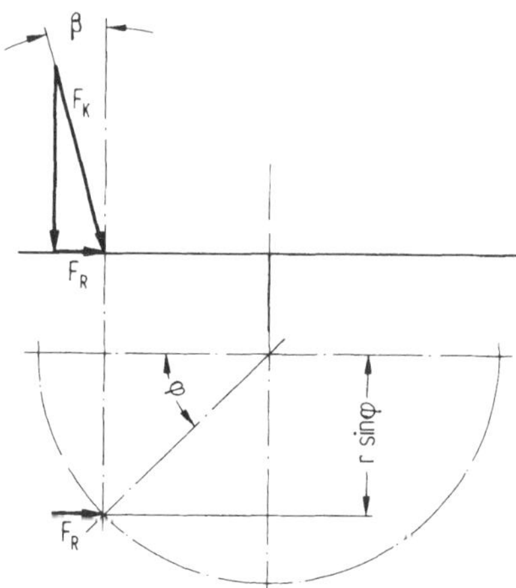

Bild 77. Vektordiagramm der Kolbenkraft einer Schrägtrommelpumpe

$$M = F_R r' = F_R r \sin\varphi$$

wird. Bei der Schrägscheiben- und Taumelscheibenpumpe gilt

$$M = F_k \tan\beta \, r \sin\varphi ,$$

bei der Schrägtrommelpumpe

$$M = F_k \sin\beta \, r \sin\varphi .$$

Diese Ableitung gilt für die Einkolben-Axialkolbenpumpe und soll dazu dienen, die Ursache und Größe der Ungleichförmigkeit bei Drehmoment und Drehbewegung zu erläutern.

3.2 Hilfsglieder des Hydrogetriebes

3.2.1 Übersicht

Zum Betreiben eines Hydrogetriebes sind, zusätzlich zu Hydropumpe und Hydromotor, weitere Bauglieder erforderlich, die sorgfältig dem jeweiligen Bedarfsfall anzupassen sind. Hierzu gehören hauptsächlich:

Wellenkupplungen zur Übertragung des Drehmomentes und der Drehung vom Antrieb auf die Hydropumpe und vom Hydromotor auf die anzutreibende Maschine;

Sicherheitsglieder zum Schutz des Hydrogetriebes und der anzutreibenden Maschinen gegen Schäden durch Überlastung;

Speiseeinrichtung zur Versorgung des Hydrogetriebes mit der jeweils erforderlichen Betriebsflüssigkeit;

Steuerdruckeinrichtung zur Versorgung eines hydraulischen Stellgliedes mit der jeweils erforderlichen Betriebsflüssigkeit;

Stellantrieb zur Veränderung des Schwenkwinkels β;

Steuereinrichtung zur Umsetzung der Steuer- und Regelsignale;

Regeleinrichtung, die über den Stellantrieb die Veränderung des Schwenkwinkels β bewirkt;

Rohrleitungen zur Übertragung der Leistung mittels der Betriebsflüssigkeit vom Antrieb zum Abtrieb.

3.2.1.1 Wellenkupplungen

In der Antriebstechnik hat eine Wellenkupplung neben der Aufgabe, ein Drehmoment bei einer Drehbewegung zu übertragen, noch weitere Bedeutung [5]. So dient die Kupplung auch zum Ausgleich von Wellenbewegungen in Axial- und Radialrichtung, zum Ausgleich von Winkelabweichungen der Wellenenden, zum Dämpfen von Ungleichförmigkeiten im Drehmoment und in der Drehbewegung. Es steht ein reichhaltiges Angebot der unterschiedlichsten Kupplungssysteme zur Verfügung, aus dem für jeden Antriebsfall eine Kupplung mit optimaler Eignung ausgewählt werden kann.

Beim Hydrogetriebe kann man keine allgemeingültige Aussage machen, die zur Festlegung nur eines Kupplungstyps für alle Einsatzfälle gilt. Die vorerwähnten Aufgaben lassen sich in zwei Gruppen einordnen:

a) Ausgleich von Fluchtungsfehlern oder von Toleranzen. Hier muß die Kupplung so ausgewählt werden, daß nur geringe Querkräfte die Wellenlagerung (radial oder axial) zusätzlich belasten.

b) Dämpfen von Ungleichförmigkeiten im Drehmoment und in der Drehbewegung. Wie in Abschnitt 3.1.2.2 erwähnt, sind Drehmoment und Winkelgeschwindigkeit bei Verdrängerpumpen und -motoren rythmischen Schwankungen unterworfen, deren Frequenz und Intensität abhängig ist von der Anzahl der Verdränger bzw. Verdrängerräume.

Der zweite Auswahlgesichtspunkt hat sich also darauf zu richten, schädliche Einflüsse, die ihren Ursprung in der Ungleichförmigkeit des Drehmomentes und/oder der Drehbewegung haben, vom Antrieb und/oder der anzutreibenden Maschine auf das Hydrogetriebe und umgekehrt fernzuhalten. Durch das geringe Trägheitsmoment 2. Grades von Hydropumpe und -motor neigen diese dazu, jeder auf sie übertragenen Ungleichförmigkeit zu folgen. Im Hinblick auf die Elastizität der Flüssigkeitssäule (Kompressibilität und evtl. Gas- und Lufteinschlüsse) zwischen Hydropumpe und -motor, wie auch auf die Elastizität von Rohrleitungen, Schläuchen u.ä. kann es zur Erregung von Schwingungen kommen, die durch die Ungleichförmigkeit der Hydropumpen und -motoren selbst, erheblich verstärkt werden und dann zu Schäden führen können.

Beim Antrieb der Hydropumpe z.B. durch einen Dieselmotor oder bei einer vergleichbaren durch den Hydromotor angetriebenen Maschine, sollte eine hochdrehelastische Kupplung gewählt werden, wobei es zweckmäßig ist, die Kupplungshälften auf den Wellen von Hydropumpe und -motor mit einer zusätzlichen - sorgfältig ausgewuchteten - Schwungmasse zu versehen. Hat der Antrieb der Hydropumpe oder die durch den Hydromotor anzutreibende Maschine große, gleichförmige umlaufende Schwungmassen, sollten die Kupplungen drehstarr sein. Hat die vom Hydromotor anzutreibende Maschine eine im Verhältnis zum Hydromotor kleine umlaufende Schwungmasse, sollte drehelastisch gekuppelt werden, eventuell mit einer zusätzlichen Schwungmasse auf der Welle der anzutreibenden Maschine. Bei stark schwankenden Drehmomenten und/oder Winkelgeschwindigkeit bei der anzutreibenden Maschine sollte drehelastisch mit Zusatzschwungmasse auf der Hydromotorwelle gekuppelt werden.

Zum besseren Überblick sollte man sich bei der Auswahl der Kupplung immer vorstellen, daß der Hydromotor über ein relativ kleines Zahnritzel ein großes Zahnrad antreibt, wobei ein bestimmtes Mitnahmespiel vorhanden ist. Ungleichförmigkeiten bei der Drehbewegung und dem Drehmoment führen dann zum Abheben und sogar zum Wechsel der Anlage am jeweils mitnehmenden Zahn, was verhindert werden muß.

Die erwähnten Auswahlgesichtspunkte umfassen nicht alle in der Praxis vorkommenden Möglichkeiten und können daher nur Anregungen für diesbezügliche von Fall zu Fall vorzunehmenden Überlegungen und Untersuchungen sein.

3.2.1.2 Sicherheitsglieder

Wie bei jeder technischen Anlage sind auch beim Hydrogetriebe Sicherheitsglieder erforderlich. Der Begriff "maximal zulässige Abtriebs- bzw. Antriebsleistung" ist beim Hydrogetriebe nur als Sammelbegriff zu verstehen. Bei einem Antrieb mit veränderbaren Drehzahlen kann eine bestimmte Leistung mit hoher Drehzahl und kleinem Drehmoment oder mit kleiner Drehzahl und hohem Drehmoment abgegeben werden. Es ist

$$P_2 = n_2 M_2 = n_2' M_2',$$

wobei $n_2 > n_2'$ sein soll. Die Überwachung einer maximal zulässigen Leistung muß sich also auf Drehzahl und Drehmoment erstrecken.

3.2.1.2.1 Überwachung der zulässigen Drehzahl

a) Hydropumpe

In der Regel wird die Hydropumpe über einen Elektromotor oder einen Verbrennungsmotor angetrieben, die selbst genau fixierte maximal mögliche Drehzahlen haben. Bei der Auslegung des Hydrogetriebes wird man aus wirtschaftlichen Erwägungen bemüht sein, Hydropumpe und Antriebsmaschine so auszulegen, daß beide Elemnte voll genutzt werden können. Beim Elektromotor bleibt ohnehin nur die Wahl einer bestimmten Drehzahl, an die die Hydropumpe angepaßt werden muß. Beim Verbrennungsmotor hingegen kann je nach Stellung des Gashebels und stark abhängig von der Belastung mit unterschiedlicher Drehzahl gefahren werden.

Als Sicherheitsglieder für die Drehzahlüberwachung sind mechanische oder elektronische Drehzahlanzeigen mit oder ohne automatische Abschalteinrichtung für die Antriebsmaschine im Einsatz. Bei Verbrennungsmaschinen als Antrieb ist der Gashebelweg zu begrenzen.

Ist ein Betriebsfall möglich, bei dem es zu einer Umkehrung der Hydrogetriebefunktion kommt, d.h. daß der Hydromotor zur Pumpe und die Hydropumpe zum Motor wird (Bremsbetrieb), so besteht die Gefahr, daß die (ursprüngliche) Hydropumpe "durchgeht" ($n_2 \rightarrow \infty$), da eine Verbrennungsmaschine nur ein geringes Bremsmoment aufnehmen kann. In diesem Fall muß bei Überschreiten der zulässigen Grenzdrehzahl der (ursprüngliche) Hydromotor durch automatischen Eingriff abgebremst werden.

Dieses kann durch mechanisches Bremsen oder durch allmähliches Sperren des Strömungsquerschnittes des abfließenden Volumenstromes erfolgen. Durch diese Sperrung baut sich ein Gegendruck auf, der den (ursprünglichen) Hydromotor zur Verzögerung seiner Drehzahl bis zum Anhalten zwingt. Beim Elektromotor gilt dieses ebenfalls, mit der Einschränkung, daß dieser ein praktisch gleichgroßes Bremsmoment aufzunehmen vermag, wie er als Antriebsmoment abgibt, unter der Voraussetzung, daß generatorischer Betrieb möglich ist.

b) Hydromotor

Beim Hydromotor liegen die Verhältnisse etwas anders, doch ist es für die praktische Durchführung der Absicherung ohne Bedeutung, ob der Hydromotor selbst oder die anzutreibende Maschine zu schützen ist. Die Drehzahl des Hydromotors resultiert aus

$$n_2 = \frac{Q_2}{V_{2th}} \eta_{2v},$$

wird also durch den zugeführten Volumenstrom Q_2 und den Schluckvolumen V_{2th}

beeinflußt. Es ist nach Abschnitt 3.1.3.1

$$\pm Q_2 = z_1 S_1 \cdot 2r_1 (\pm \sin \beta_1)\, n_1\, \eta_{1v}\, \eta_{3v} \cdots \eta_{nv}$$

und

$$\pm V_{2th} = z_2 S_2 \cdot 2r_2 (\pm \sin \beta_2)\,,$$

$$\pm n_2 = \frac{k_1}{k_2}\, \frac{n_1(\pm \sin \beta_1)}{\pm \sin \beta_2}\,.$$

($\sin \beta_1$ gilt bei Schrägtrommelgliedern. Bei Taumelscheiben- und bei Schrägscheibengliedern wird $\sin \beta_1$ ersetzt durch $\tan \beta_1$.)

Da bei einem bestimmten Hydrogetriebe $zS \cdot 2r = k$ eine Konstante und der Einfluß von η_v gering ist, wird die Größe des Volumenstromes Q_2 nur bestimmt durch die Antriebsdrehzahl n_1 und den Schwenkwinkel β_1 sowie durch die Größe des Schluckvolumens V_{2th} und dem Schwenkwinkel β_2. Bezüglich der Veränderbarkeit sind folgende Varianten möglich und jeweils besonders abzusichern:

β_1 und β_2 nicht veränderbar: n_2 verändert sich proportional mit n_1, d.h. Sicherung für n_1;

β_1 veränderbar, β_2 nicht veränderbar: n_2 verändert sich direkt proportional mit n_1 und $\sin \beta_1$ (bzw. $\tan \beta_1$), d.h. Sicherung für n_1 und Begrenzung des Größtwertes von β_1;

β_1 nicht veränderbar, β_2 veränderbar: n_2 verändert sich direkt proportional mit n_1 und umgekehrt proportional mit $\sin \beta_2$ (bzw. $\tan \beta_2$), d.h. Sicherung für n_1 und Begrenzung des Kleinstwertes von β_2.

Es ist besonders zu beachten: Wird n_1 kleiner, so kann eine Kompensation nur in Grenzen durch Verkleinerung von β_2 erfolgen, denn geht $\beta_2 \to 0$, so geht $n_2 \to \infty$ und $M_2 \to 0$. Dieses gilt natürlich auch, wenn n_1 konstant ist.

β_1 und β_2 veränderbar: n_2 verändert sich direkt proportional mit n_1 und β_1 und umgekehrt proportional mit β_2, d.h. Sicherung für n_1, Begrenzung des Größtwertes von β_1 und Begrenzung des Kleinstwertes von β_2.

Die aufgeführten Sicherungen gelten für die Überschreitung einer maximal zulässigen Drehzahl am Hydromotorabtrieb. Sollen die kleinstzulässigen Drehzahlen abgesichert werden, sind nur die Kleinstwerte von n_1 und β_1 absicherbar, da ja β_2 nicht beliebig vergrößert werden kann.

3.2.1.2.2 Überwachung des zulässigen Drehmomentes

a) Hydropumpe

Das an der Hydropumpenantriebswelle erforderliche Drehmoment ist primär abhängig vom Druck des Volumenstromes, der wiederum von Verdrängerfläche und zugehörigem Hebelarm des Hydromotors und dem ihm abgeforderten Drehmoment abhängt. Das an der Hydropumpe erforderliche Drehmoment beträgt

$$M_1 = z_1 p_1 S_1 r_1 \sin\beta_1 \quad (\text{bzw. } \tan\beta_1).$$

Bei einem bestimmten Hydrogetriebe ist $zSr = k =$ konstant. Es ist also

$$M_1 = k_1 p_1 \sin\beta_1 \quad (\text{bzw. } \tan\beta_1).$$

Der Druck p_1 stellt sich so hoch ein, wie er vom Hydromotor abgefordert wird, zuzüglich der zur Überwindung der verschiedenen Widerstände erforderlichen Druckanteile. Es ist also

$$M_1 = \frac{p_2}{\eta_{hm}} \sin\beta_1 k_1 \quad (\text{bzw. } \tan\beta_1).$$

Das es praktisch nicht vorkommt, daß ein kleinstes Drehmoment nicht unterschritten werden darf, ist zur Absicherung nur M_{1max} zu überwachen. Da M_1 sich proportional mit p_2 und $\sin\beta_1$ bzw. $\sin\beta_2$ ändert, ist nur der jeweilige Größtwert von p_2 und β_1 zu überwachen.

Zur Überwachung des Druckes p sind Elemente mit mechanischer oder elektrischer Druckanzeige mit oder ohne automatische Abschalteinrichtung für den Antrieb im Einsatz.

Ein weiteres Sicherheitsglied hierfür ist das druckbetätigte Druckbegrenzungsventil. Bei Erreichen eines vorgewählten Druckes wird der Volumenstrom Q_1 ganz oder teilweise unter Aufrechterhaltung des Druckes in den Flüssigkeitsbehälter oder auf die jeweilige Niederdruckseite des Hydrogetriebes geleitet. Da Druck und Volumenstrom Q_1 unverändert bleiben, wird die Leistung pQ_1 bzw. $p\Delta Q_1$ in Wärme umgesetzt.

Im Hinblick auf die Begrenzung des maximal zulässigen Antriebsdrehmomentes einer Hydropumpe wird die Überwachung des Schwenkwinkels kaum eingesetzt, da sie gleichzeitig den Volumenstrom einschränkt. Sie ist bei Antrieben denkbar, deren Drehmoment M_2 und damit p_2 drehzahlabhängig ist und die von einem Antrieb mit begrenztem maximal zulässigem Drehmoment angetrieben werden, z.B. Zentrifugalpumpenantrieb, bei Förderung von Medien mit sich ändernder Dichte. Hier wird man durch eine geeignete Einrichtung mit Erreichen eines bestimmten Druckes den Schwenkwinkel verkleinern.

b) Hydromotor

Der Fall, daß an der Hydromotorwelle ein bestimmtes Drehmoment nicht überschritten werden soll, ist der weitaus häufigere. Beim Hydromotor gilt wie bei der Hydropumpe

$$M_2 = z_2 p_2 S_2 r_2 \sin \beta_2 \quad (\text{bzw. } \tan \beta_2) .$$

Bezüglich der Sicherungselemente gilt das unter 3.2.1.2.1 und 3.2.1.2.2 Gesagte.

3.2.1.2.3 Weitere Sicherheitseinrichtungen

Von besonderer Wichtigkeit sind beim Betrieb des Hydrogetriebes die Temperatur der Flüssigkeit, die Temperatur der im Getriebe zusammenarbeitenden Bauglieder, die einwandfreie Sauberhaltung der umlaufenden Flüssigkeit, die ausreichende Füllmenge für Rohrleitungen und Behälter usw. Diese Punkte gelten auch für eventuell vorhandene Hilfssysteme wie Speisesystem und Steuerdrucksystem.

Temperaturüberwachung. Diese erfolgt mit handelsüblichen Anzeigeinstrumenten, die in besonders kritischen Fällen mit Kontaktgebern ausgerüstet sind. Diese lösen bei Erreichen einer Grenztemperatur ein optisches oder akustisches Signal aus oder setzen die Anlage still. In der Regel werden die Meßgeräte am Flüssigkeitsbehälter angebracht, was aber, wie aus dem nächsten Abschnitt ersichtlich, nicht richtig ist.

Strömungswächter. Bei Hydrogetrieben, die im geschlossenen Kreislauf arbeiten, kann es zweckmäßig sein, in die Abflußleitung der Druckbegrenzungsventile Strömungswächter oder -melder einzuschalten. Wie erwähnt, strömt beim Ansprechen eines Druckbegrenzungsventiles der gesamte Volumenstrom oder ein Teil desselben in die jeweilige Niederdruckseite des Hydrogetriebes ab. Beim Getriebe im geschlossenen Kreislauf ist diese Seite die "Saugseite" der Hydropumpe (beim offenen Kreislauf der Flüssigkeitsbehälter). Das überströmende Flüssigkeitsvolumen wird also von der Hydropumpe sofort wieder aufgenommen, um dann bei Systemen mit kleiner Füllmenge am Druckbegrenzungsventil wieder auszutreten. In Abschnitt 2.2.5 wurde bewiesen, daß die eintretende Erwärmung nur vom Druckgefälle und den spezifischen Eigenschaften der jeweiligen Flüssigkeit abhängig ist. Es kommt also im umgewälzten Flüssigkeitsvolumen zu einem schnellen Temperaturanstieg, ohne daß dieses beim geschlossenen Kreislauf zunächst im Flüssigkeitsbehälter in Erscheinung tritt. Wenn ΔQ_1 verhältnismäßig klein ist, macht sich ein Drehzahlabfall am Hydromotor nicht unbedingt deutlich bemerkbar. Die zulässige Temperatur kann dann schnell überschritten werden. Ein Strömungswächter oder -melder in der Überströmungsleitung des Druckbegrenzungsventiles zeigt aber sofort nach Ansprechen des Druckbegrenzungsventiles das Einsetzen des Abströmens an, und zwar wesentlich schneller, als es durch die üblichen Temperaturanzeigeinstrumente möglich ist.

Manometer. Mit handelsüblichen Manometern bzw. Manometerkolben wird der Flüssigkeitsdruck ständig angezeigt. Änderungen der Anzeige lassen Rückschlüsse zu, die der Überwachung der Betriebssicherheit dienen.

Meßanschlüsse. Jedes Hydrogetriebe sollte eine Reihe von Meßanschlüssen haben, an welchen Temperatur-, Druck- und Volumenstrommessungen durchgeführt werden können. Bild 78 zeigt derartige Meßanschlüsse und Bild 79 den zugehörigen Meßkoffer.

Bild 78. Meßanschluß (Foto Baumgarten)

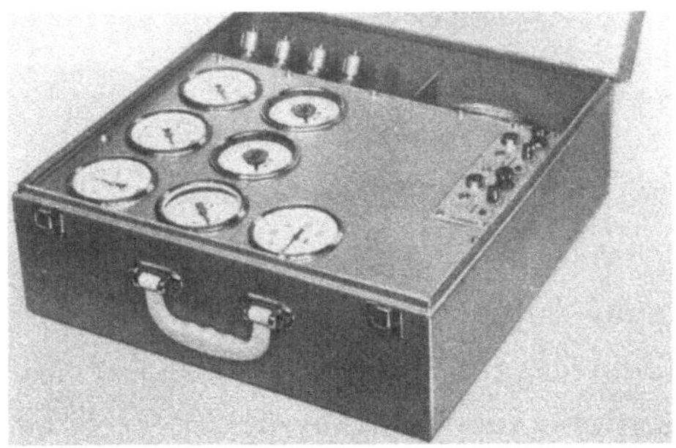

Bild 79. Hydro-Meßkoffer (Foto Baumgarten)

Flüssigkeitsstand-Überwachung. Da fehlende Flüssigkeitsfüllung im Leistungsübertragungsbereich des Hydrogetriebes in kürzester Zeit schwere Schäden zur Folge hat, muß auch die Füllung des Flüssigkeitsbehälters laufend überwacht werden. Hierzu dienen mechanisch-elektrisch arbeitende Geräte (Bild 80).

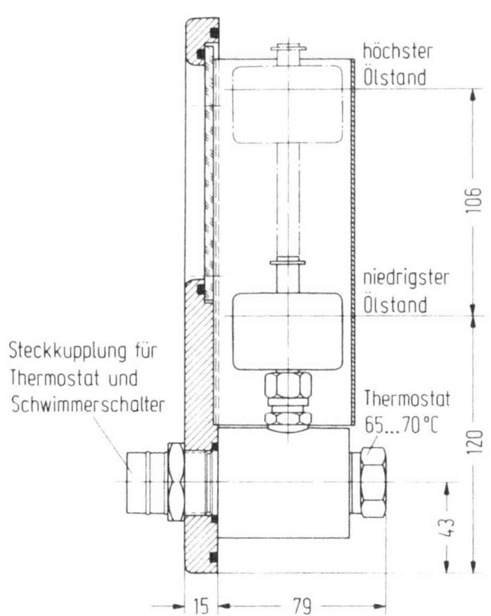

Bild 80. Schwimmerschalter zur Niveauüberwachung (Woerner)

Verschmutzungsanzeige. Insbesondere bei Hydrogetrieben, bei denen die Leistungsübertragung mit hohen Drücken erfolgt, ist im Hinblick auf die hohen Belastungen der Lager und die engen Spiele an dichtenden Flächen eine sorgfältige Filterung der umlaufenden Flüssigkeit erforderlich. Bei bereits stark verschmutzten Filtern kann der Strömungswiderstand im Filtersieb so stark ansteigen, daß dieses reißt. Um das zu verhindern, müssen die Filter mit einer Differenzdruckanzeige und -schaltung ausgerüstet sein, die eine bestimmte Größe der Differenz des Druckes vor und hinter dem Filtersieb ebenfalls optisch oder akustisch anzeigt bzw. einen Schaltvorgang auslöst (weitere Details vgl. Abschnitt 3.2.1.3).

3.2.1.3 Speiseeinrichtung

Die Betriebsflüssigkeit als Träger der zu übertragenden Leistung hat während des Betriebes eines Hydrogetriebes über diese Aufgabe hinaus weitere Bedeutung. So dient sie gleichzeitig als Schmiermittel für die Gleit- und Wälzlager in Hydropumpe und -motor wie auch zur Abfuhr der aus den Leistungsverlusten innerhalb des Hydrogetriebes resultierenden Wärmemenge. Die Speiseeinrichtung hat die Aufgabe, die Versorgung des Hydrogetriebes mit der Betriebsflüssigkeit aufrecht zu erhalten. Diese Aufgabe umfaßt:

Bereitstellung des erforderlichen Volumens bzw. des erforderlichen Speisevolumenstromes;

Reinhaltung der Betriebsflüssigkeit von festen, flüssigen oder gasförmigen Fremdstoffen;

Abfuhr der anfallenden Verlustwärmemenge;

Zufuhr einer Wärmemenge zur Aufrechterhaltung einer Mindesttemperatur;

Aufrechterhaltung eines Mindestdruckes in der Saugleitung;

Ausgleich der Volumenverluste, die durch die Kompressibilität der Betriebsflüssigkeit entstehen.

Die Gestaltung und der Umfang der Speiseeinrichtung richtet sich nach dem Betriebsflüssigkeitskreislauf des Hydrogetriebes. Speiseeinrichtungen umfassen:
Einrichtungen ohne Speisepumpe: Flüssigkeitsbehälter, Filter, Druckbegrenzungsventil, Wärmetauscher (Kühlung), Wärmetauscher (Heizung), Manometer, Nachsaugeventile;

Einrichtungen mit Speisepumpe: Flüssigkeitsbehälter, Speisepumpe, Druckbegrenzungsventil, Speiseventile, Spülventile, Speicher, Filter, Wärmetauscher (Kühlung), Wärmetauscher (Heizung), Manometer, Druckschalter.

3.2.1.3.1 Bereitstellung des erforderlichen Volumens bzw. Volumenstromes

Das Einfüllvolumen für den Flüssigkeitsbehälter, ist abhängig von verschiedenen Einflüssen während des Betriebes. Zunächst benötigt die Flüssigkeit nach dem Rücklauf in den Behälter eine bestimmte Zeit, um sich zu "beruhigen", d.h. um evtl. aufgenommene gasförmige Fremdstoffe auszuscheiden. Je nach Art der Betriebsflüssigkeit (vgl. Abschnitt 4) und Gestaltung des Flüssigkeitsrücklaufes in den Behälter (vgl. Abschnitt 6.4.2.2) liegt diese Beruhigungszeit zwischen 3 und 10 min. Wird also dem Behälter ein Speisevolumenstrom Q_{sp} in m^3/min entnommen, so muß das Füllvolumen des Behälters mindestens

$$V = 3\,Q_{sp} \text{ bis } 10\,Q_{sp}$$

betragen. Ehe die zurückgeflossene Betriebsflüssigkeit wieder dem Behälter entnommen wird, vergehen also 3 bis 10 min. Dieses gilt für Hydrogetriebe mit und ohne Speisepumpe. Es ist durchaus möglich, daß das Volumen über diesen Wert hinaus vergrößert werden muß, nämlich, wenn die abzuführende Wärmemenge so groß ist, daß der aus dem Mindest-Flüssigkeitsvolumen resultierende Flüssigkeitsstand im Behälter keine zur Abfuhr der Wärmemenge ausreichende Behälteroberfläche ergibt. Das Füllvolumen ist dann entsprechend zu vergrößern, andernfalls sind Wärmetauscher einzusetzen (Einzelheiten zur möglichen Wärmeabfuhr über die Behälteroberfläche vgl. Abschnitt 5.2.1.4).

Der von der Speisepumpe dem Hydrogetriebe zuzuführende Volumenstrom richtet sich beim offenen Kreislauf nach dem Volumenstrom der Hydropumpe, da diese voll gespeist werden muß. Beim geschlossenen Kreislauf wird die Größe der Speisepumpe im wesentlichen durch die aus dem Kreislauf abzuführende Wärmemenge bestimmt (vgl. Abschnitt 5.2.1.4).

3.2.1.3.2 Reinhaltung der Betriebsflüssigkeit

Die Betriebsflüssigkeit ist von festen, gasförmigen und flüssigen Fremdstoffen freizuhalten. Während die gasförmigen und flüssigen Fremdstoffe im Flüssigkeitsbehälter ausgeschieden werden, erfolgt die Ausscheidung der festen Fremdstoffe in Filtern. Diese werden vom Volumenstrom durchflossen, der dabei ein Filterelement (Metallsieb, Filterpapier) durchströmt, an welchem die festen Teilchen zurückgehalten werden.

Die Feinheit, d.h. die erforderliche Maschen- bzw. Porenweite des Filterelementes, richtet sich nach der Präzision und Empfindlichkeit von Hydropumpe und -motor. Allgemein kann man sagen: Der ein Filterelement gerade noch passierende feste Fremdkörper muß kleiner sein als das kleinste Spiel in Hydropumpe und -motor. Diese Forderung geht von der Überlegung aus, daß dann ein Festfressen von aufeinander gleitenden Teilen (z.B. Kolben-Zylinderwand) verhindert wird. Die Praxis bestätigt dieses. Genauso kann aber ein Teil, welches größer ist als das größte Spiel, nicht zum "Fressen" aufeinandergleitender Teile führen. Feine Fremdkörper werden sich in weichere Teile einbetten, um dann - wie Schmirgel wirkend - an den darauf gleitenden Teilen, zu einem frühzeitigen Verschleiß zu führen. Die groben Fremdkörper werden sich an Steuerkanten in Ventilen und Steuerbohrungen festsetzen und unmittelbar zu Störungen oder Schäden führen.

Die Reinhaltung der Flüssigkeit von festen Fremdkörpern sollte sich daher einer möglichst weitgehenden Entfernung aller festen Fremdstoffe nähern, wobei sich die Grenze einzig und allein aus wirtschaftlichen Erwägungen ergibt (Kosten für eine Filteranlage im Vergleich zu den Kosten für Schadensbeseitigung und Betriebsausfälle).

a) Filteranordnung

Die Frage nach der zweckmäßigsten Anordnung der Filter - d.h. die Frage, ob Saug- oder Druckfilter richtiger sind - ist so alt wie die Hydraulik selbst. Selbstverständlich ist eine Saugfilterung aus der Sicht des besten Schutzes gegen Schäden durch feste Fremdkörper jeder anderen Filteranordnung vorzuziehen. Ob dieses jedoch immer aus wirtschaftlicher und technischer Sicht - letzteres im Hinblick auf den Druck in der Saugleitung - richtig ist, ist eine völlig andere Frage. Man wird also, wie meist in der Technik, eine technisch optimale Lösung anstreben, die wirtschaftlich gerade noch vertretbar ist. Folgende Filteranordnungen und -systeme sind möglich:

Vollstromfilterung (Bild 81). Der gesamte Volumenstrom wird im Ansaug-, Druck- oder Rücklaufbereich gefiltert. Vorteile: Es wird das gesamte aus dem Behälter entnommene Volumen gefiltert. Nachteile: Die Filteranlage ist aufwendig und ist wegen der großen Filterfläche beim Ansaugen, der Druckfestigkeit bei Filterung im Druckbereich oder der großen Filterfläche bei unregelmäßigem Rücklauf, teuer.

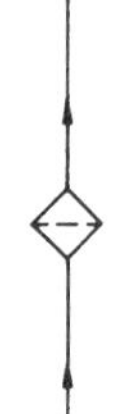

Bild 81. Vollstromfilterung

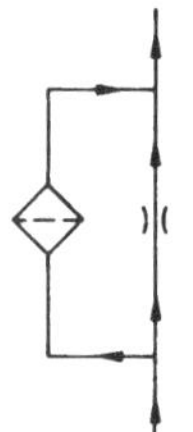

Bild 82. Teilstrom- oder Bypassfilterung

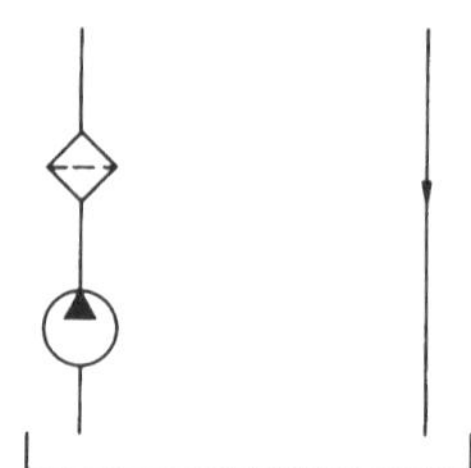

Bild 83. Druckfilterung

Teilstromfilterung (Bypassfilterung, Bild 82). Ein Teil des aus dem Behälter entnommenen Volumens wird im Ansaug-, Druck- oder Rücklaufbereich gefiltert. Vorteile: Die Filter können für kleine Volumenströme ausgelegt werden und sind daher billig. Nachteile: Es wird nur ein Teil der vorhandenen Verschmutzung zurückgehalten, ein voller Schutz ist nicht vorhanden. Um eine in etwa gleichmäßige Volumenstromaufteilung zu erhalten, sind zusätzliche Drosselemente erforderlich. Die Teilstromfilterung ist abzulehnen, da die Nachteile überwiegen. Die eventuell mögliche Einsparung gegenüber der Vollstromfilterung steht in keinem gesunden Verhältnis zur Erhöhung des Störungs- und Schadenrisikos.

Druckfilterung (Bild 83). Die Filter sind im Druckbereich des jeweiligen Volumenstromes - also in Strömungsrichtung hinter der Pumpe - angeordnet. Vorteile: Die nachgeschalteten Geräte werden zusätzlich vor Abtrieb aus der Pumpe geschützt. Nachteile: Die Pumpe erhält ungefilterte Flüssigkeit unmittelbar aus dem Behälter oder vom Hydromotor, es sei denn, man ordnet eine zweite Filterung im Rücklauf bzw. in der Saugleitung an. Bei Reversierbetrieb, d.h. beim Wechsel der Richtung des Volumenstromes durch Veränderung des Schwenkwinkels β über 0 hinaus, müssen die Filter durch Ventile umgangen bzw. umgesteuert werden, damit der am Filterelement haftende Schmutz nicht in das System gespült werden. Die Filter müssen ferner hochdruckfest sein. Eine Überwachung des Verschmutzungsgrades durch den Differenzdruck (Druck unmittelbar vor und hinter dem Filterelement) ist mit der erforderlichen Präzision nicht möglich.

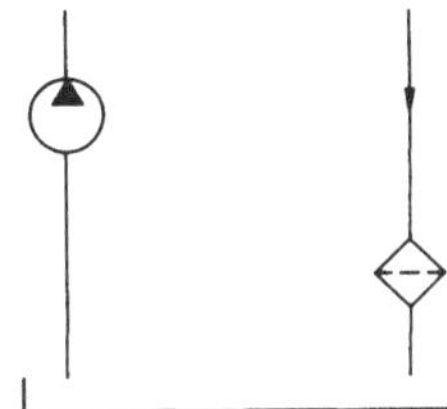

Bild 84. Rücklauffilterung

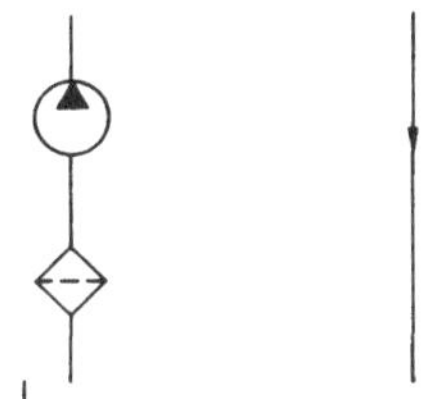

Bild 85. Saugfilterung

Rücklauffilterung (Bild 84). Das gesamte in den Behälter zurückfließende Flüssigkeitsvolumen wird gefiltert. Vorteile: Auch eventuell vom Hydrogetriebe stammender Abtrieb wird zurückgehalten. Eine genaue Überwachung des Verschmutzungsgrades ist durch Messung des Durchflußwiderstandes (Druck) am Filterelement möglich. Nachteile: Das Flüssigkeitsvolumen, welches durch Leckagen, aus Schmierungen u.ä. anfällt, gelangt ungefiltert in den Behälter. Bei Filterung dieser Rücklaufteile belastet der Durchflußwiderstand des Filterelementes durch Rückstau Wellendichtungen usw.

Saugfilterung (Bild 85). Das gesamte aus dem Behälter entnommene Volumen wird bei der Entnahme gefiltert. Vorteile: Es kann keine Verunreinigung aus dem Behälter in den Kreislauf gelangen. Der Verschmutzungsgrad des Filterelementes ist durch Unterdruckmessung in der Saugleitung leicht überwachbar. Nachteile: Um den Durchflußwiderstand gering zu halten, muß die Filterfläche groß ausgelegt werden. Mit steigendem Verschmutzungsgrad besteht Gefahr der Dampfblasenbildung in der Flüssigkeit, was zu Kavitation und Funktionsstörungen führen kann.

b) Filteraufbau

Je nach gefordertem Filterungsgrad werden die Filterelemente aus Metallsieben oder Papiereinsätzen zusammengesetzt. Entscheidend für die Beurteilung eines Filters im Hinblick auf seine Wirtschaftlichkeit sind Filterungsgrad, Standzeit, Filterfläche, Druckfestigkeit des Gehäuses, sowie Druckfestigkeit des Filterelementes. Die Größe der Filterfläche bestimmt den Durchflußwiderstand und die Standzeit des Filterelementes. Die Standzeit gibt an, nach welcher Zeit ein bestimmtes Filterelement bei einem bestimmten Verschmutzungsgrad gereinigt bzw. ausgetauscht werden muß. Die Druckfestigkeit des Gehäuses bestimmt, bis zu welchem Dauerdruck der Filter belastet werden kann und welche Druckspitzen (Dauerschwellfestigkeit) ertragen werden können. Die Druckfestigkeit des Filterelementes gibt an, bis zu welchem Differenzdruck (Differenz zwischen dem Druck unmittelbar vor und der Druck unmittelbar hinter dem Filterelement) dieses belastet werden kann.

Metallsiebe und Papiereinsätze werden durch Zusatzelemente abgestützt, die- bis zur zulässigen Druckfestigkeit - ein Reißen der Filterelemente verhindern. Beim Reißen eines Filterelementes dürfen sich die angesammelten Fremdkörper nicht plötzlich lösen und durch die Bruchöffnung in das System gespült werden können. Um dieses Auszuschließen sind die häufig verwendeten Bypaßsicherheitsventile oder Überströmventile ungeeignet, da auch die letzten Endes eine Art "Bruchöffnung" darstellen. Filterelement und auch Gehäuse müssen so gestaltet sein, daß bei Ausbau des Filterelementes der anhaftende Schmutz nicht in das Gehäuse oder in die Sammelkammer, in welche die gereinigte Flüssigkeit einfließt, zurücklaufen kann.

Bei einem guten Filter kann auf zusätzliche Magnetstäbe verzichtet werden, es sei denn, man legt Wert darauf, frühzeitig metallischen Abtrieb (Verschleiß) aus der Anlage zu erkennen. In keinem Fall darf der Magnetstab in Strömungsrichtung hinter dem Filterelement angeordnet sein. Ansammlungen könnten dann, wenn sie umfangreicher geworden sind, plötzlich insgesamt abgespült werden [12 bis 14].

c) Zusammenfassung

Die bisher erwähnten Gesichtspunkte der Filterung gelten allgemein für alle Hydraulikanlagen. Speziell für das Hydrogetriebe läßt sich folgendes präzisieren:

Offener Kreislauf ohne Speisepumpe. Flüssigkeitsbehälter mit zwei völlig getrennten Kammern (Rücklauf- und Ansaugkammer). Die Ansaugkammer ist völlig verschlossen, die Entlüftung erfolgt über Naß-Luftfilter. In diese Kammer kann von außen keine Verunreinigung gelangen. Aus ihr saugt die Hydropumpe ihre Betriebsflüssigkeit. In die Rücklaufkammer läuft die Betriebsflüssigkeit nach der Leistungsübertragung frei und ungefiltert zurück. In ihr wird auch - ohne Filterung - neue Flüssigkeit eingefüllt. Eine Zentrifugalpumpe nimmt aus der Rücklaufkammer die Flüssigkeit auf und drückt sie über einen Feinstfilter in die Ansaugkammer. Bei geringer oder fehlender Entnahme aus der Ansaugkammer läuft die Flüssigkeit über ein Überlaufrohr in die Rücklaufkammer zurück, so daß zusätzlich eine Umwälzfilterung stattfindet. Da der in die Ansaugkammer einströmende Volumenstrom nunmehr völlig konstant ist, kann durch entsprechende Gestaltung des Einlaufes (siehe Abschnitt 6.4.2) die Entgasung erheblich gefördert werden, wodurch die Beruhigungszeit (vgl. Abschnitt 5.2.1) erheblich gesenkt und damit das Behältervolumen verkleinert werden kann (Bild 86).

Offener Kreislauf mit Speisepumpe. Druckfilter im Volumenstrom einer Zentrifugalpumpe (Bild 87).

Geschlossener Kreislauf ohne Speisepumpe. Filterung wie beim offenen Kreislauf ohne Speisepumpe (Bild 88).

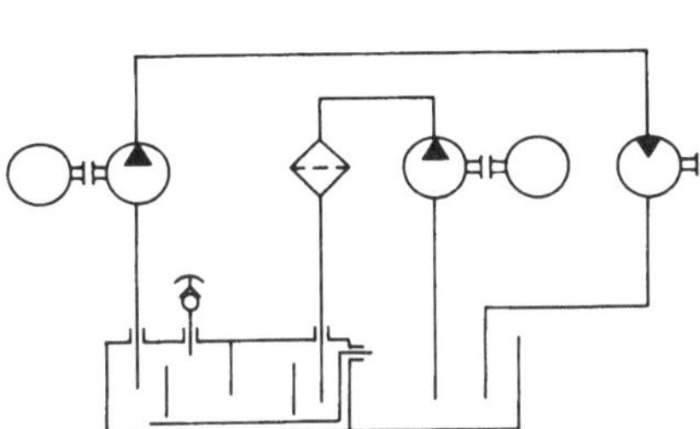

Bild 86. Hydrogetriebe in offenem Kreislauf mit Speisepumpe, Vor- und Umwälzfilterung

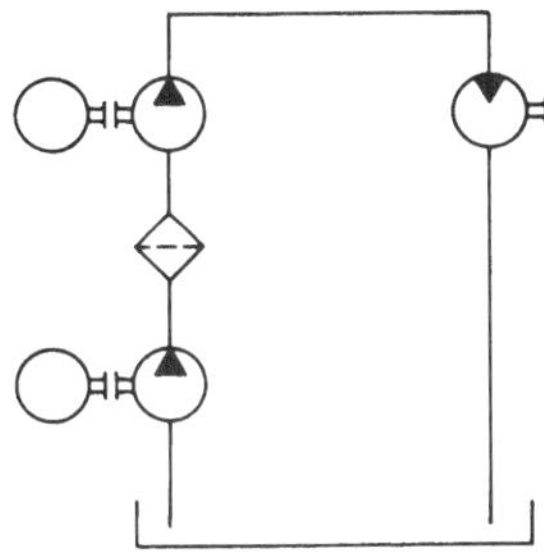

Bild 87. Hydrogetriebe in offenem Kreislauf mit gefilteter Vorspeisung

Geschlossener Kreislauf mit Speisepumpe: Filterung wie beim offenen Kreislauf mit Speisepumpe, wobei jedoch in vielen Fällen mit Rücksicht auf den Druck statt der Zentrifugalpumpe eine Verdrängerpumpe eingesetzt werden muß (Bild 89).

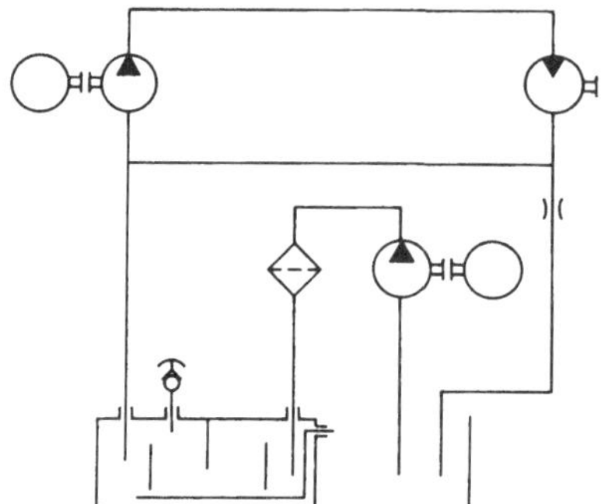

Bild 88. Hydrogetriebe in geschlossenem Kreislauf mit Umwälzfilterung

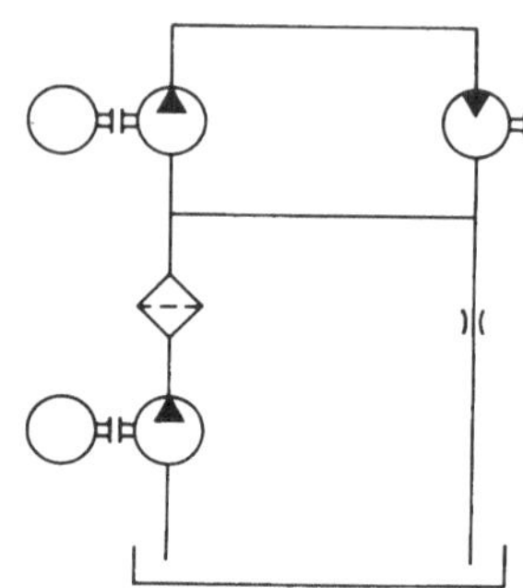

Bild 89. Hydrogetriebe in geschlossenem Kreislauf mit gefilteter Einspeisung

3.2.1.3.3 Abfuhr der anfallenden Verlustwärme

Wie im Abschnitt 2.2.4 erwähnt, setzen sich die Leistungsverluste im Hydrogetriebe in Wärme um, die überwiegend mittelbar durch Aufnahme in die vorbeiströmende Betriebsflüssigkeit oder unmittelbar in der Flüssigkeit (Drosselung, vgl. Abschnitt 2.2.5) anfällt. Die Abfuhr der Verlustwärmemenge kann also ausschließlich auf den Entzug aus der Betriebsflüssigkeit konzentriert werden. Unzureichender Entzug führt zu einem laufenden Temperaturanstieg. Zwar tritt nach einer Zeit ein Beharrungszustand ein, dessen Temperatur jedoch so hoch sein kann, daß Schäden unvermeidbar sind. Der Entzug der Wärmemenge erfolgt über die Oberfläche des Flüssigkeitsbehälters und der Geräte des Hydrogetriebes selbst oder durch Fremdkühlung mittels Wärmetauscher, die die im durchfließenden Betriebsflüssigkeitsvolumen enthaltene Wärmemenge an die Luft oder auch an Wasser abgeben.

Bei Hydrogetrieben, die im offenen Kreislauf arbeiten, können Wärmetauscher hinter dem Filter (Bilder 90 und 91) angeordnet werden. Die Wärmetauscher vor dem Filter anzuordnen ist falsch, da sich die dann dickflüssiger gewordene Betriebsflüssigkeit schlecht filtern läßt bzw. den Durchflußwiderstand unnötig erhöht. Bei Hydrogetrieben, die im geschlossenen Kreislauf arbeiten, kann fast ausnahmslos die anfallende Verlustwärmemenge nicht durch die Oberfläche abgeführt werden. Bei diesen Systemen gelangt immer nur ein Bruchteil des umgewälzten Volumens in den Behälter zurück und damit auch nur ein Bruchteil der anfallenden Verlustwärmemenge. Bei diesen Hydrogetrieben wird bewußt über ein Spülventil ein grosser Teil (Bilder 92 und 93) des umgewälzten Volumens dem Kreislauf entzogen, um besonders - mittels Wärmetauscher - gekühlt, dem Kreislauf wieder über Speiseventil zugeführt zu werden.

Sind diese Hydrogetriebe ohne Speisepumpe ausgeführt, wird sich eine separate Umwälzanlage nicht vermeiden lassen. Hier bietet sich das System nach Bild 90 ebenfalls an, da hier der Wärmetauscher hinter dem Filter angeordnet werden kann (Bild 94). Die Größe der abzuführenden Wärmemenge richtet sich nach Bauart, Qualität, Belastung und Steuerung bzw. Regelung des Hydrogetriebes und ist nur nach den Angaben des Herstellers der Hydrogetriebe festlegbar.

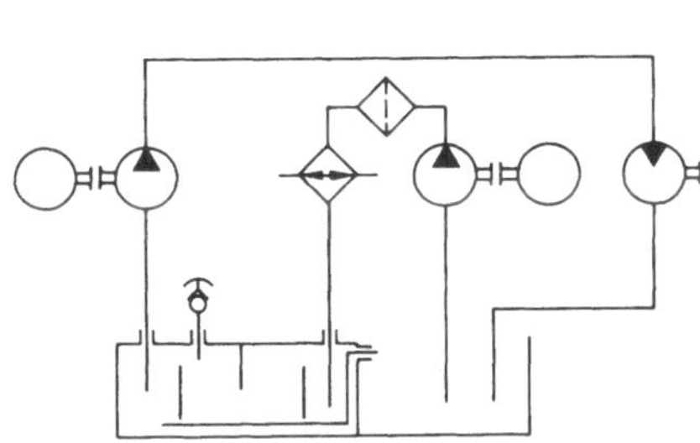

Bild 90. Wärmetauscheranordnung beim Hydrogetriebe in offenem Kreislauf mit Speisepumpe, Vor- und Umwälzfilterung

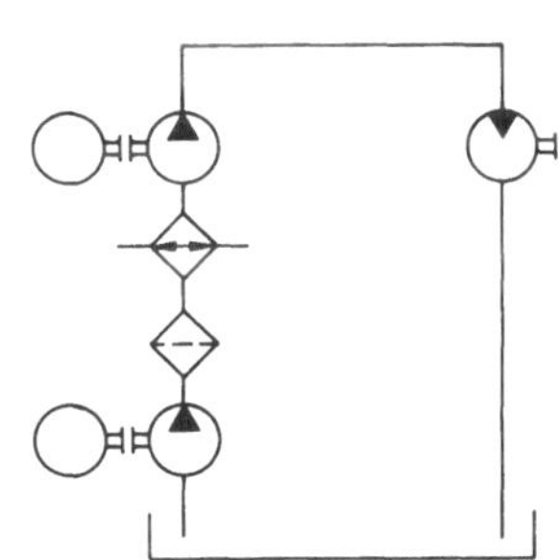

Bild 91. Wärmetauscheranordnung beim Hydrogetriebe in offenem Kreislauf mit gefilteter Vorspeisung

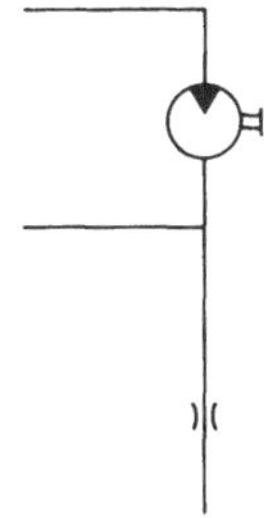

Bild 92. Spüleinrichtung bei Hydrogetrieben mit geschlossenem Kreislauf ohne Druckwechsel

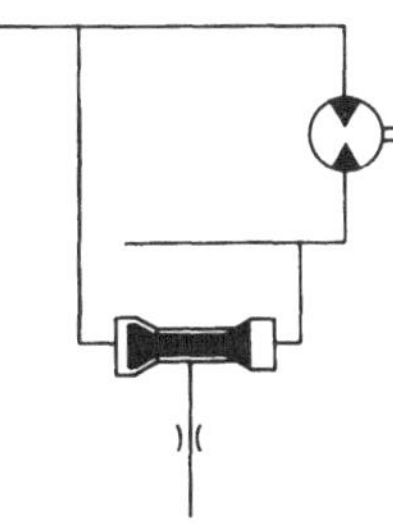

Bild 93. Spüleinrichtung bei Hydrogetrieben mit geschlossenem Kreislauf mit Druckwechsel

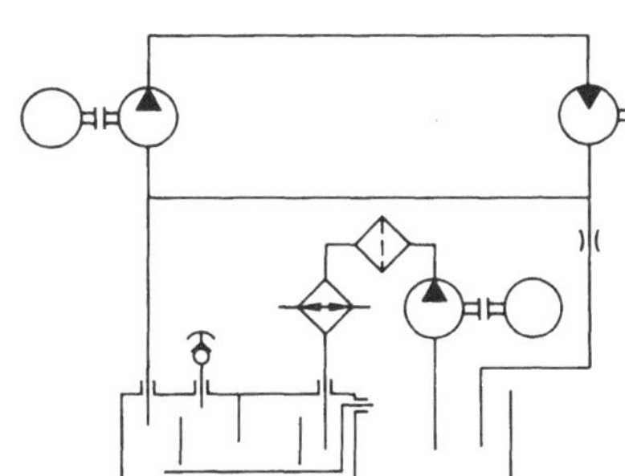

Bild 94. Hydrogetriebe im geschlossenen Kreislauf mit Selbstnachsaugung und Umwälzfilterung mit Wärmetauscher

Zu beachten ist, daß bei Überschreitung des an der Hydromotorwelle zugelassenen Drehmomentes der gesamte Volumenstrom oder ein Teil desselben über das Druckbegrenzungsventil mit vollem Druck überströmt. Im Druckbegrenzungsventil wird dann die Leistung $P = \Delta p Q$ bzw. $P = \Delta p \Delta Q$ in Wärme umgesetzt. Nach Abschnitt 2.2.5 ist die Erwärmung des überströmenden Volumens abhängig vom Druckgefälle. Erfolgt im geschlossenen Kreislauf das Überströmen in die jeweilige "Saugleitung" des Hydrogetriebes, gelangt die erwärmte Flüssigkeit sehr schnell wieder zum Druckbegrenzungsventil und wird dort weiter erwärmt usw. Es findet dann ein plötzlicher Temperaturanstieg statt, der kritische Ausmaße annehmen kann. Auch dieser Betriebsfall muß bei der Ermittlung der abzuführenden Wärmemenge Berücksichtigung finden.

3.2.1.3.4 Wärmezufuhr zur Aufrechterhaltung einer Mindesttemperatur

Die Mindesttemperatur ist aus zweierlei Sicht von Bedeutung: Zunächst muß die Betriebsflüssigkeit fließfähig gehalten werden, damit sie überhaupt - sei es von der Speisepumpe oder der Hydropumpe selbst - angesaugt werden kann. Weiter muß gewährleistet sein, daß nicht durch zu niedrige Temperatur, an Weichdichtungen und in Folge von Luftfeuchtigkeit u.ä. (Festfrieren von Teilen) Schaden eintritt.

Zur Beurteilung der Fließfähigkeit bei der Betriebsflüssigkeit ist nicht der Stockpunkt, sondern der untere Fließpunkt maßgebend (Kälte-Fließvermögen, vgl. Abschnitt 4.1.2.1). Je nach Art des eingesetzten Verdrängersystems ist dessen Verhalten in dieser Hinsicht unterschiedlich.

Falls die Fließfähigkeit bei niedriger Temperatur nicht ausreicht, muß zusätzlich Wärme zugeführt werden. Dieses erfolgt meist über Heizpatronen, die im Behälter eingebaut sind. Bei der Auswahl dieser Heizelemente ist zu beachten, daß die Oberflächentemperatur nicht zu hoch ist, da sonst die Betriebsflüssigkeit beschädigt werden kann. Ist die Anfahrtemperatur zwar so hoch, daß die Betriebsflüssigkeit angesaugt werden kann, jedoch nicht ausreichend hoch, um sofort einen einwandfreien Betrieb zu gewährleisten, kann eine weitere Erwärmung durch "Fahren gegen das Druckbegrenzungsventil" vorgenommen werden. Hierbei läßt man den vollen Volumenstrom über das Druckbegrenzungsventil überströmen. Je nach Größe der Antriebsleistung tritt dann eine schnelle Erwärmung ein, allerdings auf Kosten der Lebensdauer der Betriebsflüssigkeit.

3.2.1.3.5 Aufrechterhaltung eines Mindestdruckes

Der Begriff "Saugleitung" dient als Sammelbegriff für die Rohrleitung, durch die der Hydropumpe die Betriebsflüssigkeit zufließt. Man könnte sie auch als Niederdruckleitung bezeichnen, wobei Niederdruck evtl. Unterdruck einschließt. Die vielfach vertretene Ansicht, ein Unterdruck in einer Saugleitung zerstöre unmittelbar die Hydropumpe, da z.B. die Kolben aus ihrer Halterung gerissen würden, ist irrig. Schäden an einer Pumpe durch zu hohen (besser zu tiefen) Unterdruck sind indirekte, d.h. Folgeschäden.

Als Unterdruck bezeichnet man den Druck, der geringer ist als der örtliche Luftdruck, d.h. als die örtliche, auf eine Fläche bezogene Gewichtskraft der auf dieser Fläche ruhenden Luftsäule (vgl. Abschnitt 1.2.1). Würde man diese flächenbezogene Gewichtskraft völlig aufheben, müßte man einen Sog von $9{,}81 \cdot 10^4$ N/m^2 erzeugen. Bezogen auf die Kolbenfläche, an der der Sog wirksam wird, ist diese Kraft so gering, daß mit Sicherheit keine Kolben aus ihrer Halterung gerissen werden.

Zu großer Unterdruck hingegen hat zur Folge, daß z.B. Lager kein ausreichendes Schmiervolumen erhalten, so daß es zur Bildung von Dampfblasen in der Flüssigkeit und daher zu keinem kontinuierlichen Volumenstrom kommt. Vor allem bei brennbaren Flüssigkeiten können Blasen aus einem zündbaren Sauerstoff-Gas-Gemisch [15] entstehen, die zu örtlichen Explosionen führen und damit zur Kavitation. Es ist daher auch Aufgabe des Speisesystems, den zur Kompensation der Druckverluste in der Saugleitung (Niederdruckleitung) erforderlichen Druck aufzubauen.

3.2.1.3.6 Kompensation der durch die Kompressibilität der Flüssigkeit eintretenden Volumenminderung

Wird dem Hydromotor eines Hydrogetriebes plötzlich ein erhöhtes Drehmoment abgefordert, muß die Hydropumpe dem Volumenstrom einen erhöhten Druck mitteilen. Zeitlupenhaft betrachtet könnte man sich vorstellen, daß bei Abforderung des erhöhten Drehmomentes die Welle des Hydromotors zunächst stehenbleibt. Die Pumpe fördert weiter auf den stillstehenden Hydromotor, bis sich, von den Verdrängerflächen des Hydromotors ausgehend, rückwärts bis zu den Verdrängerflächen der Hydropumpe, eine der Drehmomentenerhöhung proportionale Druckerhöhung aufgebaut hat. Jetzt beginnt die Hydromotorenwelle wieder zu drehen.

Die "Stillstandszeit" dauert um so länger, je größer das Füllvolumen der Rohrleitung ist und je größer die erforderliche Druckerhöhung ist. In der "Stillstandszeit" hat die Hydropumpe gefördert um die Flüssigkeitssäule von Verdrängerfläche zu Verdrängerfläche zu komprimieren, um damit die Druckerhöhung zu bewirken. Aus dem Hydromotor fließt in dieser Zeit der Hydropumpe keine Flüssigkeit zu (geschlossener Kreislauf), da ja die Hydromotorwelle stillstand. Der Volumenstrom der Hydropumpe muß also während dieser Phase aus einer anderen Quelle entnommen werden, nämlich dem Speisesystem.

Dieses Beispiel zeigt gleichzeitig, daß im Extremfall der Volumenstrom des Speisesystems mindestens so groß sein müßte wie der Volumenstrom der Hydropumpe. Dieses stellt jedoch - wie jedes Extrem - einen Ausnahmefall dar. In der Regel ist es ausreichend, diesen kurzzeitigen Bedarf aus einem zusätzlich in das Speisesystem eingebauten Hydrospeicher zu decken.

3.2.1.4 Steuerdruckeinrichtung

Bei Hydrogetrieben großer Leistung sind zur Veränderung des Volumen- bzw. Schluckstromes oft relativ große Kräfte erforderlich, die über Elektromotoren oder hydraulische Zylinder aufgebracht werden. Während Elektromotoren als

Stellantriebe nur dann eingesetzt werden können, wenn die zur Verfügung stehende Stellzeit relativ lang ist (z.B. $t_s \geqslant 2s$), setzt man bei kurzen Stellzeiten hydraulisch wirkende Stellantriebe ein, denen für jeden Steuer- oder Regelvorgang ein bestimmtes Flüssigkeitsvolumen mit einem entsprechenden Druck zugeführt werden muß.

Die Entnahme eines bestimmten Steuervolumens aus dem Volumenstrom der Hydropumpe kann bei empfindlichen und schnellreagierenden Regeleinrichtungen Nachteile haben, da diese Steuervolumenentnahme als Störgröße in den Regelkreis eingreift. Soll z.B. die Drehzahl eines Hydromotors zunehmen, muß der Schwenkwinkel β der Hydropumpe vergrößert werden. Entnimmt man hierzu ein Steuervolumen aus dem Volumenstrom dieser Pumpe, so muß dieser um eine analoge Größe zum Steuervolumen vergrößert werden, da ja sonst der Sollwert nicht erreicht wird. Wenn keine Dämpfungsglieder eingebaut werden, kann es zu Pendelungen kommen. Ferner ist zu beachten, daß das Steuervolumen aus dem Hauptkreislauf austritt und daher voll aus dem Speisesystem ersetzt werden muß.

In solchen Fällen ist zu prüfen, ob es nicht zweckmäßiger ist, ein separates Steuerdrucksystem einzurichten. Da der Steuerdruck meist größer als $10 \cdot 10^5\ N/m^2$ ist, wird man ihn durch eine Verdrängerpumpe erzeugen. Ein derartiges Steuerdrucksystem besteht dann mindestens aus Pumpe, Filter, Druckventil, Manometer und Druckschalter, wobei die grundsätzlichen Erwägungen zum Speisesystem auch hier gültig bleiben. Das separate System hat ferner - sofern es über einen unabhängigen Antrieb verfügt - den Vorteil, daß bereits vor der Inbetriebnahme des Hydrogetriebes voller Kraftschluß innerhalb des Stellgliedes besteht.

Bei Steuervolumenentnahme aus dem Hauptkreislauf besteht dieser Kraftschluß erst dann, wenn das Hydrogetriebe in Betrieb ist, da sich der erforderliche Druck erst aufbauen muß. Der Volumenstrom des Hydrogetriebes müßte in diesen Fällen immer einen bestimmten - u.U. durch Drosselung - erzeugten Druck haben, damit der Kraftschluß zwischen Stellantrieb und Stellglied erhalten bleibt.

3.2.2 Steuer- und Regeleinrichtungen

Zur Veränderung des Schwenkwinkels β bei Hydropumpen und Hydromotoren mit veränderlichem Volumenstrom sind besondere Einrichtungen erforderlich. Je nach Aufgabenstellung und Abhängigkeit unterscheidet man zwischen Steuerungen und Regelungen. Die Übertragung der Regel- oder Steuersignale auf die Schräg- oder Taumelscheibe bzw. Schrägtrommel erfolgt durch mechanische Elemente, die als Stellantrieb bezeichnet werden. Hydropumpen und -motoren selbst sind innerhalb einer Steuer- oder Regeleinrichtung Stellglieder.

3.2.2.1 Begriffsbestimmung (Bilder 95 bis 97)

Steuern, Steuerung. Das Steuern - die Steuerung - ist der Vorgang in einem System, bei dem eine oder mehrere Größen (als Eingangsgrößen) andere Größen (als Ausgangsgrößen) aufgrund der dem System eigentümlichen Gesetzmäßigkeit beeinflussen. Kennzeichnend für das Steuern ist der offene Wirkungsablauf über das einzelne Übertragungsglied oder die Steuerkette.

Regeln, Regelung. Das Regeln - die Regelung - ist ein Vorgang, bei dem eine Größe (die zu regelnde Größe, Regelgröße) fortlaufend erfaßt, mit einer anderen Größe (der Führungsgröße), verglichen und abhängig vom Ergebnis dieses Vergleichs im Sinne einer Angleichung an die Führungsgröße beeinflußt wird. Der sich dabei ergebende Wirkungsablauf findet in einem geschlossenen Kreis - dem Regelkreis - statt.

Istwert, Sollwert. Der Istwert ist der Wert, der eine Größe im betrachteten Zeitpunkt tatsächlich hat. Der Sollwert ist der Wert, der eine Größe im betrachteten Zeitpunkt unter festgelegten Bedingungen haben soll.

Steuereinrichtung, Regeleinrichtung. Die Einrichtung ist derjenige Teil des Wirkungsweges, welcher die aufgabengemäße Beeinflussung der Strecke über das Stellglied bewirkt.

Steuerstrecke, Regelstrecke. Die Strecke ist derjenige Teil des Wirkungsweges, welcher der den Angaben gemäß zu beeinflussenden Teil der Anlage darstellt.

Regelgröße. Die Regelgröße ist die Größe in der Regelstrecke, die zum Zwecke des Regelns erfaßt und der Regeleinrichtung zugeführt wird. Sie ist damit Ausgangsgröße der Regelstrecke und Eingangsgröße der Regeleinrichtung.

Führungsgröße. Die Führungsgröße ist eine von der betreffenden Steuerung oder Regelung unmittelbar nicht beeinflußte Größe, die der Steuerkette oder dem Regelkreis von außen zugeführt wird und der die Ausgangsgröße der Steuerung oder Regelung in vorgegebener Abhängigkeit folgen soll.

Stellglied, Stellort. Das Stellglied ist das am Eingang der Strecke liegende Glied, das dort in einem Massenstrom oder Energiefluß eingreift. Der Ort des Eingriffes heißt Stellort.

Stellgröße, Stellbereich. Die Stellgröße ist die Ausgangsgröße der Steuer- oder Regeleinrichtung und zugleich Eingangsgröße der Strecke. Sie überträgt die steuernde Wirkung der Einrichtung auf die Strecke. Der Stellbereich ist der Bereich, innerhalb dessen die Stellgröße einstellbar ist.

Stellantrieb. Der Stellantrieb dient zur direkten Einwirkung auf eine Strecke. Der Stellantrieb verstellt das Stellglied, sofern es mechanisch betätigt wird [16, 17].

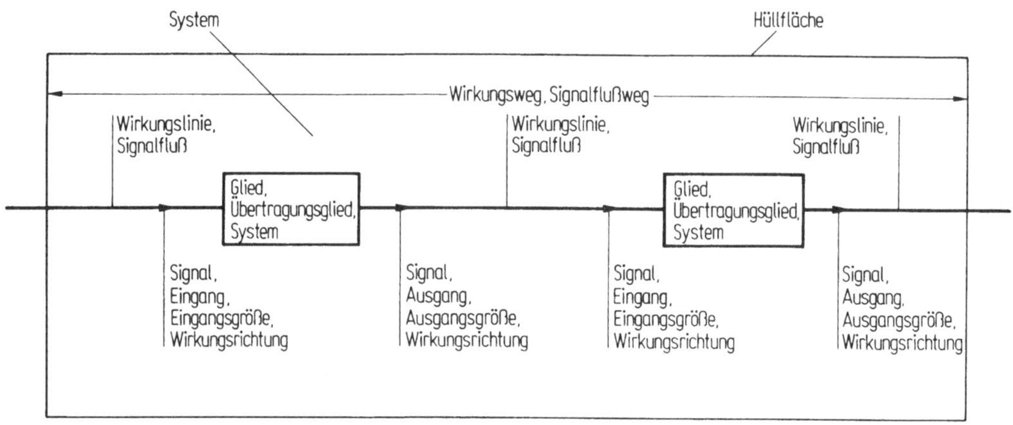

Bild 95. Wirkungstechnische Betrachtungsweise eines Signalplans

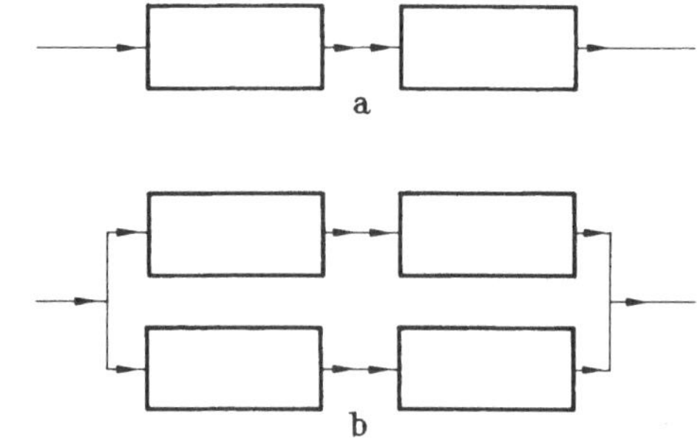

Bild 96. Steuerketten. a) einfache Kette; b) Parallelstruktur

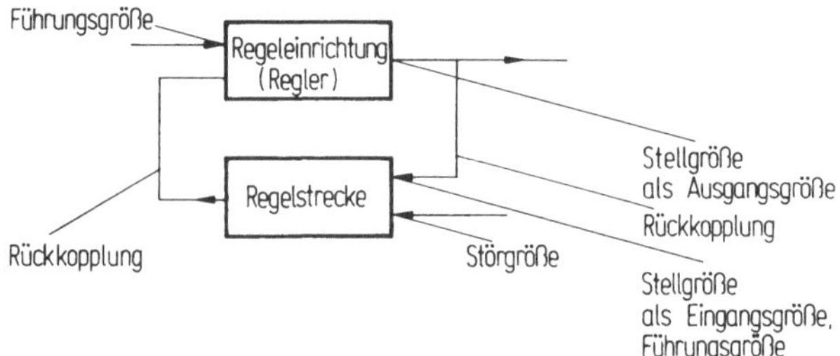

Bild 97. Regelkreis

Der Unterschied zwischen einer Steuerung und einer Regelung besteht also darin, daß beim Regelkreis eine Rückführung des ausgeführten Regelvorganges in das Eingangsglied erfolgt. Bei der Steuerkette unterbleibt diese Rückführung. Die Erläuterungen der verschiedenen Steuer- und Regelsysteme erfolgt in den Abschnitten 3.2.2.2 und 3.2.2.3.

In der Anwendung auf das Hydrogetriebe unterscheidet man die Wirkungsart des Stellantriebes wie folgt:

Direkt. Steuer- und Regelsignale werden im Stellantrieb nicht verstärkt oder umgesetzt, wirken also direkt auf das Stellglied.

Indirekt, vorgesteuert. Steuer- und Regelsignale werden im Stellantrieb verstärkt oder umgesetzt, wirken also indirekt auf das Stellglied.

Mechanisch. Die Stellbewegung wird durch mechanische Elemente, z.B. Gestänge, Spindel mit Mutter u.ä. übetragen.

Elektromechanisch. Die Stellbewegung wird durch mechanische Elemente, die elektrisch betrieben werden, übertragen, z.B. Gestänge mit Magnet, Spindel mit Mutter über Getriebe-Elektro-Motor u.ä.

Hydraulisch. Die Stellbewegung erfolgt durch Hydrozylinder, wobei diese einfachwirkend, doppelwirkend, Differentialzylinder oder doppeltwirkende Zylinder mit beidseitiger Kolbenstange sein können.

Elektrohydraulisch. Die Stellbewegung erfolgt durch einen Hydrozylinder, der über Magnet- oder Servoventile beaufschlagt wird.

Geradlinig. Der Volumenstrom ändert sich proportional mit der Größe des Steuer- oder Regelsignale (z.B. $Q_2 = Q_1 \beta_1/\beta_2$).

Hyperbolisch. Der Volumenstrom ändert sich nach der Funktion pQ = konstant.

Fremdbeaufschlagt. Der Volumenstrom bzw. das Volumen für die Beaufschlagung des Hydrozylinders im Stellantrieb wird nicht aus dem Volumenstrom der zusteuernden bzw. zu regelnden Hydropumpe selbst entnommen, sondern aus einem separaten System.

Eigenbeaufschlagt. Der Volumenstrom bzw. das Volumen für die Beaufschlagung des Hydrozylinders im Stellantrieb wird aus dem Volumenstrom der zu steuernden bzw. zu regelnden Hydropumpe entnommen.

Einhubig. Der Stellantrieb wirkt nur von $\beta = 0$ bis zum Maximalwert.

Doppelhubig. Der Stellantrieb wirkt von $\beta = 0$ bis zum positiven und negativen Maximalwert.

Von Bedeutung ist eine klare Unterscheidung zwischen einer Regelung und einer Steuerung.

Steuerung. Das Einsteuern eines bestimmten Schwenkwinkels β ist unabhängig von der Größe des Volumenstromes und der Größe des Druckes.

Regelung. Der Schwenkwinkel β ist abhängig von der Größe des Volumenstromes und dessen Druck.

3.2.2.2 Stellantriebe und Steuereinrichtungen

Beim Hydrogetriebe ist der zu beeinflussende Teil der Anlage die Hydropumpe oder der Hydromotor, in besonderen Fällen sind es beide Glieder. Die Beeinflussung besteht in der Veränderung des Schwenkwinkels β (vgl. Abschnitt 3.1.3). Mittels des Stellantriebes wird also der Schwenkwinkel β vergrößert oder verkleinert und damit proportional der Volumenstrom verändert. Stellantriebe beim Hydrogetriebe dienen also ausschließlich zur Beeinflussung der Drehzahl und des Drehmomentes des Hydromotors.

In Bild 98 werden noch einmal die konstruktiven Unterschiede zwischen einem Hydrogetriebeglied mit und ohne veränderbarem Volumenstrom deutlich. Stellantrieb ist der Verstellkolben, der den Winkel der Schrägscheibe verändert. Hier handelt es sich um einen hydraulischen Stellantrieb. Die Bewegung der Schrägscheibe wird durch Beaufschlagung des Verstellkolbens mit einer druckbehafteten Betriebsflüssigkeit bewirkt. Neben den hydraulischen (Bilder 99 bis 102) sind mechanische Stellantriebe gebräuchlich. Bei diesen ist der Verstellkolben durch eine Spindel oder ein Gestänge ersetzt (Bilder 103 und 104).

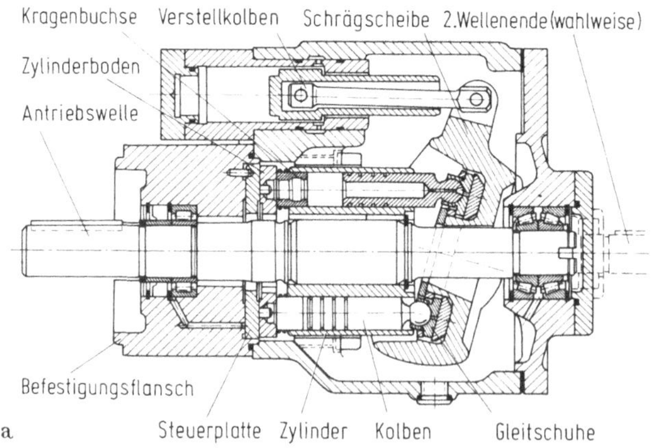

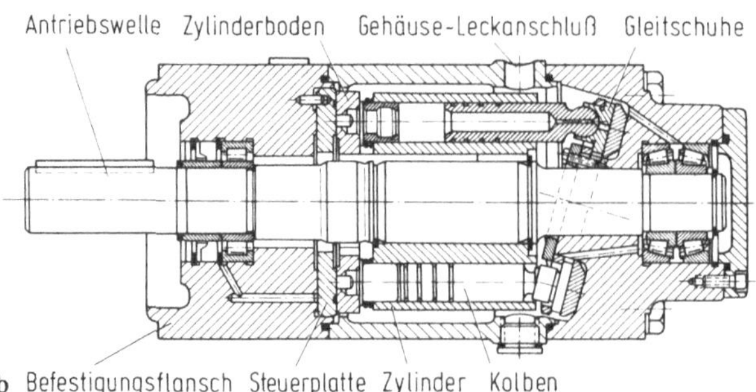

Bild 98. Regelbare (a) und nicht regelbare (b) Schrägscheibenpumpe (Hydromatik)

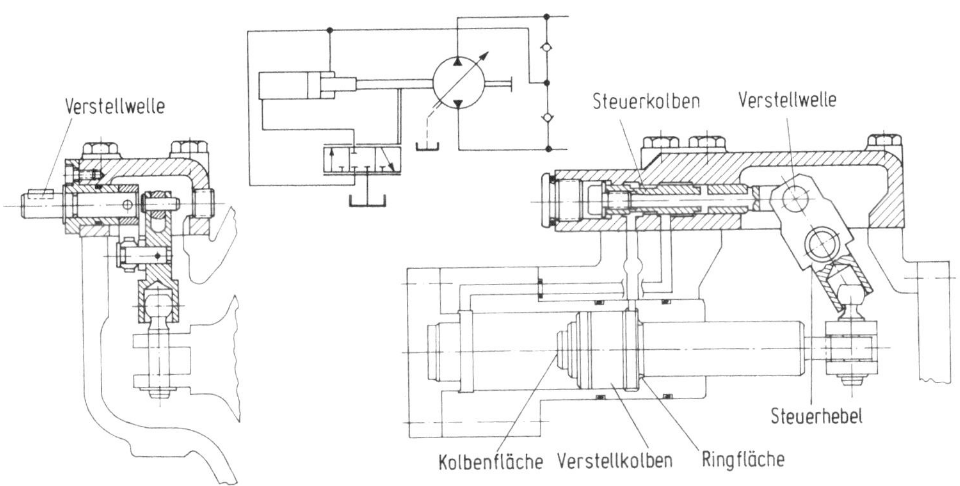

Bild 99. Wegabhängige hydraulische Verstellung (Hydromatik)

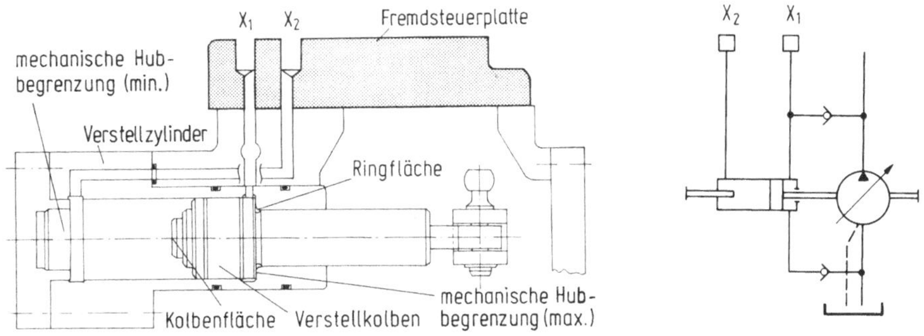

Bild 100. Mengenabhängige hydraulische Verstellung (Hydromatik)

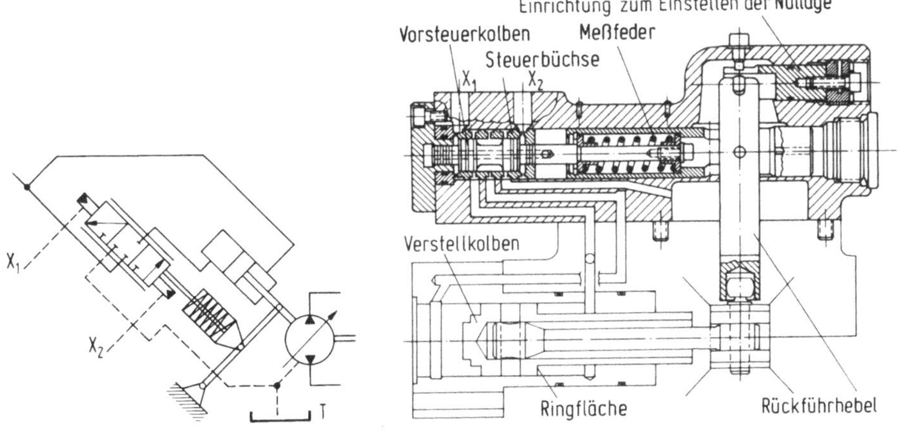

Bild 101. Druckabhängige hydraulische Verstellung (Hydromatik)

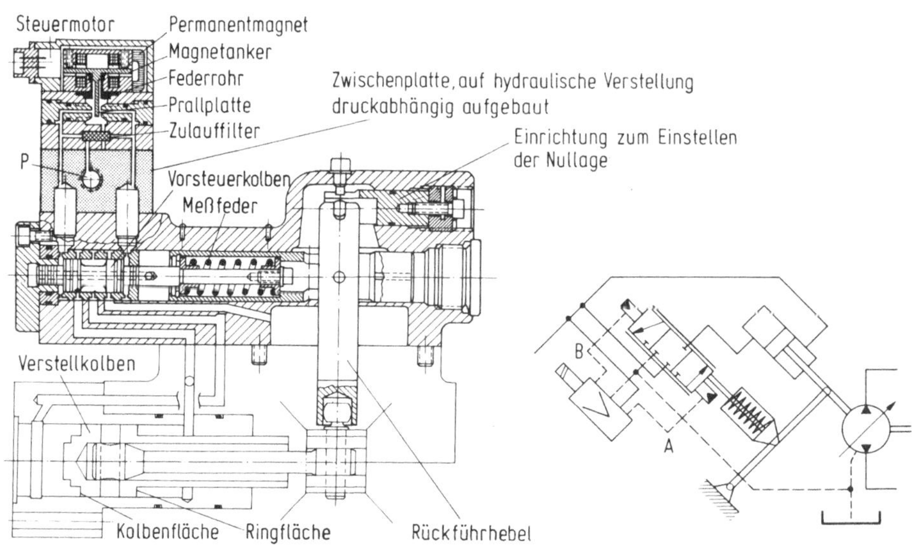

Bild 102. Druckabhängige hydraulische Verstellung mittels Servoventil (Hydromatik)

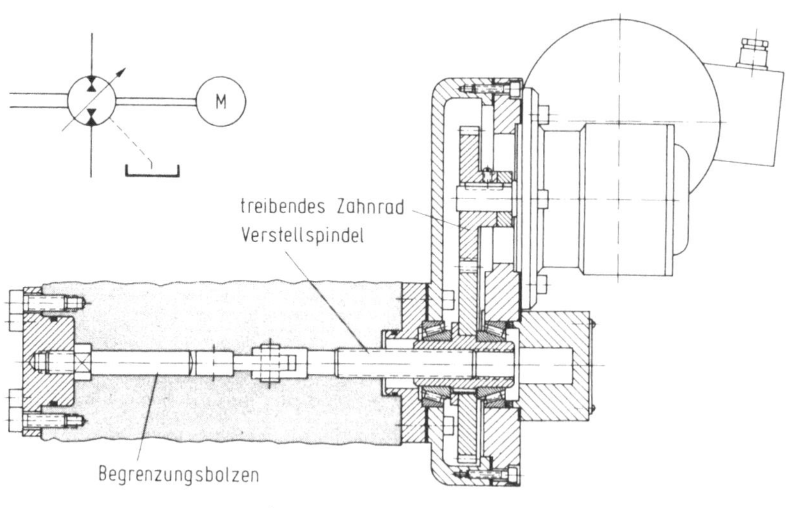

Bild 103. Elektrische Verstellung (Hydromatik)

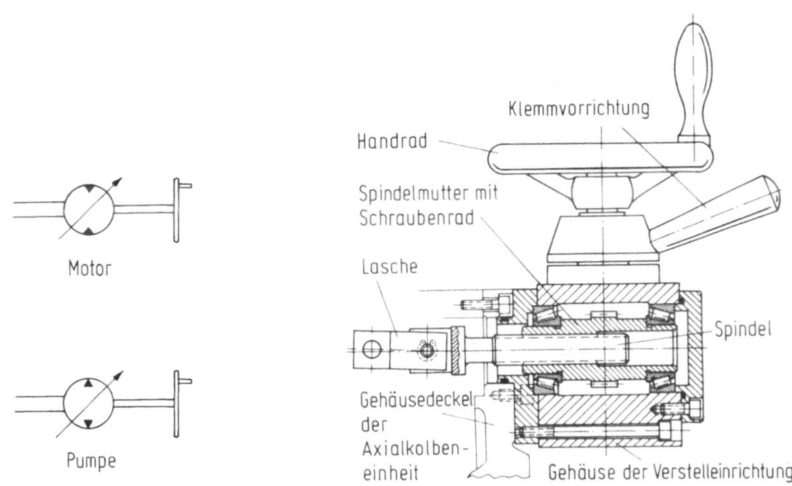

Bild 104. Handspindelverstellung (Hydromatik)

3.2.2.3 Regeleinrichtungen

Wie bereits erwähnt unterscheidet sich eine Regeleinrichtung von einer Steuereinrichtung dadurch, daß automatisch ein Sollwert-Istwert-Vergleich durchgeführt wird. Der Stellantrieb verändert also immer dann den Winkel der Schrägscheibe, wenn der Istwert vom Sollwert abweicht.

Beim Hydrogetriebe können nur drei Größen als Sollwert vorgegeben werden: der Volumenstrom (und damit die Drehzahl des Hydromotors), die Leistung an der Hydromotorwelle als abgegebene Leistung (oder an der Hydropumpenwelle als aufgenommene Leistung) und der Druck der Betriebsflüssigkeit (und damit das Drehmoment an der Hydropumpen- oder -motorenwelle). Es ist also hier streng zu unterscheiden zwischen einem Druckregler, einem Volumenstromregler und einem Leistungsregler und deren Kombinationen. Die Bilder 105 bis 114 zeigen derartige Regler, während die Bilder 115 bis 119 charakteristische Steuer- und Regelkurven darstellen [20].

3.2.3 Rohr- und Schlauchleitungen

3.2.3.1 Rohrleitungen

Die Übertragung der Leistung von der Hydropumpe auf den Hydromotor erfolgt durch Rohrleitungen. Die Rohrleitung ist daher wesentlicher Bestandteil des Hydrogetriebes und bedarf im Hinblick auf Größe und Gestaltung besonderer Beachtung. Ihre Abmessungen ergeben sich aus der Größe der zu übertragenden Leistung, nicht nur aus der Stärke des Volumenstromes oder nur aus der Höhe des Flüssigkeitsdruckes. Schäden an der Rohrleitung während der Leistungsübertragung können ebenso verheerende Folgen haben wie z.B. der Bruch einer Antriebswelle bei einem Hubwerk.

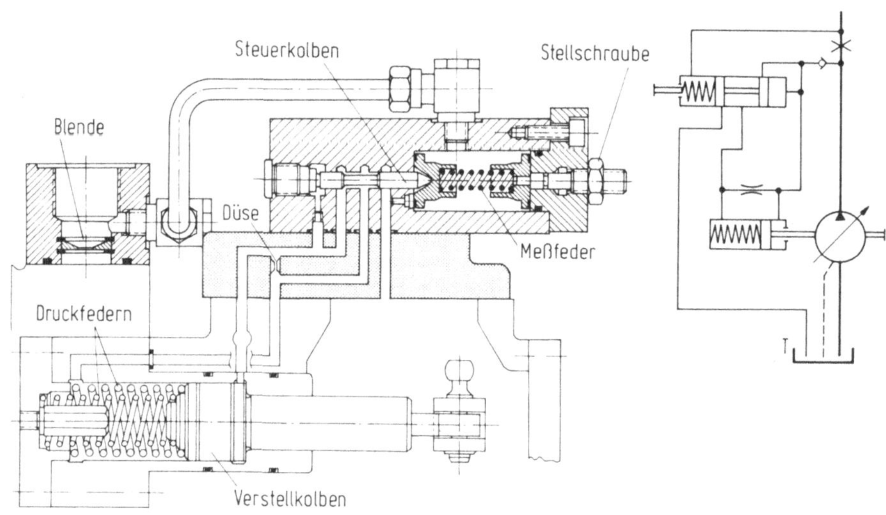

Bild 105. Volumenstromregler (Hydromatik)

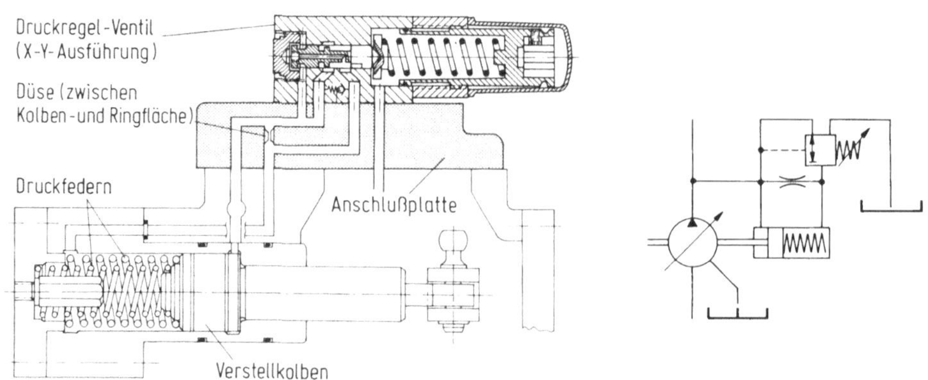

Bild 106. Druckregler (Hydromatik)

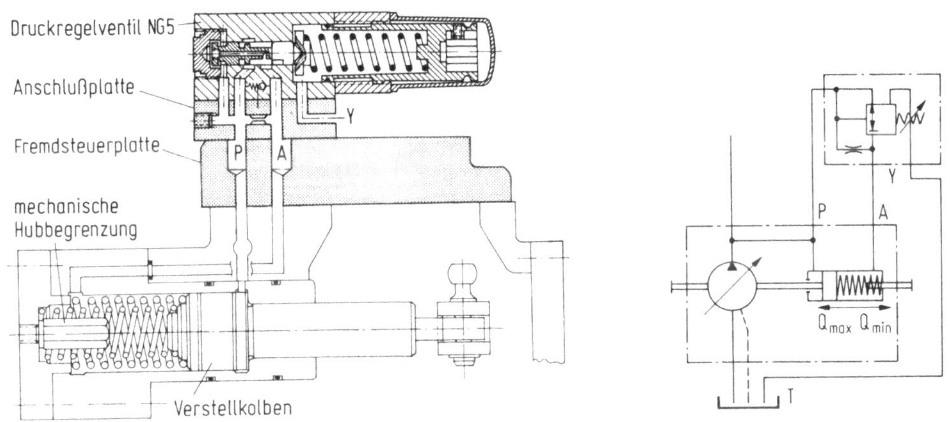

Bild 107. Hydraulisch-fernbetätigter Druckregler (Hydromatik)

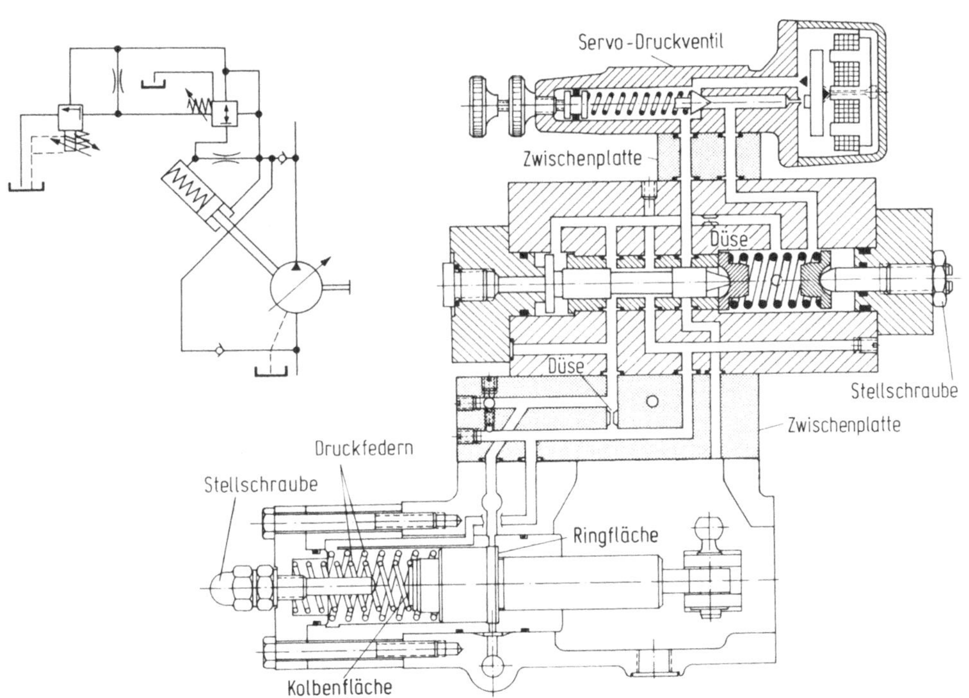

Bild 108. Elektrisch-fernbetätigter Druckregler (Hydromatik)

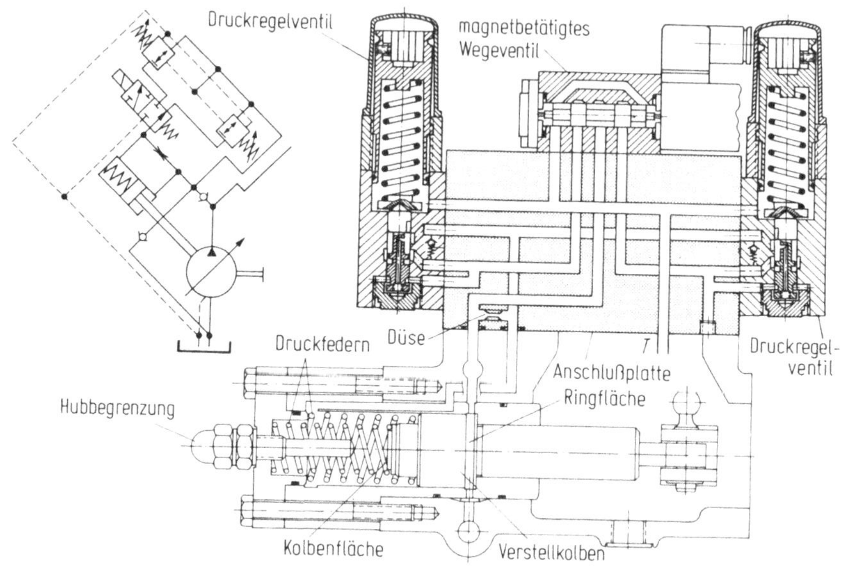

Bild 109. Druckregler mit zwei Schaltpunkten (Hydromatik)

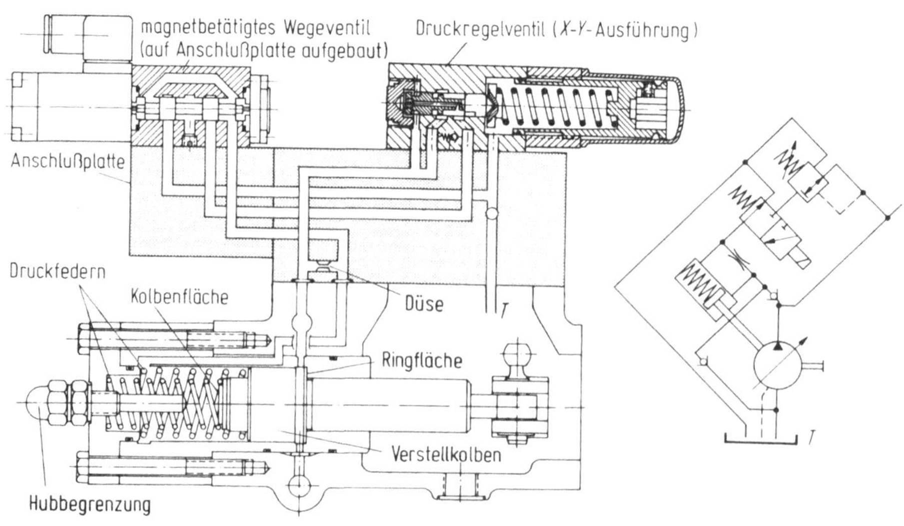

Bild 110. Druckregler mit Entlastung (Hydromatik)

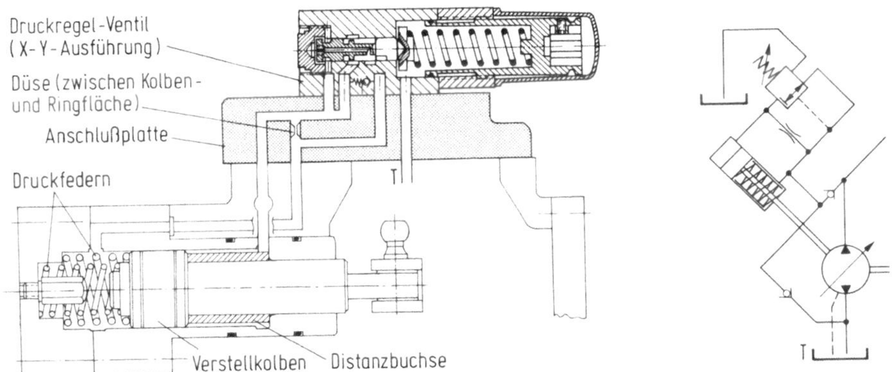

Bild 111. Druckregler für Hydromotor (Hydromatik)

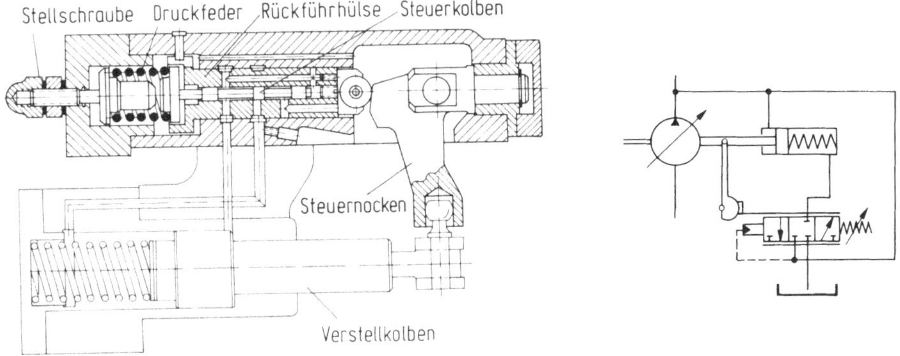

Bild 112. Vorgesteuerter hydraulischer Leistungsregler (Hydromatik)

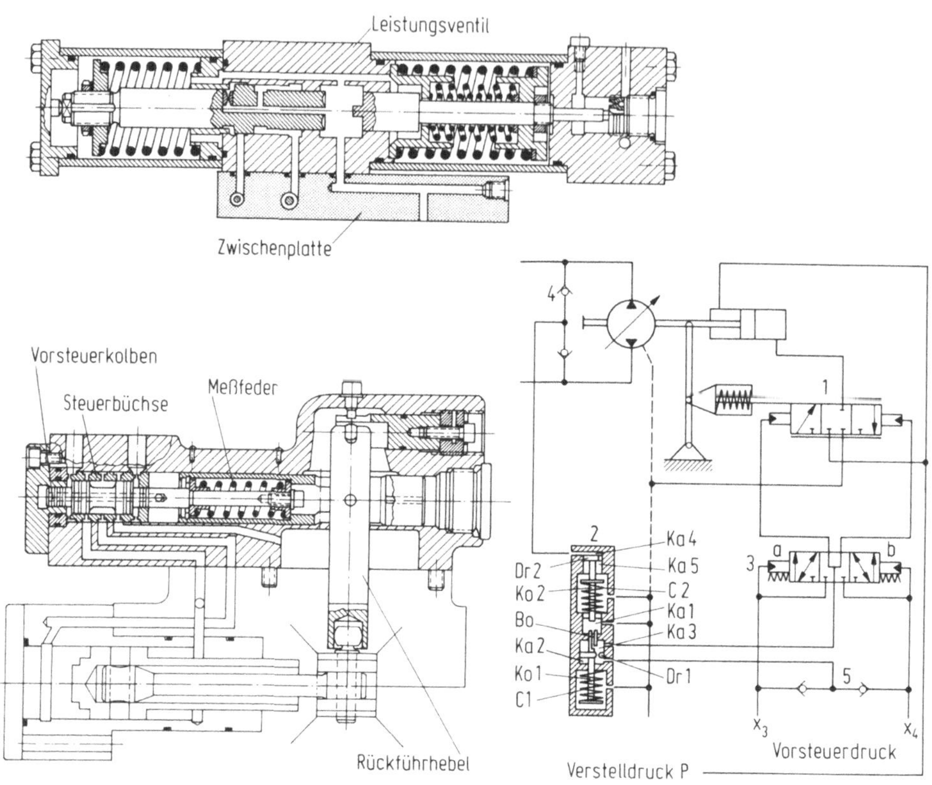

Bild 113. Druckabhängige hydraulische Verstellung mit Leistungsbegrenzer (Hydromatik)

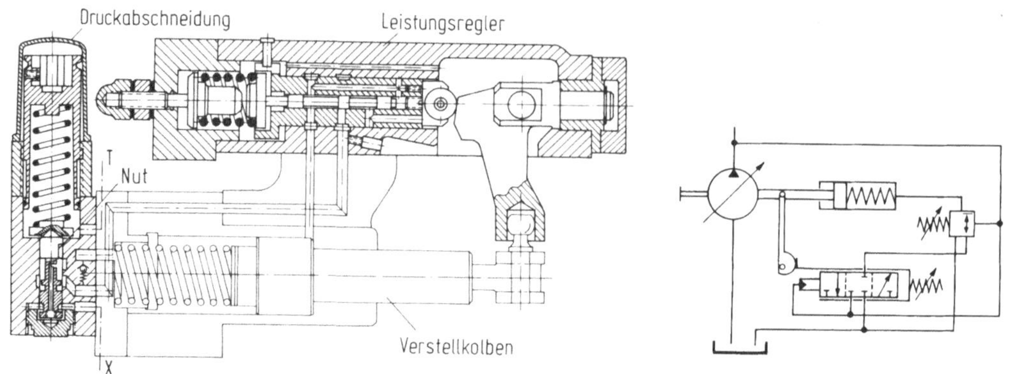

Bild 114. Hydraulischer Leistungsregler mit Druckabschneidung (Hydromatik)

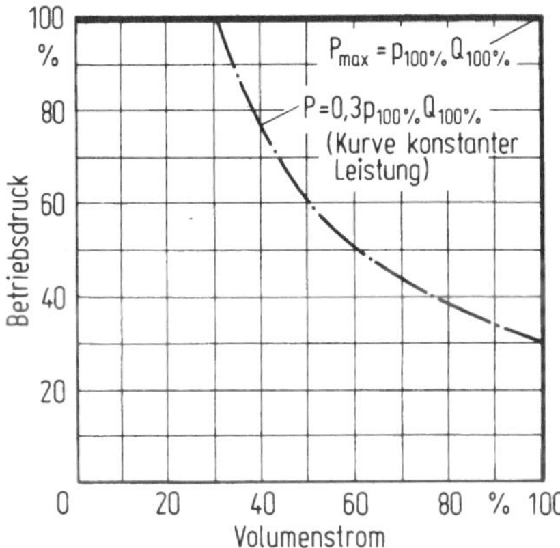

Bild 115. p-Q-Diagramm einer Steuerung

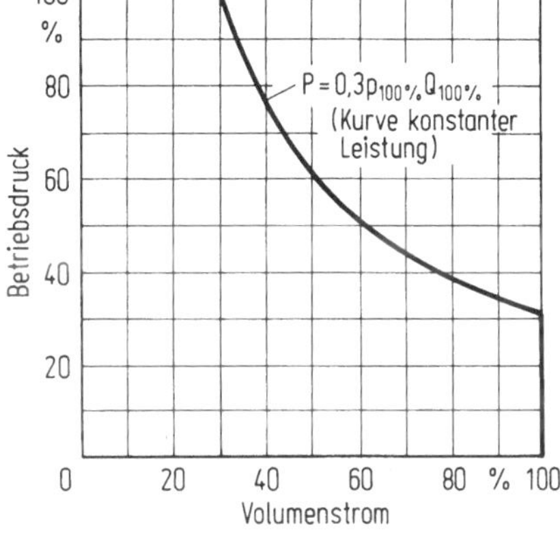

Bild 116. p-Q-Diagramm eines Leistungsreglers

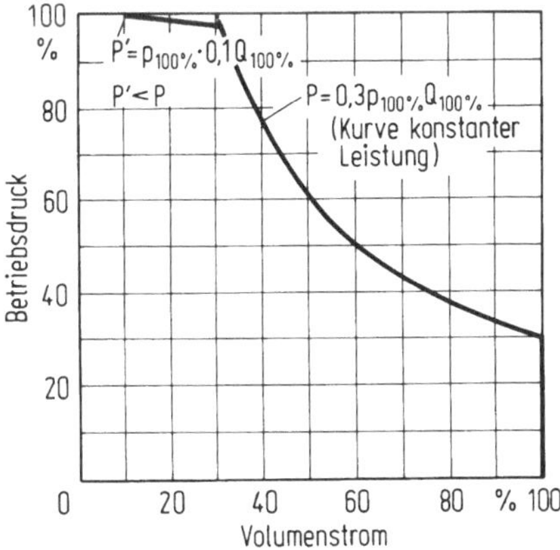

Bild 117. p-Q-Diagramm eines Leistungsreglers mit Druckabschneidung

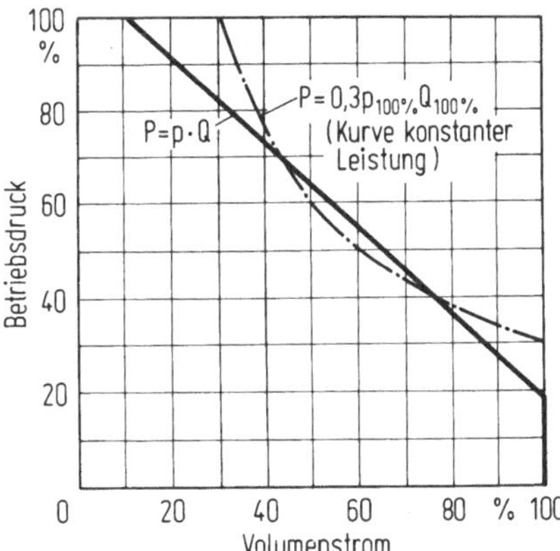

Bild 118. p-Q-Diagramm eines Druckreglers

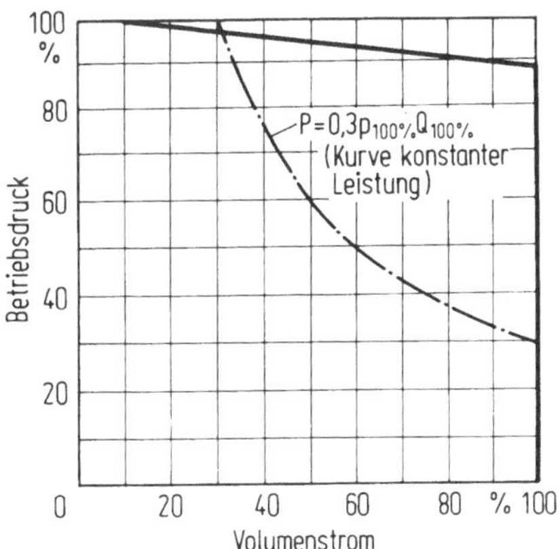

Bild 119. p-Q-Diagramm einer Druckabschneidung

Trotz dieser Bedeutung ist es nicht möglich, die strömungstechnischen Verhältnisse in der Rohrleitung präzise zu erfassen. Einige Einflußgrößen lassen sich nur empirisch ermitteln (Widerstände in gebogenen Rohren, an Schweißstellen usw.), d.h. erst dann, wenn die Rohrleitung bereits fertiggestellt ist. Die strömungstechnische Berechnung kann daher nur näherungsweise erfolgen, wobei auf die Einführung von Erfahrungsrichtwerten nicht verzichtet werden kann.
Bezüglich der Bestimmung der lichten Weite wird auf Abschnitt 5.2.1.5.1, bezüglich der Auswahlkriterien auf Abschnitt 5.2.1.5.2 verwiesen.

3.2.3.2 Schlauchleitungen

Oft ist es erforderlich, in die Rohrleitung schwingungsdämpfende Elemente einzubauen. In vielen Fällen können hierzu Schlauchleitungen verwendet werden, die mit lichten Weiten von 5 bis 80 mm und für Drücke bis $491 \cdot 10^4$ N/m^2 angeboten werden. Mit Sorgfalt sind die Auswahl- und Einbauvorschriften der Hersteller zu beachten.

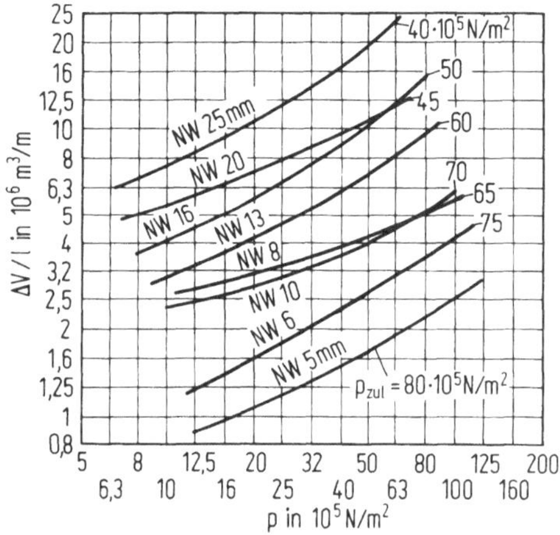

Bild 120. Zunahme des Füllvolumens eines 2TE-Schlauches in Abhängigkeit vom Betriebsdruck (Argus)

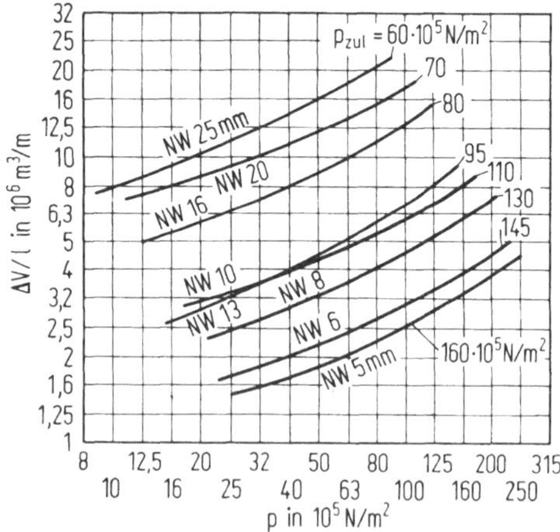

Bild 121. Zunahme des Füllvolumens eines 3TE-Schlauches in Abhängigkeit vom Betriebsdruck (Argus)

Von besonderem Nachteil, der jedoch letztlich den Dämpfungseffekt hervorruft, ist die erhebliche Durchmesser- und Längenänderung bei Änderung des Betriebsdrukkes. Es wird in Abschnitt 4.1.2.3 noch auf den nachteiligen Einfluß der Volumenänderung der an der Leistungsübertragung beteiligten Betriebsflüssigkeit verwie-

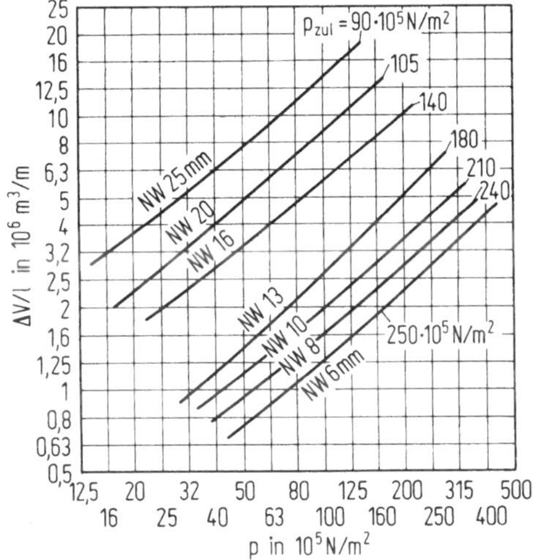

Bild 122. Zunahme des Füllvolumens eines 1ST-Schlauches in Abhängigkeit vom Betriebsdruck (Argus)

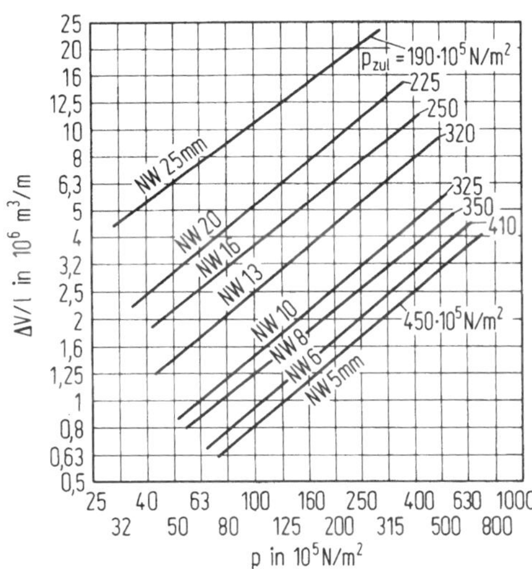

Bild 123. Zunahme des Füllvolumens eines 2ST-Schlauches in Abhängigkeit vom Betriebsdruck (Argus)

sen. Durch den Einbau von Schlauchleitungen wird dieser Einfluß erheblich verstärkt. Die Bilder 120 bis 123 zeigen die Volumenänderung von Schlauchleitungen in Abhängigkeit vom Betriebsdruck [18]. Im Hinblick auf den Strömungswiderstand können die Schlauchleitungen wie Rohrleitungen behandelt werden.

4 Betriebsflüssigkeiten

Die beim Hydrogetriebe für die Leistungsübertragung verwendeten Betriebsflüssigkeiten teilen sich in brennbare und in nicht oder nur schwer brennbare Flüssigkeiten auf. Die brennbaren Flüssigkeiten werden durch Destillation mit nachfolgender Raffination aus Erdölen gewonnen. Bei den nicht oder nur schwer brennbaren Flüssigkeiten handelt es sich um Wasser-Öl-Emulsionen oder synthetische Flüssigkeiten oder deren Gemenge mit Wasser.

4.1 Mineralöle

Besonders ausgewählte Erdöldestillate werden nach der Raffination mit Zusätzen legiert. Hierunter fallen auch die als "Hydrauliköle" bezeichneten Betriebsflüssigkeiten. Die Zusätze - auch "Additive" genannt - beeinflussen:
das Viskosität-Temperatur-Verhalten (VI-Verbesserer),
die Druckfestigkeit (EP - und polare Zusätze),
das Verschleißverhalten (Antiwears),
das Alterungsverhalten (Antioxydants),
das Korrosionsverhalten (Korrosionsinhibitoren),
das Schäumen (Antifoams).

Fast alle Mineralölgesellschaften bieten heute entsprechende Hydrauliköle an, die jedoch im molekularen Aufbau und auch in ihren Zusätzen z.T. erheblich differieren. Hieraus resultiert unter Umständen unterschiedliches Betriebsverhalten.

In DIN 51525 wurden die Mindestanforderungen an Hydrauliköle festgelegt. Um einen aussagefähigen Vergleich zwischen verschiedenen Ölen zu ermöglichen und um eine Klassifizierung nach Handelsnamen zu vermeiden, wurde für Hydrauliköle mineralischen Ursprungs die Bezeichnung H-LP, ergänzt durch eine Zahl (z.B. H-LP 36), eingeführt. Die ergänzende Zahl ist durch die kinematische Zähigkeit des jeweiligen Öles, bezogen auf eine Temperatur von 50 °C, bestimmt. Für diese

Öle müssen insgesamt 22 in den DIN-Vorschriften festgelegte Voraussetzungen erfüllt sein. Die verbindliche Kennzeichnung eines bestimmten Hydrauliköles mit H-LP stellt daher eine technische Qualitätsgarantie dar [19].

Ein Nachweis der garantierten Eigenschaften ist jedoch nur am neuen, ungebrauchten Öl möglich, da sich die Wirksamkeit der Zusätze in Abhängigkeit von Betriebstemperatur und Betriebsdruck sowie den mechanischen und strömungsbedingten Belastungen relativ schnell verändern kann. Um eine spätere Beweismöglichkeit zu haben, ist es daher ratsam, vor der ersten Inbetriebnahme einer Anlage eine Ölprobe (ca. 10 kg) aus dem Anliefergefäß oder -behälter zu entnehmen und unter Luftabschluß bei einer Temperatur von ca. 20 °C versiegelt aufzubewahren. Erst ein Vergleich einer Probe, die nach einer bestimmten Betriebsdauer entnommen wurde, mit der Probe des neuen Öles erlaubt eine Aussage über Größe und Zulässigkeit eventuell vorhandener Veränderungen.

4.1.1 Auswahlgesichtspunkte

Bestimmend für die Auswahl eines Hydrauliköles ist dessen Viskosität-Temperatur-Verhalten, d.h. die Abhängigkeit der Viskosität von der Temperatur. In fast allen Fällen wird die Viskosität vom Gerätehersteller vorgeschrieben. Oft findet man als Vorschrift z.B. "Hydrauliköl mit 33 cSt (4,5 °E) bei 50 °C, Betriebsdruck $200 \cdot 10^4$ N/m^2, maximal zulässige Öltemperatur 80 °C." Diese Vorschrift ist unkorrekt. Es muß richtiger heißen: "Hydrauliköl, Viskosität 33 cSt bei Betriebsdruck und Betriebstemperatur. Betriebstemperaturbereich - 10 °C bis + 80 °C."

Mit einer derart formulierten Vorschrift wird angedeutet, daß die gewährleisteten Leistungsdaten des Hydrogetriebes, d.h. Drehzahlen, Drehmomente, Wirkungsgrad, Steuerungs- und Regelungsverhalten sowie Betriebssicherheit und Lebensdauer nur dann erreicht werden, wenn ein entsprechendes Öl gewählt wird. Ausschlaggebend für den Betrieb im optimalen Betrieb ist jedoch der Betrieb bei einer bestimmten Viskosität, die in relativ engen Grenzen gehalten werden muß. Man kann nicht unterstellen, daß die vom Hersteller angegebene Viskosität genau diese Viskosität ist. In jedem Fall kann aber der Hersteller diese Viskosität präzise angeben.

Zum Erreichen des optimalen Betriebsbereiches wird also die Betriebstemperatur der Betriebsflüssigkeit so eingestellt werden müssen, daß die günstigste Viskosität erreicht und gehalten wird. Mit Rücksicht auf die Wärmedehnung der metallischen Teile, die Dichtungen und nicht zuletzt auf die Betriebsflüssigkeit selbst darf jedoch der angegebene Temperaturbereich nicht verlassen werden. Da durch die Leistungsverluste (vgl. Abschnitt 2.2.4) während des Betriebes der Betriebsflüssigkeit fortlaufend Wärme zugeführt wird, besteht die Gefahr einer Überschreitung der richtigen Betriebstemperatur. Diese Gefahr besteht aber auch bei hohen Umgebungstemperaturen oder zu geringem Ölreservoir und bei häufigem Überschreiten des maximalen Betriebsdruckes (vgl. Abschnitt 3.2.1.2). In solchen Fällen sind besondere Maßnahme zur Einhaltung der Betriebstemperatur erforderlich. Hierzu bieten sich drei Möglichkeiten an:

a) Man verzichtet auf einen Kühler und betreibt die Anlage (im Einverständnis mit dem Hersteller) bei höherer Temperatur. Dann muß man ein dickflüssiges Öl verwenden. Unter Umständen muß dann (wenn die Anlage im Freien arbeiten oder nach Feiertagsstillstand in kalter Umgebung anlaufen muß) eine Heizung in der Ölfüllung des Behälters vorgesehen werden. Hierbei muß die natürliche Ölumwälzung (Thermosyphoneffekt) berücksichtigt werden, damit das Öl örtlich nicht überhitzt wird.

b) Man stattet die Anlage mit einem ausreichenden großen Ölkühler aus, der durch Abstrahlung oder/und Konvektion wirkt oder mit Luft angeblasen oder durchblasen bzw. von einem Kühlmittel (meist Wasser) durchflossen wird. Hier verwendet man das vorgeschriebene Öl, soweit dieses die möglicherweise örtlich eintretenden Überhitzungen innerhalb des Systems ohne Bildung von Alterungsprodukten erträgt.

c) Man geht einen Mittelweg: kleiner Kühler, leicht angehobene Temperatur, nur wenig dickflüssigeres Öl.

Für den Dauerbetrieb sollte man eine Betriebstemperatur von +35 °C bis +50 °C anstreben, da die Oxydationsfreudigkeit des Öles (Verbindung des Öles mit dem Sauerstoff der Luft) mit steigender Temperatur zunimmt und seine Schmierfähigkeit nachläßt.

Die Beachtung des Viskosität-Temperatur-Verhaltens allein reicht jedoch für die Auswahl nicht aus. Der Bau einer betriebssicheren Anlage mit guter Lebensdauer bedingt die Beachtung weiterer Eigenschaften der Betriebsflüssigkeit. So ändert sich z.B. die Viskosität nicht nur in Abhängigkeit von der Temperatur, sondern auch vom Betriebsdruck. Beim Betrieb oder auch beim Anfahren mit Temperaturen unter 0 °C sind die besonderen Vorschriften des Hydrogetriebe-Lieferanten zu beachten. Für die Beurteilung der diesbezüglichen Eignung des Öles ist nicht der Stockpunkt (Temperatur, bei der das Öl in einem bestimmt dimensionierten, waagerecht liegenden Reagenzglas nicht mehr fleißt), sondern das Kältefließverhalten maßgebend.

Nachstehend sind weitere Kennwerte für Hydrauliköle zusammengestellt, die erkennen lassen, von welcher großen Bedeutung die weiteren Einflüsse sein können.

Da jedes Hydrauliköl je nach seiner Provenienz und Legierung anderes Verhalten aufweist, gelten die in den Tabellen 2 bis 10 enthaltenen Werte nicht allgemein. Sie sollen lediglich zeigen, in welchem Maße sich die Eigenschaften eines bestimmten Öles unter verschiedenen Einflüssen verändern können. Für überschlägige Berechnungen können jedoch die Werte Verwendung finden.

4.1.2 Kennwerte für Hydrauliköle

4.1.2.1 Viskosität-Temperatur-Verhalten

Die Abhängigkeit der kinematischen Viskosität von der Öltemperatur ist im Viskosität-Temperatur-Diagramm (Bild 124) dargestellt, dessen Temperaturachse einfachlogarithmische Teilung aufweist. Die Teilung der Viskositätsachse ist doppeltlogarithmisch. In einem solchen System erscheint die Abhängigkeit der kinematischen Viskosität von der Temperatur als fast gerade Linie. Beinahe sämtliche für die Hydraulik interessanten Öle folgen den gleichen Gesetzen so weitgehend, daß für den praktischen Gebrauch die Werte im Diagramm ausreichend genau bis zu Temperaturen von - 20 °C entnommen werden können.

Zu jeder Ölsorte liefert die Hersteller- bzw. Vertriebsfirma das entsprechende Diagramm. Die Viskositätslinien dürften aber nicht über den angegebenen Bereich hinaus verlängert werden, da die geradlinige Gesetzmäßigkeit dort nicht mehr gilt.

Die Maßeinheit der Viskosität ist cSt (Zentistokes, vgl. Abschnitt 1.2.2). Die früher fast ausschließlich verwendete Maßeinheit °E (Englergrad) entstammt einer willkürlichen Festlegung [19].

Zum Vergleich des Viskosität-Temperatur-Verhaltens verschiedener Öle ist der "Viskositätsindex" eingeführt worden.
Bei der Festlegung dieses Index wurde das Viskosität-Temperatur-Verhalten von zwei Ölen verschiedener Provenienz bestimmt, deren Viskosität bei + 210 °F gleich war, von denen sich das eine Öl durch eine starke, das andere durch eine schwache Viskosität-Temperatur-Abhängigkeit auszeichnete. Der Zähigkeitsunterschied beider Ölsorten bei + 100 °F (in Saybolt-Sekunden gemessen) wurde in 100 gleiche Teile geteilt. Durch diese Einteilung erhielt das eine der untersuchten Öle den Index 100, das andere den Index 0. Alle zwischen diesen beiden Öltypen liegenden Öle weisen gemäß der Einteilung einen Viskositätsindex zwischen 0 und 100 auf.

Die Viskositäts-Richtungskonstante m ist im Gegensatz zum Viskositätsindex keine empirisch ermittelte Größe. Vielmehr stellt sie die rechnerisch ermittelte Steigung der Geraden in Bild 124 dar. Öle mit flacher charakterisierender Geraden im Viskositäts -Temperatur-Diagramm ändern ihre Viskosität bei Temperaturänderung weniger also solche mit steiler verlaufender Geraden. Der Viskositätsindex guter

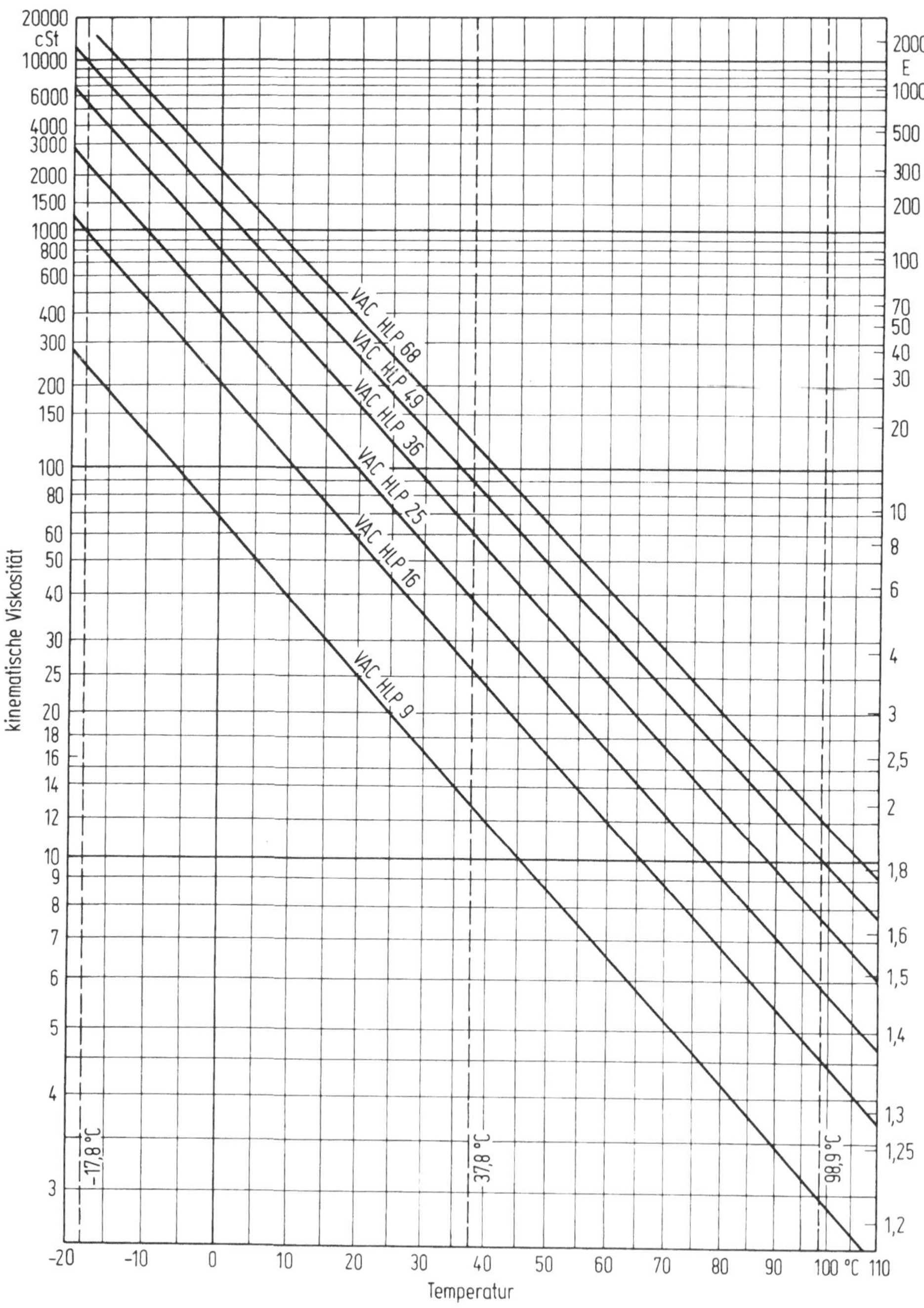

Bild 124. Viskositäts-Temperatur-Diagramm (Mobil Oil)

Hydrauliköle liegt über 100. Er kann durch besondere Zusätze verbessert werden, die jedoch meistens nach einiger Betriebsdauer ihre Wirksamkeit verlieren.

4.1.2.2 Viskosität-Druck-Verhalten

Mit zunehmendem Druck wird ein Hydrauliköl dickflüssiger. Bei Drücken oberhalb $100 \cdot 10^5$ N/m^2 sollte dieses bei der Auslegungsberechnung berücksichtigt werden. Daß diese Änderung nicht unerheblich ist, geht aus Tabelle 2 hervor.

Tabelle 2. Abhängigkeit der kinematischen Viskosität eines Mineralöles vom Flüssigkeitsdruck bei 50 °C und 100 °C

p N/m$^2 \cdot 10^5$	$\nu_{50°}$ cSt	$\nu_{100°}$ cSt
0	39	9,7
49,1	41,5	11,6
98,1	45	11,6
147	50	
196	55	12,6
245	61	
294	69	13,9
343	75	
392	81	15
442	90	
491	100	16,1

4.1.2.3 Dichte, Ausdehnung, Kompressibilität

Mit der Temperatur und dem Druck ändert sich ebenfalls das Volumen des Hydrauliköles. Eine Temperaturerhöhung führt zu einer Volumenvergrößerung, während eine Druckerhöhung zu einer Volumenminderung führt. Da sich die Masse des betrachteten Ölvolumens nicht ändert, ergibt sich zwangsläufig eine Änderung der Dichte. Die Änderungen sind aus den Tabellen 3 bis 6 ersichtlich.

Der Ausdehnungskoeffizient für Öl kann als Mittelwert mit 0,00065 K^{-1} angenommen werden. In einem geschlossenen Gefäß führt demnach eine Temperaturerhöhung zu einer Druckerhöhung.

Das Maß der Kompressibilität, d.h. die Zusammendrückbarkeit von Mineralölen, wird vielfach unterschätzt. Die Tabellen 7 bis 9 zeigen die Größenordnung dieses

Tabelle 3. Abhängigkeit der Dichte zweier Mineralöle in drucklosem Zustand von der Temperatur

T °C	ν_1 g/ml	ν_2 g/ml
0	0,870	0,940
10	0,864	0,933
20	0,859	0,928
30	0,853	0,921
40	0,848	0,917
50	0,842	0,910
60	0,837	0,904
70	0,832	0,899
80	0,827	0,894
90	0,821	0,887
100	0,817	0,883

Tabelle 4. Änderungsfaktor $f_{Ölp}$ zur Bestimmung der druckabhängigen Änderung des Volumens und der Dichte eines Mineralöles. Es ist $V' = f_{Ölp} V$ und $\nu' = \nu / f_{Ölp}$

p $N/m^2 \cdot 10^5$	$f_{ölp}$
0 ... 49,0	1 ... 0,9966
49,1 ... 98,0	0,996 ... 0,992
98,1 ... 147	0,992 ... 0,988
148 ... 196	0,988 ... 0,985
197 ... 245	0,985 ... 0,982
246 ... 294	0,982 ... 0,979
295 ... 343	0,979 ... 0,977
344 ... 392	0,997 ... 0,973
393 ... 442	0,973 ... 0,971
443 ... 491	0,971 ... 0,969

Tabelle 5. Änderungsfaktor $f_{ÖlT-}$ zur Bestimmung der Änderung des Volumens und der Dichte eines Mineralöles bei abfallender Temperatur. Es ist $V' = f_{ÖlT-} V$ und $\nu' = \nu / f_{ÖlT-}$

ΔT K	$f_{ÖlT-}$	ΔT K	$f_{ÖlT-}$
0	1,000	55	0,965
10	0,993	60	0,962
15	0,990	65	0,96
20	0,987	70	0,956
25	0,984	75	0,953
30	0,98	80	0,951
35	0,978	85	0,948
40	0,975	90	0,944
45	0,972	95	0,942
50	0,968	100	0,939

Tabelle 6. Änderungsfaktor $f_{ÖlT+}$ zur Bestimmung der Änderung des Volumens und der Dichte eines Mineralöles bei steigender Temperatur. Es ist $V' = f_{ÖlT+} V$ und $\nu' = \nu / f_{ÖlT+}$

ΔT K	$f_{ÖlT+}$	ΔT K	$f_{ÖlT+}$
0	1,000	55	1,036
10	1,007	60	1,039
15	1,010	65	1,042
20	1,013	70	1,046
25	1,016	75	1,049
30	1,020	80	1,052
35	1,023	85	1,055
40	1,026	90	1,059
45	1,029	95	1,062
50	1,033	100	1,065

Einflusses. Ferner ist ersichtlich, daß die Kompressibilität mit steigendem Druck abnimmt. Die Werte gelten für Hydrauliköl ohne blasenförmige Luftuntermischung. Als Mittelwert kann die Kompressibilität mit 0,8 % je $98,1 \cdot 10^5$ N/m^2 angenommen werden.

Tabelle 7. Änderungsfaktor $f_{Ölp+}$ zur Bestimmung der druckabhängigen Änderung des Volumens eines Mineralöles bei Steigen des Druckes um Δp sowie Änderung der Kompressionszahl $\beta_{Ölp}$ (Mittelwert). Es ist $V' = f_{Ölp+} V$

Δp $\frac{N}{m^2} \cdot 10^5$	$f_{Ölp+}$	$\beta_{Ölp}$ $\frac{m^2}{N} \cdot 10^{-6}$	Δp $\frac{N}{m^2} \cdot 10^5$	$f_{Ölp+}$	$\beta_{Ölp}$ $\frac{m^2}{N} \cdot 10^{-6}$
0 ... 24,5	0,998	82	0 ... 270	0,981	70,7
0 ... 49,1	0,996	81,5	0 ... 294	0,98	69,3
0 ... 73,5	0,994	81	0 ... 319	0,978	68,7
0 ... 98,1	0,992	80,5	0 ... 343	0,977	68
0 ... 123	0,99	79	0 ... 368	0,976	67,4
0 ... 147	0,989	77,5	0 ... 392	0,975	66,8
0 ... 172	0,987	76	0 ... 417	0,973	66,4
0 ... 196	0,986	74,4	0 ... 442	0,972	66
0 ... 220	0,984	73,3	0 ... 446	0,971	65,6
0 ... 245	0,983	72,2	0 ... 491	0,97	65,2

Insbesondere bei der Auslegungsberechnung der Rohrleitung für ein Hydrogetriebe darf der Einfluß der durch Druckänderung bedingten Volumenänderung nicht vernachlässigt werden. Diesbezüglich wird besonders auf Abschnitt 5.2.1.3 verwiesen. Tabelle 9 faßt die Volumenänderung aus der Kompressibilität des Hydrauliköles und der Längs- und Querdehnung der Rohrleitung zusammen. Der Einfluß der Volumenänderung des Rohres durch Innendruck und Temperatur ist meist vernachlässigbar klein.

4.1.2.4 Luftlösevermögen

Hydrauliköl kann Luft in zwei Formen in sich aufnehmen: Es kann Luft gelöst werden, und es können Luftblasen oder Schaum entstehen. Während die im Öl gelöste Luft sein Betriebsverhalten nicht oder kaum negativ beeinflußt, sondern lediglich die Lebensdauer durch Zunahme der Oxydation reduziert, können Luftblasen und Schaum erhebliche Betriebsstörungen verursachen. Bei 20 bis 25 °C und atmosphärischem Druck (ca. $9{,}81 \cdot 10^4\ N/m^2$) können 8 bis 9 % Luft mit dem Öl in Lösung gehen. Dieses Luftlösevermögen steigt bis $300 \cdot 10^5\ N/m^2$ fast linear mit der Druckzunahme. Bei Druckentlastung tritt diese Luft mehr oder weniger schnell aus dem Öl aus und begünstigt die Schaumbildung.

Tabelle 8. Änderungsfaktor $f_{Ölp-}$ zur Bestimmung der druckabhängigen Änderung des Volumens eines Mineralöles bei Abfallen des Druckes um Δp sowie Änderung der Kompressionszahl $\beta_{Ölp}$ (Mittelwert). Es ist $V' = f_{Ölp-} V$

Δp $\frac{N}{m^2} \cdot 10^5$	$f_{Ölp-}$	$\beta_{Ölp}$ $\frac{m^2}{N} \cdot 10^{-6}$	Δp $\frac{N}{m^2} \cdot 10^5$	$f_{Ölp-}$	$\beta_{Ölp}$ $\frac{m^2}{N} \cdot 10^{-6}$
24,5 ... 0	1,002	82	270 ... 0	1,019	70,7
49,1 ... 0	1,004	81,5	294 ... 0	1,02	69,3
73,5 ... 0	1,006	81	319 ... 0	1,022	68,7
98,1 ... 0	1,008	80,5	343 ... 0	1,023	68
123 ... 0	1,01	79	368 ... 0	1,024	67,4
147 ... 0	1,011	77,5	392 ... 0	1,026	66,8
172 ... 0	1,013	76	417 ... 0	1,027	66,4
196 ... 0	1,015	74,4	441 ... 0	1,029	66
220 ... 0	1,016	73,3	466 ... 0	1,031	65,6
245 ... 0	1,018	72,2	491 ... 0	1,032	65,2

Luftblasen hingegen werden bei Druckanstieg komprimiert, was sich durch Stöße, Rattern und Lärmen bemerkbar macht. Bei Verdichtung ohne Wärmeableitung können im Bereich der komprimierten Luftblasen bei einem Druckanstieg von z.B. $50 \cdot 10^5\ N/m^2$ örtliche Temperaturen von mehreren hundert K auftreten [15].

Luftblasen können ferner durch unsachgemäße Einführung des in den Behältern zurückströmenden Öles entstehen. Sind erhebliche Mengen Luft im Öl gelöst, so tritt durch örtlichen Druckabfall z.B. bei turbulenten Strömungen an Kanten, bei Ablösungen usw. die gelöste Luft blasenförmig aus. Nur bei hohen Drücken unmittelbar hinter der Entstehungsstelle der Blasen geht die Luft wieder in Lösung. Die Zunahme der Kompressibilität bei blasenförmiger Luftuntermischung geht aus Bild 125 [21] hervor.

Tabelle 9. Volumenänderung ΔV der im Hydrogetriebe umlaufendem Betriebsflüssigkeit in Abhängigkeit der Druckänderung Δp

Δp $N/m^2 \cdot 10^5$	$\Delta V_{Öl}$ %	ΔV_{di} %	ΔV_l %	$\Sigma \Delta V$ %	ΔV_{di} %	ΔV_l %	$\Sigma \Delta V$ %
		$d_a/d_i = 1,1$			$d_a/d_i = 1,2$		
49,1	0,4	0,022	0,0038	0,4258	0,012	0,0015	0,4135
98,1	0,79	0,043	0,0076	0,8406	0,023	0,0029	0,8159
147	1,14	0,065	0,0115	1,2165	0,035	0,0044	1,1794
196	1,46	0,087	0,0153	1,5623	0,046	0,0058	1,5118
		$d_a/d_i = 1,3$			$d_a/d_i = 1,5$		
49,1	0,4	0,008	0,0007	0,4087	0,006	0,00005	0,4061
98,1	0,79	0,016	0,0013	0,8073	0,011	0,00010	0,8011
147	1,14	0,025	0,0020	1,167	0,017	0,00014	1,1571
196	1,46	0,033	0,0027	1,4957	0,023	0,00019	1,4835
245	1,77	0,041	0,0033	1,8143	0,028	0,00023	1,7982
294	2,04	-	-	-	0,034	0,00029	2,0743
392	2,34	-	-	-	0,04	0,00033	2,3803

4.1.2.5 Dampfdruck, Dampfblasenbildung

Die Umwandlung eines festen oder flüssigen Stoffes oder eines Stoffgemisches in reinen Dampf findet bei einer bestimmten Temperatur und einem dieser Temperatur zugeordneten Druck - dem Dampf - oder Sättigungsdruck - statt. Jede Betriebsflüssigkeit des Hydrogetriebes hat einen ihr eigenen Dampfdruck, dessen Größe durch eine Reihe von Einflüssen bestimmt wird. Die genauen Werte des Dampfdruckes z.B eines reinen Mineralöles, d.h. eines Öles ohne Zusätze (vgl. Abschnitt 4.1), Luft- und Wassereinschlüsse u.ä., ist abhängig von der molekularen Zusammensetzung.

Aus Bild 126 ist die Abhängigkeit des Dampfdruckes von der Temperatur für ein bestimmtes Hydrauliköl ersichtlich. Um im Hinblick auf die Bemessung der Saugleitung einen besseren Überblick zu ermöglichen, wurde der Dampfdruck als absoluter Druck im Sinne von $-p_s$ als $-p_{s\,zul}$, d.h. als zulässiger Unterdruck aufgetragen. Die Werte gelten für ein Öl mit den angeführten Eigenschaften und können nur größenordnungsmäßig für andere Mineralöle angewendet werden. Spezielle Werte sind immer beim Öllieferanten zu erfragen [22].

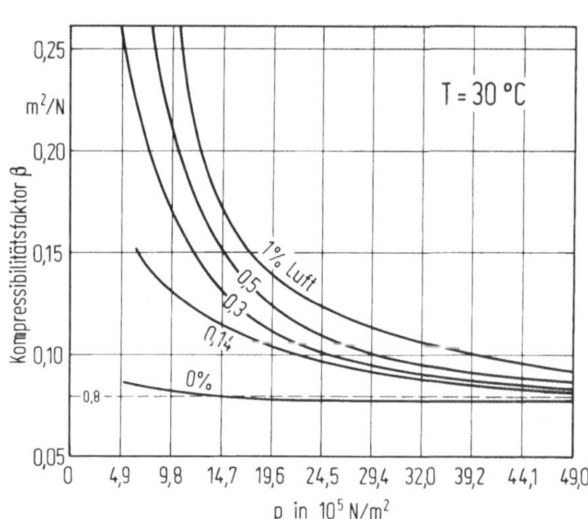

Bild 125. Abhängigkeit der Kompressibilität eines mit Luftblasen feindispers durchsetzten Mineralöles vom Druck [21]

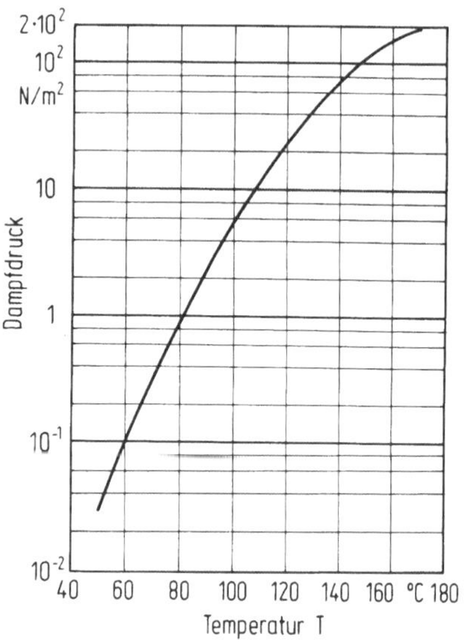

Bild 126. Dampfdruck eines Mineralöles in Abhängigkeit von der Temperatur. Ölqualität: HLP mit $\nu = 25$cSt bei 50 °C, $\rho = 0{,}886$ g/ml, VI = 106 (Mobil Oil) [22].

Es kann durchaus möglich sein, daß die Bedingung $-p_S \geqslant -p_{S\,zul}$ an einzelnen Stellen der Saugrohrleitung nicht erfüllt ist. Dies gilt insbesondere, wenn es zur Ablösung des Flüssigkeitsstromes von der Wandung kommt. Alle scharfkantigen Übergänge müssen daher vermieden werden. Ebenso verbieten sich aus dieser Tatsache Querschnittsänderungen ohne konischen Übergang. Der Gesamtwinkel (Tabelle 22) muß für beide Strömungsrichtungen kleiner als 8° sein.

4.1.2.6 Spezifische Wärmekapazität

Die spezifische Wärme, d.h. die Wärmemenge die erforderlich ist, um die Masse von 1 kg Öl um 1 K zu erwärmen, ist abhängig von der Ölsorte und ändert sich mit der Temperatur und der Dichte. Die Werte für Öle mit einer Dichte von 0,850 bis 0,950 g/ml können für den Temperaturbereich von 0 bis 100 °C mit ausreichender Genauigkeit der Tabelle 10 entnommen werden.

4.1.2.7 Alterungsbeständigkeit

Hydrauliköle reagieren mit dem Sauerstoff der Luft. Diese Oxydation wird auch als Altern bezeichnet. Der Alterungsvorgang ist stark temperaturabhängig. Man kann annehmen, daß sich bei Temperaturen größer 70 °C die Geschwindigkeit des Alterungsvorganges von 10 zu 10 K verdoppelt.

Tabelle 10. Änderung der spezifischen Wärme zweier Mineralöle in Abhängigkeit der Temperatur

T	c für $\rho = 850\ kg/m^3$		c für $\rho = 950\ kg/m^3$	
°C	J/kg K	$J/m^3K \cdot 10^3$	J/kg K	$J/m^3K \cdot 10^3$
0	1834	1559	1713	1627
10	1876	1595	1750	1663
20	1918	1630	1792	1702
30	1960	1666	1834	1742
40	2001	1701	1876	1782
50	2043	1737	1914	1818
60	2085	1772	1955	1857
70	2127	1808	1993	1893
80	1808	1537	2031	1929
90	2211	1879	2068	1965
100	2253	1915	2110	2004

Durch die Alterung entstehen mehr oder weniger ölunlösliche Produkte, die zu einer Dunkelfärbung des Öles und schließlich zu Rückständen führen. Abgesehen vom Nachlassen der Schmierfähigkeit können die Rückstände zum Verschluß von Steuerbohrungen u.ä. führen.

4.1.2.8 Druckfortpflanzung

Druckwellen, wie sie durch Stöße, Schläge und ähnliches entstehen, pflanzen sich mit einer Geschwindigkeit von etwa 1300 m/s fort. Man kann also davon ausgehen, daß bei Hydrotrieben in normaler Bauform, d.h. mit relativ kurzem Abstand von Hydropumpe und -motor, Druckschläge praktisch ohne Zeitverzögerung des ganzen Systems erfassen.

4.1.3 Einfluß der Kennwerte

Um die Größenordnung des Einflusses der verschiedenen Kennwerte aufzuzeigen, diene folgendes Modell: Ein völlig geschlossenes Stahlgefäß (Bild 127) sei bei einer Temperatur von T = 20 °C völlig mit luftfreiem Öl gefüllt (Dichte $\rho = 0{,}95 \cdot 10^3\ kg/m^3$). Bei dem Gefäß handele es sich um ein zylindrisches Rohr mit dem Außendurchmesser $d_a = 355$ mm und dem Innendurchmesser $d_i = 245$ mm, d.h. lichte Weite 245 mm. Das Durchmesserverhältnis beträgt also $d_a/d_i = 1{,}45$. Das Füllvolumen des Gefäßes beträgt bei einer Länge von $l = 2122$ mm $V_G = 0{,}10\,m^3$.

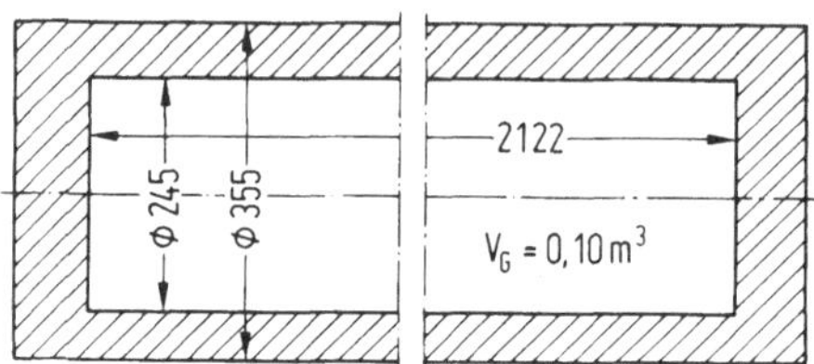

Bild 127. Geschlossenes Gefäß

4.1.3.1 Temperaturerhöhung

Die Temperatur des Gefäßes wird nun um $\Delta T = 35$ K auf $T = 55\,°C$ erhöht. Mit dem kubischen Ausdehnungskoeffizienten $\alpha_{ST} \approx 36 \cdot 10^{-6} K^{-1}$ steigt das Füllvolumen des Gefäßes um

$\Delta V_{GT} = \alpha_{ST}\,\Delta T\,V_G = 36 \cdot 10^{-6} \cdot 35 \cdot 0{,}10 = 0{,}000126\,m^3$

auf $V_{GT} = V_G + \Delta V_{GT} = 0{,}10 + 0{,}000126 = 0{,}100126\,m^3$.

Das Volumen des Öles $V_{Öl} = V_G$ nimmt mit $f_{ÖlT+} = 1{,}023$ aus Tabelle 6 zu auf $V_{ÖlT+} = 0{,}10 \cdot 1{,}023 = 0{,}1023\,m^3$. Die Differenz zwischen den beiden Volumenänderungen beträgt

$\Delta V_T = V_{ÖlT+} - V_{GT} = 0{,}1023 - 0{,}100126 = 0{,}002174\,m^3$.

Da sich das Ölvolumen stärker ausdehnt als das Füllvolumen des Gefäßes, wird das Ölvolumen also um ΔV_T an der Ausdehnung behindert. Es kommt zu einer Komprimierung des Ölvolumens und damit zu einer Steigerung des Innendruckes im Gefäß. Die Volumenminderung beträgt bezogen auf V_{GT} 2,09 %. Nach Tabelle 9 ($d_a/d_i = 1{,}5$, $\Sigma\Delta V = 2{,}07\,\%$) steigt der Druck auf ca. $294 \cdot 10^5\,N/m^2$.

4.1.3.2 Druckerhöhung

In dem Gefäß (Bild 127) soll durch Zuführung des Ölvolumens ΔV_p der Druck erhöht werden von $p_1 = 0\,N/m^2$ auf $p_2 = 392 \cdot 10^5\,N/m^2$. Das Gesamtvolumen nach der Druckerhöhung beträgt

$$V_{Gp} = V_G + \Delta V_{Gp} + \Delta V_{Ölp}\,.$$

Nach Tabelle 9 ($d_a/d_i = 1{,}5$; $\Delta V = 2{,}38\,\%$) ist

$$\Delta V_p = \Delta V_{Gp} + \Delta V_{Ölp} = \frac{V_G \cdot 2{,}38}{100} = \frac{0{,}10 \cdot 2{,}38}{100} = 2{,}38 \cdot 10^{-3}\,m^3.$$

Die Dichte des Öles nimmt um den gleichen Prozentsatz zu auf
$\rho'' = 0{,}95\ 10^3 \cdot 1{,}0238 = 0{,}973 \cdot 10^3\,\mathrm{kg/m^3}$.

Nach Tabelle 8 ergibt sich $f_{\text{Ölp-}} = 1{,}026$ und damit $\rho' = 0{,}974 \cdot 10^3\,\mathrm{kg/m^3}$. Der Unterschied liegt darin begründet, daß Tabelle 8 sich ausschließlich auf die Volumenänderung des Öles beschränkt, während Tabelle 9 die Rohrdehnung mitberücksichtigt.

Geht man in einem weiteren Beispiel davon aus, daß der Druck von $p' = 147 \cdot 10^5\,\mathrm{N/m^2}$ auf $p'' = 294 \cdot 10^5\,\mathrm{N/m^2}$ erhöht werden soll, so betrug das zur Erhöhung des Druckes von $p = 0$ auf $p' = 147 \cdot 10^5\,\mathrm{N/m^2}$ in das Gefäß eingebrachte Volumen

$$\Delta V_{p'} = \frac{V_G \cdot 1{,}1571}{100} = \frac{0{,}10 \cdot 1{,}1571}{100} = 1{,}1571 \cdot 10^{-3}\,\mathrm{m^3}.$$

Um den Druck von $p = 0\,\mathrm{N/m^2}$ auf $p'' = 294 \cdot 10^5\,\mathrm{N/m^2}$ zu erhöhen, würde man ein Volumen benötigen von

$$\Delta V_{p''} = \frac{V_G \cdot 1{,}7982}{100} = \frac{0{,}10 \cdot 1{,}7982}{100} = 1{,}7982 \cdot 10^{-3}\,\mathrm{m^3}.$$

Es ist also

$$\Delta V_p = (1{,}7982 - 1{,}1571)10^{-3} = 0{,}6472 \cdot 10^{-3}\,\mathrm{m^3}.$$

Der für die Berechnung erforderliche Prozentwert kann also als Differenz der einzelnen Prozentwerte bestimmt werden.

4.1.3.3 Luftlösung, Luftblasen

Da sich der Sättigungsgrad (ca. 9 % in Öl gelöste Luft) direkt proportional mit dem Druck ändert, kann in $V = 0{,}10\,\mathrm{m^3}$ Öl bei einem Druck von $p = 247 \cdot 10^5\,\mathrm{N/m^2}$ ein Luftvolumen gelöst sein (bezogen auf atmosphärischen Druck) von

$$V_{\text{Luft}} = \frac{0{,}10 \cdot 9 \cdot 247 \cdot 10^5}{100 \cdot 0{,}981 \cdot 10^5} = 2{,}266\,\mathrm{m^3}.$$

Diese Luft beeinflußt jedoch nicht die Kompressibilität.

Sind jedoch im völlig gefüllten, unter atmosphärischen Druck stehenden Gefäß (Bild 127) z.B. 1 % Luft blasenförmig enthalten, so erhöht sich die Kompressibilität erheblich. Mit ausreichender Genauigkeit kann der Einfluß dieser Luftblasen wie folgt bestimmt werden. Das Gesamtvolumen beträgt vor der Druckerhöhung

$$V'_G = V_{Öl} + V_{Luft} = 0{,}099 + 0{,}001 = 0{,}10 \ m^3.$$

Nach der Druckerhöhung ist

$$V'_{Gp} = V_{Öl} + \Delta V_{Gp} + \Delta V_{Ölp} + \Delta V_{Luft\,p},$$

worin $\Delta V_{Gp} + \Delta V_{Ölp} = \Delta V_p$ gesetzt werden soll. Mit den Werten aus Tabelle 9 wird bei Druckerhöhung auf $p'' = 392 \cdot 10^5 \ N/m^2$

$$\Delta V_p = \frac{V_{Öl} \cdot 2{,}38}{100} = \frac{0{,}099 \cdot 2{,}38}{100} = 2{,}356 \cdot 10^{-3} \ m^3.$$

Für die Verdichtung der Luft kann man annehmen

$$p \, V_{Luft} = p'' \, V_{Luft\,p}$$

und damit

$$V_{Luft\,p} = \frac{p}{p''} V_{Luft},$$

$$\Delta V_{Luft\,p} = V_{Luft} \left(1 - \frac{p}{p''}\right).$$

Es wird dann

$$\Delta V_{Luft\,p} = 0{,}001 \left(1 - \frac{0{,}981 \cdot 10^5}{392 \cdot 10^5}\right) = 0{,}9975 \cdot 10^{-3} \ m^3,$$

$$V'_{Gp} = 0{,}099 + (2{,}356 + 0{,}9975) \, 10^{-3} = 0{,}1023535 \ m^3.$$

Die Gesamtkompressibilität beträgt

$$\beta' = \frac{V_{Ölp}}{V_{Öl}} = \frac{0{,}1023535}{0{,}099} \approx 0{,}10339 .$$

Vergleicht man diesen Wert mit dem der Tabelle 9 bzw. mit dem Wert des weiter vornstehenden Beispiels, so hat sich der Prozentsatz um $(3{,}39 : 2{,}38 \approx 1{,}424)$ das 1,4 fache erhöht. Da sicherlich ein Teil der Luft noch in Lösung gehen wird, sollte bei hohen Drücken mit

$$\Delta V_p = \Delta V_G + \Delta V_{Ölp} + V_{Luft}$$

gerechnet werden.

Bei den vorstehenden Beispielen wurde vernachlässigt, daß ja ΔV_p auch auf den Druck gebracht werden muß, der im Gefäß erreicht werden soll. Bezieht man ΔV_p auf atmosphärischen Druck, so wird (vgl. Tabelle 8)

$$\Delta V_{p_0} = f_{Ölp-} \cdot \Delta V_p \,.$$

4.2 Schwerentflammbare Betriebsflüssigkeiten

4.2.1 Auswahlgesichtspunkte

Schwerentflammbare bzw. feuerresistente Betriebsflüssigkeiten kommen da zum Einsatz, wo erhöhte Brandgefahr besteht, z.B. im Bergbau, in Hüttenbetrieben und Gießereien, in Druckgußmaschinen u.ä.

Die zur Verfügung stehenden Flüssigkeiten lassen sich in verschiedene Gruppen ordnen, wie Bild 128 zeigt [23]. Für Hydrogetriebe werden überwiegend Flüssigkeiten der Gruppen 4 und 5 eingesetzt, da das in den Flüssigkeiten der Gruppe 3 enthaltene Wasser zu Schäden an den Wälzlagern führt. Werden jedoch Geräte mit Gleitlagern eingesetzt, sind auch die Flüssigkeiten der Gruppe 3 vollwertig. Zu beachten ist, daß eine Betriebstemperatur von 50 °C im Hinblick auf örtliche Überhitzung und die damit hervorgerufene Verdampfung des Wassers nicht überschritten werden sollte. Für Saugleitungen stellt der Dampfdruck des Wassers die Grenze der diesbezüglichen Belastbarkeit dar.

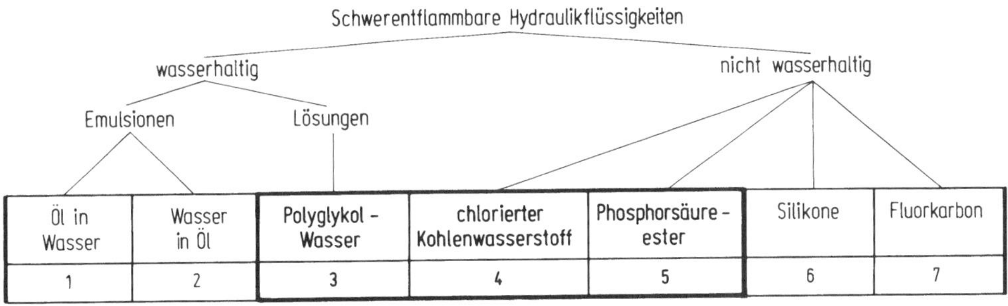

Bild 128. Ordnung der schwerentflammbaren Flüssigkeiten (Kracht)

Leider stehen für die schwerentflammbaren, synthetischen Flüssigkeiten nicht in dem Umfang aussagefähige technische Unterlagen zur Verfügung, wie dieses bei den Mineralölen der Fall ist. Man muß daher zunächst von der Annahme ausgehen, daß sich diese Flüssigkeiten allgemein ähnlich verhalten wie Mineralöle. Es ist jedoch zu beachten:

Das Viskosität-Temperatur-Verhalten ist ungünstiger.
Die Dichte ist erheblich größer.
Konventionelle Dichtungen und Schlauchleitungen werden angegriffen.
Normale, auch ölfeste Farben und Lacke werden angegriffen.
Phosphatsäureester können mit Wasser saure Bestandteile entwickeln, die zu Korrosion führen.
Das Luftabscheidevermögen ist ungünstiger.
In anderen Punkten sind diese Flüssigkeiten Mineralölen deutlich überlegen. So sind z.B. die Schmiereigenschaften hervorragend, die Scherstabilität ist besonders gut, d.h. eine Veränderung der Ausgangsviskosität ist auch nach längerer Betriebsdauer nur in geringem Ausmaß zu erwarten. Ferner ist die Alterungsbeständigkeit günstiger.

4.2.2 Kennwerte

In Tabelle 11 sind einige typische Angaben enthalten. Das Betreiben von Hydrogetrieben mit schwerentflammbaren Flüssigkeiten bedarf jedoch im übrigen einer eingehenden Zusammenarbeit zwischen dem Betreiber, dem Hersteller der Anlage und dem Lieferanten der Betriebsflüssigkeit.

4.2.3 Einfluß der Kennwerte

4.2.3.1 Dichte

Bei einem ersten oberflächlichen Vergleich entsteht der Eindruck, daß die spezifischen technischen Eigenschaften von Mineralölen und schwerentflammbaren Betriebsflüssigkeiten nahezu gleich bzw. von letzteren zum Teil sogar günstiger sind (Wärmeaufnahmevermögen, Kompressibilität). Dagegen zeigt sich: Nach Abschnitt 1.2.2 ist bekanntlich

$$\Delta p = \xi_G \frac{\rho v^2}{2} .$$

Hieraus ist abzulesen, daß sich der Druckverlust direkt proportional mit der Dichte ändert. Vergleicht man diesbezüglich ein Mineralöl mit der Dichte $\rho = 0{,}85 \cdot 10^3 \, kg/m^3$ mit einem chlorierten Kohlenwasserstoff mit der Dichte $\rho' = 1{,}42 \cdot 10^3 \, kg/m^3$, so steigt der Druckverlust auf das 1,67 fache. Um diesen Verlustanstieg auszugleichen, muß die Störungsgeschwindigkeit reduziert werden.
Mit $v = Q/S$ wird

$$Q = S \sqrt{\frac{2 \Delta p}{\xi_G \rho}}$$

und daher

$$Q' = \sqrt{\frac{\rho}{\rho'}}\,Q = \sqrt{\frac{0{,}85\cdot 10^3}{1{,}42\cdot 10^3}}\,Q \approx 0{,}775\,Q\,.$$

Tabelle 11. Kennwerte schwerentflammbarer und feuerresistenter Betriebsflüssigkeiten

	Temperatur T	Viskosität ν	Dichte ρ	Spezifische Wärme c	Wärmeausdehnung α	Dampfdruck	Wärmeleitfähigkeit
	°C	cSt	kg/m^3	J/m^{3}K	K^{-1}	N/m^2	J/msK
Phosphat-Ester	20	176	$1{,}14\cdot 10^3$	$\approx 1800\cdot 10^3$	$\approx 7\cdot 10^{-4}$		
	50	25	$1{,}12\cdot 10^3$				
	80	8	$1{,}1\cdot 10^3$				
	25	330	$1{,}15\cdot 10^3$	$1820\cdot 10^3$	$\approx 7\cdot 10^{-4}$	98,1	0,132
	50	57	$1{,}13\cdot 10^3$	$1864\cdot 10^3$			0,13
	100	8,7	$1{,}1\cdot 10^3$				
Phosphatsäure-Ester	25	135	$1{,}02\cdot 10^3$	$1750\cdot 10^3$	$\approx 7\cdot 10^{-4}$	196,2	
	50	36	$1\cdot 10^3$	$1836\cdot 10^3$			
	100	8,3	$0{,}96\cdot 10^3$				
	25	50	$1{,}1\cdot 10^3$	$1731\cdot 10^3$	$\approx 7\cdot 10^{-4}$		0,131
	50	21	$1{,}08\cdot 10^3$	$1990\cdot 10^3$			0,13
	100	6,7	$1{,}04\cdot 10^3$				
Polyglykol-Wasserlösung	15	90	$1{,}06\cdot 10^3$	$3220\cdot 10^3$	$\approx 7\cdot 10^{-4}$		0,43
	20	26	$1{,}05\cdot 10^3$				
chlorierte Kohlenwasserstoffe			Erfüllen die Anforderungen im Hinblick auf den Umweltschutz nicht				

Legt man weiter zugrunde, daß die spezifische Wärme des chlorierten Kohlenwasserstoffes $c_{ck} = 1665\cdot 10^3\,J/m^3K$ und die des Mineralöles $c_{Öl} = 1720\cdot 10\,J/m^3K$ beträgt, so differiert die Wärmeabfuhr einer z.B. über eine Drosselbohrung aus dem Hauptkreislauf für Schmierungs- und Kühlungszwecke entnommene Ölmenge ΔQ um ca. 25 % allein aus der Tatsache, daß durch die gleiche Bohrung bei gleichem Druck ein geringerer Volumenstrom des chlorierten Kohlenwasserstoffes austritt. Dieser erhbeliche Unterschied in der Wärmeabfuhr kann - trotz vorzüglicher Schmierungseigenschaften und fast gleicher spezifischer Wärme - in vielen Fällen zum Versagen der Schmierung führen. Es entstehen Schäden, wie sie Bild 129 zeigt.

Bild 129. Typischer Schaden an einer Zylindertrommel einer Hydropumpe als Folge nicht ausreichender Wärmeabfuhr nach Umstellung der Betriebsflüssigkeit von Mineralöl auf eine schwerentflammbare Flüssigkeit

Ergänzend zeigt Bild 130 das Ergebnis eines Versuches zur Feststellung der Größe der Volumenströme zweier unterschiedlicher Betriebsflüssigkeiten, die aus der gleichen Drosselbohrung bei unterschiedlichen Drücken und Temperaturen ausströmen.

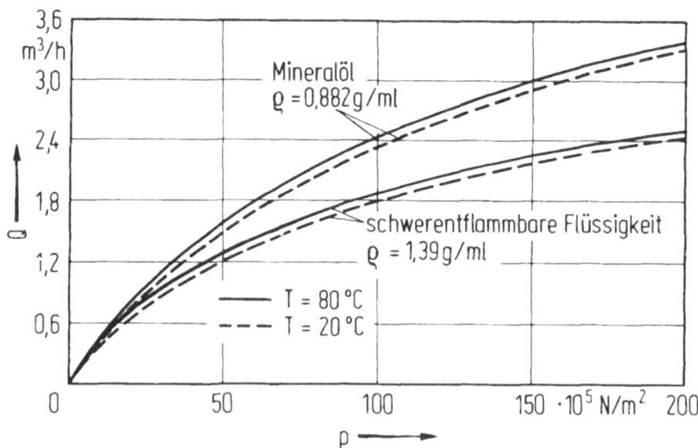

Bild 130. Volumenstrom durch eine Drosselbohrung von ∅ 2,5 mm und 14 mm Länge (Mannesmann Meer AG)

Bezogen auf den Druck in der Saugleitung ist nach Abschnitt 5.2.1.5

$$-p_s = -\xi_G \frac{\rho v^2}{2} \pm h_{st}\, \rho g_n = \rho\left(-\xi_G \frac{v^2}{2} \pm h_{st}\, g_n\right).$$

Der Saugdruck ändert sich direkt proportional mit der Dichte der Betriebsflüssigkeit. Mit den bereits eingeführten Werten steigt also - bei negativer Höhe $-h_{st}$ - der zu überwindende Unterdruck auf das 1,67 fache.

4.2.3.2 Luftabscheidevermögen

Das Luftabscheidevermögen synthetischer Flüssigkeiten ist meist ungünstiger als das von Mineralölen, d.h. diese Flüssigkeiten benötigen die 1,5 bis 2,5 fache Zeit, um eingeschlossene Luftblasen auszuscheiden. In der Praxis bedeutet dieses, daß die Verweilzeit des in den Behälter zurückströmenden Volumens entsprechend vergrößert werden muß. Das Füllvolumen des Behälters muß daher erheblich vergrösert werden. Durch besondere Maßnahmen, die die Luftabscheidung beschleunigen, kann jedoch diesem Nachteil entgegengewirkt werden (vgl. Abschnitt 6.4.2).

4.2.3.3 Temperatur

Da der Viskositätsindex ungünstiger ist als beim Mineralöl, ist der Steuerung der Betriebstemperatur größere Aufmerksamkeit zu schenken. Bei ortsfesten Anlagen empfiehlt sich unbedingt der Einsatz von Heizung und Kühlung: Heizung, um die Anfahrviskosität so einzurichten, daß bei der Inbetriebnahme der Anlage keine Schäden durch Kavitation entstehen; Kühlung um sicherzustellen, daß die Betriebstemperatur von 85 °C bei Phosphatestern und Phosphorsäureresten nicht überschritten wird.

Bei Einbau einer Heizung (Tauchsieder) ist zu beachten, daß die Oberflächentemperatur des Heizelementes nie 120 °C überschreitet. Bei umgewälztem Öl sollte die Heizleistung maximal $1\,W/cm^2$ betragen. Bei Temperaturen größer 120 °C treten bei Phosphatestern koksartige Ablagerungen auf.

Bei der Auslegung der Kühlung sollte großzügig verfahren werden. Da das Wärmeaufnahmevermögen geringer ist, verhindert eine generell niedrig gehaltene Betriebstemperatur z.B. Fresser an Gleitlagern durch bessere Scherfestigkeit, Haftung und Dicke des Schmierfilmes u.ä..

4.2.3.4 Dichtungen

Konventionelle Weichdichtungen in Hydraulikanlagen sind für Abdichtung von Phosphatester und Phosphatsäureester nicht geeignet. An ihrer Stelle sind Dichtungen aus Elastomeren wie Viton, Butyl- und Silikonkautschuk, Polyamid und Teflon einzusetzen.

4.2.3.5 Anstriche

Hydrauliksysteme, die mit schwerentflammbaren Betriebsflüssigkeiten betrieben werden, sollen keinen Anstrich an Stellen haben, die mit der Flüssigkeit in Berührung kommen. Es wird sich jedoch häufig nicht vermeiden lassen, daß z.B. der Flüssigkeitsspiegel im Behälter so tief liegt, daß sich durch Schwitzwasser oberhalb des Spiegels Rost bilden kann. Hier sollten dann nach sorgfältiger Reinigung Anstriche mit "DD-Lacken" bzw. "Epoxyharzlacken" erfolgen.

Es sei abschließend nochmals betont, daß das Betreiben von Hydrogetrieben mit schwerentflammbaren Flüssigkeiten problemlos ist, wenn die relevanten Auslegungskriterien zwischen dem Betreiber, dem Lieferanten des Hydrogetriebes und dem technischen Dienst des Flüssigkeitslieferanten gemeinsam beraten werden.

5 Auslegungsberechnung

5.1 Rechnerische Bestimmung der Hauptglieder

Die Auslegungsberechnung des eigentlichen Hydrogetriebes beschränkt sich in der Regel auf eine Vergleichs- oder Proportionalberechnung. Vom Hersteller des Hydrogetriebes sind bestimmte Eckdaten, z.B. das Drehmoment bei einem bestimmten Druck und der Volumenstrom bei einer bestimmten Drehzahl, gegeben. Da die Abhängigkeit des Drehmomentes vom Betriebsdruck und der Drehzahl vom Volumenstrom linear ist (vgl. Abschnitt 2.1.1), können die Daten zum jeweiligen Betriebsfall durch direkt proportionales Umrechnen der Eckdaten ermittelt werden. Selbst bei Geräten mit veränderlichem Volumenstrom ist eine direkt proportionale Umrechnung mit dem Betrag des Winkels möglich, da eine Änderung des Sinus des Schwenkwinkels in diesem Bereich mit in der Praxis ausreichender Genauigkeit als linear angenommen werden kann.

Es erübrigt sich, besondere Berechnungsbeispiele anzuführen, vor allem weil die Auslegung des Hydrogetriebes selbst aus vielerlei Gründen dem Hersteller überlassen werden sollte. Eine Prüfung dieser Berechnungen dürfte nach Durchsicht der Abschnitte 2 und 3 leicht möglich sein. Darüber hinaus enthalten Fachliteratur und Druckschriften der Hersteller eine Vielzahl derartiger Beispiele. Anleitungen, die eine praxisgerechte Auslegung der Hilfsglieder ermöglichen, fehlen jedoch meist. Die folgenden Erörterungen befassen sich daher hauptsächlich mit diesen Hilfsgliedern.

Zur besseren Übersicht wird nachfolgend mit Bild 131 ein komplettes Hydrogetriebe mit allen Hilfseinrichtungen vorgestellt und beschrieben.

5.2 Beschreibung eines im geschlossenen Kreislauf arbeitenden Hydrogetriebes

Die Hydropumpe 1 wird über die elastische Kupplung 2 vom Elektromotor 3 angetrieben. Der Volumenstrom der Hydropumpe 1 ist mittels der Steuerung 4 stufenlos veränderbar. Die Richtung des Volumenstromes ist umkehrbar. Von der Hydropumpe 1 gelangt die Betriebsflüssigkeit über die Rohrleitung zum Hydromotor 5 und von dort im geschlossenen Kreislauf zur Hydropumpe 1 zurück. Um eine einwandfreie Füllung des Hydrogetriebes einschließlich der zugehörigen Rohrleitungen zu gewährleisten und damit in diesem System den erforderlichen Mindestdruck aufrechtzuerhalten und ferner, um die Abfuhr der anfallenden Verlustwärme zu ermöglichen, ist die Speisepumpe 6 vorgesehen. Sie wird über die elastische Kupplung 7 vom Elektromotor 8 angetrieben. (In besonderen Fällen kann der Antrieb auch über den Elektromotor 3 erfolgen). Die Speisepumpe 6 entnimmt die Betriebsflüssigkeit aus dem Behälter 9 und führt diese über Filter 10, Wärmetauscher 11 und Speiseventil 12.1 (oder 12.2) der jeweiligen Niederdruckseite des Hydrogetriebes zu.

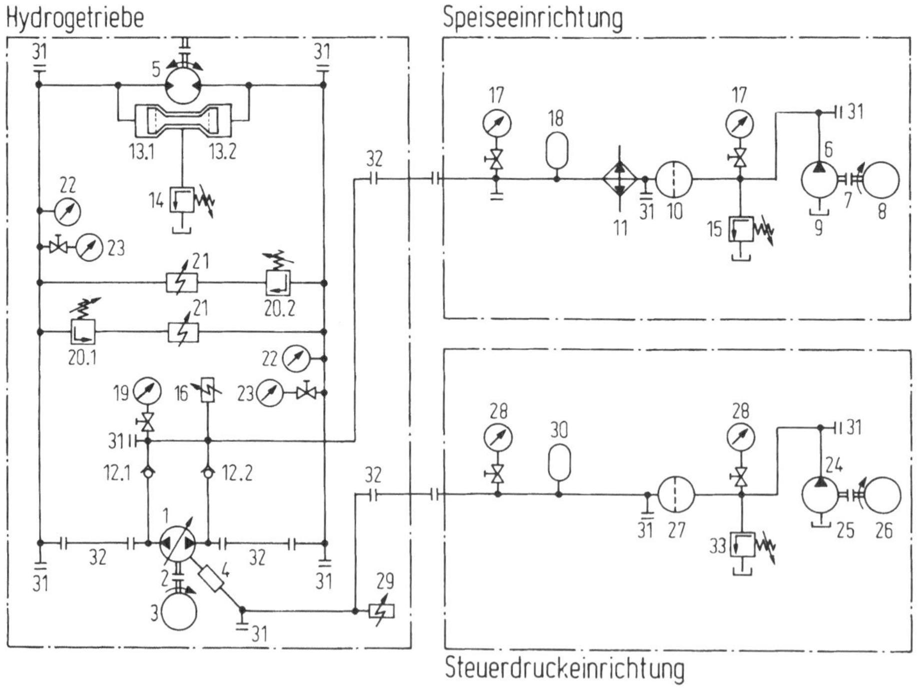

Bild 131. Schaltplan eines Hydrogetriebes

Die Speiseventile 12 speisen in unmittelbarer Nähe der Rohrleitungsanschlüsse an der Hydropumpe 1 ein, damit die frische Betriebsflüssigkeit unmittelbar in die Hydropumpe 1 gelangt. Über das Spülventil 13.1 (oder 13.2) tritt ein dem Speisevolumenstrom äquivalenter Spülvolumenstrom auf der jeweiligen Niederdruckseite des Hydrogetriebes aus. Die Spülventile spülen in unmittelbarer Nähe der Rohrleitungsanschlüsse des Hydromotors 5 aus, damit keine frische Betriebsflüssigkeit verlorengeht. Die Höhe des erforderlichen Druckes für den Speisevolumenstrom wird an dem dem Spülventil 13 nachgeschalteten Druckbegrenzungsventil 14 eingestellt. Hierdurch ist gewährleistet, daß der volle Volumenstrom der Speisepumpe 6 zum Spülen verwendet wird.

Das Druckbegrenzungsventil 15 dient nur zum Schutz der Speisepumpe 6 gegen Überlastung. Während des normalen Betriebes bleibt dieses Ventil geschlossen. Druckschalter 16 und Manometer 17 dienen zur laufenden Überwachung der Speiseeinrichtung. Bei separatem Antrieb der Speisepumpe 6 gibt der Druckschalter 16 erst dann die Einschaltung des Elektromotors 3 frei, wenn ein bestimmter vorgewählter Druck erreicht ist. Ebenso wird der Elektromotor 3 abgeschaltet, wenn dieser Druck unterschritten wird. (Der Speisepumpenantrieb muß dann aber weiterlaufen bis der Elektromotor 3 zum Stillstand gekommen ist.) Insbesondere bei Ferngetrieben mit stark schwankender Belastung kann zusätzlich ein Hydrospeicher 18 erforderlich werden, um die Volumenänderungen in Folge der Kompressibilität der Betriebsflüssigkeit auszugleichen (vgl. Abschnitt 4.1.2.3).

Die Anordnung eines zweiten Manometer 19 ermöglicht es, den Druckverlust vom Anschluß an der Speisepumpe 6 bis zu den Speiseventilen 12 festzustellen.

Hydropumpe und -motor sind durch die Druckbegrenzungsventile 20 gegen Überlastung geschützt. Diese Druckbegrenzungsventile strömen beim Ansprechen in die jeweilige Niederdruckseite über, stellen also praktisch einen Kurzschluß her. Dieser ist erforderlich, um ein völliges Zusammenbrechen des Druckes zu verhindern. Strömen die Druckbegrenzungsventile in den Behälter über, so müßte der Speisevolumenstrom im ungünstigsten Falle so groß sein wie der Volumenstrom der Hydropumpe 1. Da das Überströmen mit dem höchstzulässigen Druck erfolgt und dieses im Extremfall bei vollem Volumenstrom der Hydropumpe 1 und stillstehender Welle des Hydromotors 5 (z.B. Blockierung von der anzutreibenden Maschine her) erfolgen kann, so wird in diesem Fall die volle Antriebsleistung im Druckbegrenzungsventil in Wärme umgesetzt. Der Wärmeanfall wird dann so groß, daß der Spülvolumenstrom die Wärme nicht abzuführen vermag. In kürzester Zeit würde die zulässige Betriebstemperatur überschritten. Um daraus resultierende Schäden zu vermeiden, sind in die Überströmleitungen der Druckbegrenzungsventile 20 Strömungswächter 21 eingebaut, die ein Ansprechen der Druckbegrenzungsventile sofort anzeigen. Über eine Zeitkontrolle ist nun ein automatisches Eingreifen möglich. Die Temperaturüberwachung 22 im Kreislauf des Hydrogetriebes ermöglicht ein frühzeitiges Erkennen von Änderungen des Betriebszustandes.

Zwei weitere Manometer 23 erlauben eine dauernde Überwachung des Betriebsdruckes.

In den Fällen, in denen der Stellantrieb der Steuerung hydraulisch fremdbeaufschlagt wird, kann eine zusätzliche Steuerdruckeinrichtung zweckmäßig sein. Hier wird die Steuerdruckpumpe 24 ebenfalls über eine elastische Kupplung 25 von einem Elektromotor 26 angetrieben. Der Antrieb kann u.U. auch hier über die Elektromotoren 3 oder 8 erfolgen. Über den Filter 27 gelangt der Volumenstrom zur Steuerung 4 der Hydropumpe 1. Manometer 28 und Druckschalter 29 überwachen dieses System. Je nach Häufigkeit der Steuerbewegung kann die Einschaltung des Hydrospeichers 30 sinnvoll sein.

Ergänzt wird das ganze System durch zusätzliche Minimeßanschlüsse 31 (vgl. Bild 78) und durch eine jeder Pumpe zugeordnete Meßstrecke 32. Diese besteht praktisch nur aus einem ausbaubaren Rohrleitungsstück von bestimmter Länge, an dessen Stelle dann eine besondere Meßbrücke eingeschaltet werden kann. Diese erlaubt die elektronische Messung von Volumenstrom, Druck und Temperatur.

Das hier vorgestellte Hydrogetriebe mag recht aufwendig erschienen. In vielen Fällen wird mit einfacher aufgebauten Systemen auch optimale Wirtschaftlichkeit erzielt werden können. Da aber jeder Antriebsfall, bei dem ein Hydrogetriebe erstmalig eingesetzt werden soll, neue Überlegungen über die zweckmäßige Gestaltung bedingt, wurde das beschriebene Hydrogetriebe zur Veranschaulichung gewählt. Es ist nun leicht zu prüfen, ob auf die eine oder andere Einrichtung verzichtet werden kann. Weitere Systeme an dieser Stelle zu diskutieren wäre wenig sinnvoll, da eine vollkommene Übersicht im Rahmen des vorliegenden Buches ohnehin nicht möglich ist. Im Folgenden werden daher die Gesichtspunkte die zur Dimensionierung der Einzelgeräte und Einrichtung führen, diskutiert.

5.2.1 Speiseeinrichtung

5.2.1.1 Bauglieder

Speisepumpe (6). Als Speisepumpen werden meist Niederdruckpumpen eingesetzt, z.B. Zahnradpumpen, Kreiselpumpen und andere. Letztlich entscheidend für die Auswahl wird neben der Höhe des Speisedrucks der Geräuschpegel sein. Hier ist die Kreiselpumpe (Zentrifugalpumpe) der Zahnradpumpe überlegen. Da die Speisepumpe oft ungefilterte Betriebsflüssigkeit aus dem Behälter entnimmt, ist auch die Frage der Schmutzunempfindlichkeit von Bedeutung. Auch aus dieser Sicht ist eine Kreiselpumpe vorzuziehen. Weiter ist zu prüfen, ob eine Zusammenfassung mit der Steuerdruckpumpe 24 (Doppelpumpe) sinnvoll ist.

Elastische Kupplung (7). Hie genügt eine Kupplung, die Ausrichtefehler ausgleicht (vgl. Abschnitt 3.2.1.1).

Elektromotor (8). Aus sicherheitstechnischen Gründen ist der Antrieb durch einen separaten Elektromotor zu empfehlen, wobei u.U. gleichzeitig die Steuerdruckpumpe mitangetrieben werden kann.

Filter (10). Die Frage der zweckmäßigen Filterung wurde bereits in Abschnitt 3.2.1.3 eingehend diskutiert. An dieser Stelle soll daher nur noch erwähnt werden, daß die Lebensdauererwartung mit der Filterfeinheit zunimmt und sich jede diesbezügliche Investition bezahlt macht.

Wärmetauscher (11). In der Speisedruckeinrichtung wird man normalerweise nur Wärme entziehen und nicht zuführen. Der Wärmetauscher (vgl. Abschnitt 3.2.1.3) wird als Wasserkühler oder als Luftkühler ausgebildet sein. Die Auslegung überläßt man zweckmäßigerweise dem Lieferanten des Kühlers. Die Entscheidung über die Kühlerart ist eine Frage der Wirtschaftlichkeit. Ein Luftkühler läßt sich durch Thermostate leicht ein- und abschalten und ermöglicht damit eine genaue Steuerung der günstigsten Betriebstemperatur. Beim Wasserkühler sollte grundsätzlich ein thermostatisch geregeltes Zulaufventil eingesetzt werden.

Speiseventil (12). Als Speiseventile werden normale Rückschlagventile eingesetzt, die einen möglichst großen freien Querschnitt haben sollten. Bei diesen Ventilen ist besondere Anforderung an die Qualität im Hinblick auf die Bruchsicherheit zu stellen. Diese Ventile arbeiten oft schlagartig. Abplatzende Teile vom Kegel oder Sitz bzw. Bruchstücke der meist eingebauten Feder könnten unmittelbar in den Kreislauf des Hydrogetriebes gelangen und schwere Folgeschäden verursachen. Bezüglich der zweckmäßigen Anordnung wird auf Abschnitt 6.4 verwiesen.

Spülventil (13). Mit Bild 92 wurde bereits ein Spülventil vorgestellt. Es empfiehlt sich nicht, irgendwelche handelsüblichen Steuerventile einzusetzen. Alle Hydrogetriebehersteller haben Spezialkonstruktionen in ihrem Angebot, die den besonderen Anforderungen an diesen Ventiltyp gerecht werden.

Druckbegrenzungsventil (14). Obwohl dieses Ventil am Hauptkreislauf des Hydrogetriebes angeordnet ist, ist es der Speiseeinrichtung zuzuordnen, denn an diesem Ventil wird ja die Höhe des Speisedruckes eingestellt. Das Ventil muß so eingerichtet sein, daß es dauernd überströmen kann, ohne dabei Schwingungen zu erzeugen. Die Antriebsleistung der Speisepumpe wird zum großten Teil in diesem Ventil in Wärme umgesetzt.

Sicherheitsventil (15). Hierfür kann ein handelsübliches Niederdrucksicherheitsventil eingesetzt werden, welches ein Überströmen des vollen Speisepumpenvolumenstromes ohne wesentliche Druckerhöhung zuläßt.

Druckschalter (16). Der Druckschalter soll mit Maximum- und Minimum-Schaltung ausgeführt sein. Der Maximum-Schaltpunkt gibt die Inbetriebsetzung des Hauptantriebsmotors 3 frei, während der Minimum-Schaltpunkt diesen (bleibend) abschaltet. Der Druckschalter wird in unmittelbarer Nähe der Speiseventile angeordnet.

Manometer (17). Das Manometer soll im maximalen Anzeigebereich so ausgelegt sein, daß es das Doppelte des höchsten Betriebsdruckes der Speiseeinrichtung anzuzeigen vermag. Ein Manometerabsperrventil ist dringend zu empfehlen, damit im Bedarfsfall auch während des Betriebes das Manometer ausgetauscht werden kann. Das Absperrventil sollte aber nicht dazu dienen, das Manometer - um dieses zu schonen - nur dann einzuschalten, wenn man gezielte Ablesungen vornehmen woll. Der Speisedruck läßt frühzeitig Änderungen am Hydrogetriebe selbst erkennen und gehört demnach zu den laufenden Überwachungseinrichtungen.

Hydrospeicher (18). In Abschnitt 3.2.1.3 wurde auf die Bedeutung des Hydrospeichers in der Speiseeinrichtung hingewiesen. Beim geschlossenen Kreislauf eines Ferngetriebes ist dieser Speicher unerläßlich. Die Größe des Speichervermögens ist sorgfältig zu ermitteln. Sie ist abhängig vom Füllvolumen der jeweiligen Hochdruckseite des Hydrogetriebes, der Höhe der Druckschwankungen und deren Häufigkeit. Kolben und Blasenspeicher sind in gleicher Weise geeignet. Zu beachten ist jedoch, daß bei Blasenspeichern die Austrittsgeschwindigkeit der Betriebsflüssigkeit aus dem Speicher begrenzt ist. Notfalls müssen mehrere Speicher parallelgeschaltet werden.

Manometer (19). Es empfiehlt sich unmittelbar am Druckanschluß der Speisepumpe 6 und unmittelbar an den Speiseventilen 12 je ein Manometer anzuordnen. Jede Änderung in Filter, Wärmetauscher und Rohrleitung, die den freien Durchtritt des Volumenstromes einengt, ist dann frühzeitig erkennbar.

5.2.1.2 Speisedruck

Der Speisedruck ist erforderlich, um eine einwandfreie Füllung des geschlossenen Kreislaufs zu gewährleisten. Gleichzeitig wird dauernder Kraftschluß zwischen den sich bewegenden Teilen bewirkt.

Während beim halb oder ganz offenen Kreislauf die Hydropumpe 1 jederzeit frei nachsaugen kann, ist dieses im geschlossenen Kreislauf nicht möglich. Hier sind wenige Kubikzentimeter der Betriebsflüssigkeit die Grenze zwischen unzulässigem Unterdruck und Überdruck. Die Höhe des zweckmäßigen Speisedruckes wird vom Hersteller des Hydrogetriebes vorgeschrieben. Die Angabe bezieht sich immer auf den Druck am jeweiligen Niederdruckanschluß der Hydropumpe 1 und nicht auf den Druck am Anschluß der Speisepumpe 6. Diesen Druck aus übertriebenem Sicherheitsstreben höher zu wählen, ist wenig sinnvoll. Da die Antriebsleistung der Speisepumpe letztlich voll in Wärme umgesetzt wird, muß der Wärmetauscher 11 entsprechend größer ausgelegt werden. Da ferner die Antriebsleistung der Speisepumpe mit in die Wirtschaftlichkeitsrechnung einzubeziehen ist, wird der Gesamtwirkungsgrad ungünstiger.

5.2.1.3 Speisevolumenstrom

Oft wird die Größe des erforderlichen Volumenstromes Q_{Sp} der Speisepumpe nach pauschalen Vorschriften festgelegt. So findet man häufig die Vorschrift: "Der Speisevolumenstrom soll ca. 10 % des maximal im Hydrogetriebe umlaufenden Volumenstromes betragen." Die Anwendung derartig pauschaler Vorschriften führt meist zu unwirtschaftlich arbeitenden, störanfälligen Systemen. Dabei ist es durchaus möglich, qualifizierte Aussagen zu machen, die eine optimale Festlegung der Größe des Volumenstromes ermöglichen.

Der Volumenstrom der Speisepumpe Q_{Sp} setzt sich aus folgenden Teilströmen zusammen:

äußeres Lecköl der Hydropumpe	ΔQ_1,
äußeres Lecköl des Hydromotors:	ΔQ_2,
Schmieröl für die Hydropumpe:	Q_{1Sch} (bei Bedarf),
Schmieröl für den Hydromotor:	Q_{2Sch} (bei Bedarf),
Spülöl:	$Q_{Spü}$,
Reservevolumenstrom:	Q_{Rsv},
Steuervolumen:	ΔV_{St} (bei Bedarf),
Kompressibilitätsausgleich:	ΔV_K (bei Bedarf).

Es ist dann

$$Q_{Sp} = \Delta Q_1 + \Delta Q_2 + Q_{1Sch} + Q_{2Sch} + Q_{Spü} + Q_{Rsv} + \frac{V_{St}}{t_{St}} + \frac{V_K}{t_K} .$$

Hierin sind t_{St} bzw. t_K die Zeiten, in denen das Volumen ΔV_{St} bzw. ΔV_K entnommen wird.

a) Äußeres Lecköl von Hydropumpe und -motor.
Die Bilder 132 und 133 enthalten die Mittelwerte aus einer Vielzahl von Messungen an Axialkolbengeräten der Bauart Schrägtrommel bzw. Schwenktrommel. Um ausreichende Sicherheiten zu erhalten, wurden die Sollwerte des Speisevolumenstromes nach den maximalen Meßwerten ermittelt.

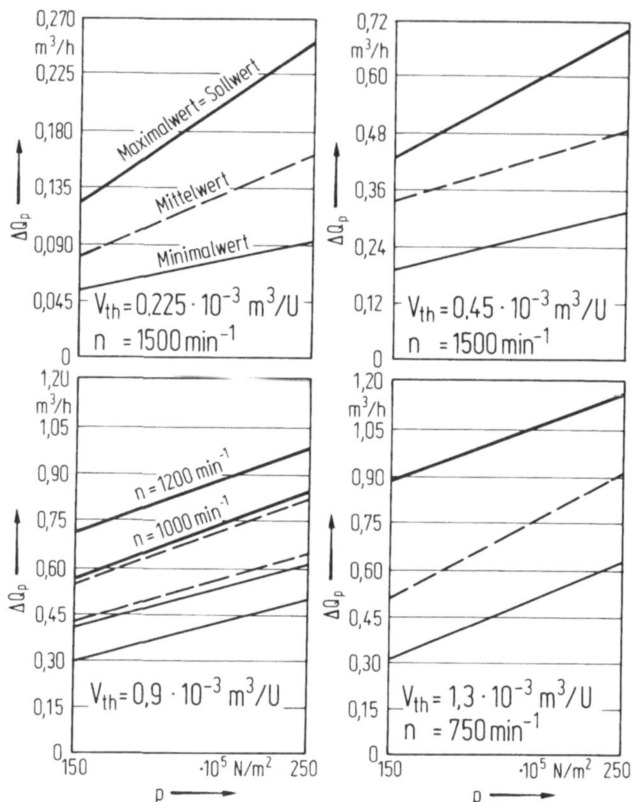

Bild 132. Äußeres Lecköl verschiedener Hydropumpengrößen

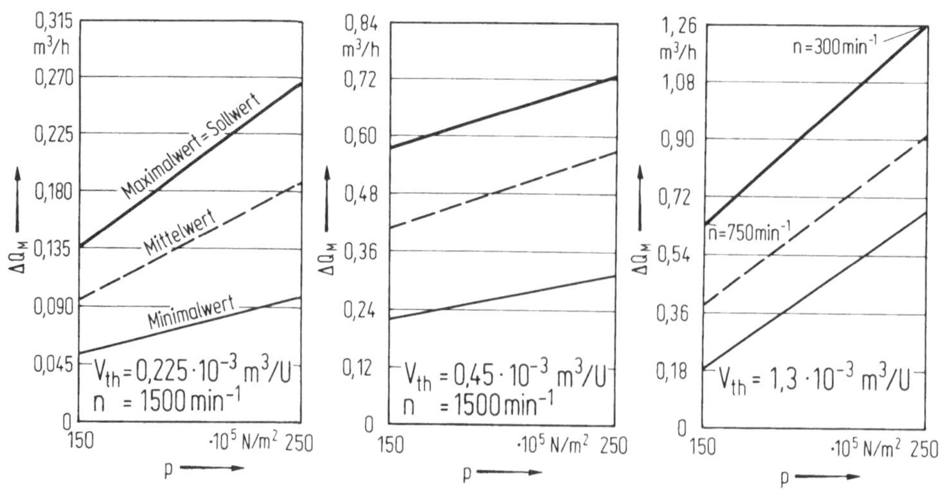

Bild 133. Äußeres Lecköl verschiedener Hydromotorengrößen

b) Schmieröl für die Wälzlager von Hydropumpe und -motor.
Bei einigen Bauarten ist eine zusätzliche Druckschmierung der Wälzlager erforderlich. Das benötigte Volumen wird entweder aus dem Hochdruckteil des Hydrogetriebes oder aus dem Niederdruckteil entnommen. In jedem Fall ist ein zusätzliches Einspeisen über die Speiseeinrichtung erforderlich. Um eine Übersicht über die Größenordnung des entstehenden Bedarfs zu machen, sei darauf verwiesen, daß die bereits erwähnte Bauart bei einem Förder- bzw. Schluckvolumen von 225 cm^3/U 0,18 m^3/h und bei 750 cm^3/U 0,42 m^3/h benötigt.

c) Spülöl.
Hierzu wird vielfach begründet: "Um der Betriebsflüssigkeit die Möglichkeit zu geben sich zu beruhigen und Luft- und Gaseinschlüsse abzuscheiden, wird ein Teil des im geschlossenen Kreislauf umlaufenden Volumens über das Spülventil abgezogen und durch frische Betriebsflüssigkeit über die Speiseventile ersetzt."

Derartig vereinfachte Aussagen führen oft zu der irrigen Auffassung, daß nur diese Erneuerung des umlaufenden Volumens Aufgabe der Speiseeinrichtung sei. Dabei wird zwangsläufig von der Hauptaufgabe der Speiseeinrichtung, nämlich der Abfuhr der im geschlossenen Kreislauf anfallenden Verlustwärme, abgelenkt. Nicht die Erneuerung des umlaufenden Volumens, sondern die Abfuhr der anfallenden Verlustwärme macht das Spülen erforderlich. Ein Berechnungsbeispiel soll die Bedeutung dieses Unterschiedes unterstreichen.

In einem Hydrogetriebe beträgt der Volumenstrom $Q = 20\,m^3/h$. Im Fall A beträgt das Füllvolumen (Rohrleitung, Hydropumpe und -motor) $V_A = 0{,}0033\,m^3$, im Fall B $V_B = 0{,}033\,m^3$. Im Fall A wird das Volumen also ca. 600 mal/h umgewälzt, im Fall B ca. 60 mal/h. Das Volumen V_A wird also 10 mal häufiger mit Druck belastet und wieder entlastet als das Volumen V_B. Legt man den Speisevolumenstrom mit 10 %, d.h. $Q_{Sp} = 2\,m^3/h$ fest, so erfolgt im Fall A alle 6s ein völliger Austausch, im Fall B alle 60s.

Bei einer ersten Überlegung wird man zu dem Schluß kommen, daß es unbedingt richtig sein muß, bei höheren Umwälzzahlen auch einen häufigeren Austausch vorzunehmen. Andererseits erscheint es aber zu einfach, die Häufigkeit des Austausches einfach eine freie Funktion des Füllvolumens sein zu lassen. Vergleicht man nun Fall A und B nach wärmetechnischen Gesichtspunkten, so ergeben sich folgende Verhältnisse: In beiden Fällen soll wieder mit $Q_{Sp} = 2\,m^3/h$ eingespeist werden, wobei hier zur Vereinfachung $Q_{Sp} = Q_{Spü}$ sein soll. Bei einer Temperaturdifferenz von $T = 20\,K$ zwischen dem frisch eingespeisten Volumenstrom und dem an Spülventil austretenden, wird mit einer spezifischen Wärme $c = 1880\,J/kg\,K$ und einer Dichte $\rho = 850\,kg/m^3$

$$\Delta W_V = Q_{Sp}\,\rho\,c\,\Delta T = 2 \cdot 850 \cdot 1880 \cdot 20 = 64 \cdot 10^6\,J/h\,.$$

Da 1 J = 1 Ws oder 1 J/s = 1 W entspricht, ist diese Wärmemenge einer Verlustleistung von $P_v \approx 18\,kW$ äquivalent. Nimmt man den Gesamtwirkungsgrad des Hydrogetriebes mit $\eta_G = 0{,}75$ an, so kann eine Leistung von $P \approx 72\,kW$ übertragen werden. Nach (10) entspricht dieses einem Betriebsdruck von

$$\Delta p = \frac{P}{Q} = \frac{256 \cdot 10^6}{20} = 128 \cdot 10^5\,N/m^2\,.$$

Beide Hydrogetriebe können aber mit $p = 245 \cdot 10^5\,N/m^2$ betrieben werden, d.h. mit einer Leistung von $P_{max} = 138\,kW$. Bei dieser Auslastung stiege die Verlustleistung auf $P_v = 40\,kW$. Um die gleiche Wärmemenge abzuführen müßte also bei unverändertem Q_{Sp} die Temperaturdifferenz steigen auf

$$\Delta T = T' \frac{P_v'}{P} = 20 \cdot \frac{40}{18} = 45\,K\,.$$

Mit Sicherheit würde nun die zulässige Höchsttemperatur überschritten. Dieses Beispiel soll beweisen, daß die Größe des Spülvolumenstromes nur durch den notwendigen Wärmeaustausch bestimmt sein kann.

Nach diesen Gesichtspunkten ist in den Bildern 134 bis 137 der jeweiligen Speisevolumenstrom

$$Q_{Sp}' = \Delta Q_1 + \Delta Q_2 + Q_{Spü}$$

in Abhängigkeit der Hydrogetriebegröße, der Antriebs- und Abtriebsdrehzahl, des Betriebsdruckes und der Antriebsleistung der Hydropumpe aufgetragen. Diese Volumenstrom Q_{Sp}' ist im Bedarfsfalle zu vergrößern auf

$$Q_{Sp} = Q_{Sp}' + Q_{1Sch} + Q_{2Sch} + \frac{V_{St}}{t_{St}} + \frac{V_K}{t_K}\,.$$

Die Diagramme sollen hauptsächlich die Abhängigkeiten aufzeigen und nicht als Grundlage für eine spezielle Auslegungsberechnung dienen. Detaillierte Angaben sind von Fall zu Fall beim Hydrogetriebehersteller anzufragen.

Bei der Ermittlung der Größen für Q_{Sp} in den Diagrammen wurden folgende Voraussetzungen festgelegt: Die Temperatur des aus dem Hauptkreislauf austretenden Volumenstromes ist 20 K höher als die Temperatur des Speisevolumenstromes. Ist diese Differenz nicht einzuhalten, kann die Umrechnung umgekehrt proportional erfolgen. Spülventil und Speiseventile sind innerhalb der Rohrleitung des Hydrogetriebes so angeordnet, daß am Spülventil keine frisch eingespeiste Betriebsflüssigkeit austreten kann, bevor diese von der Hydropumpe aufgenommen und vom Hydromotor abgegeben wurde. Ist dieses unvermeidbar, muß die Temperaturdifferenz oder der Spülvolumenstrom oder beides vergrößert werden.

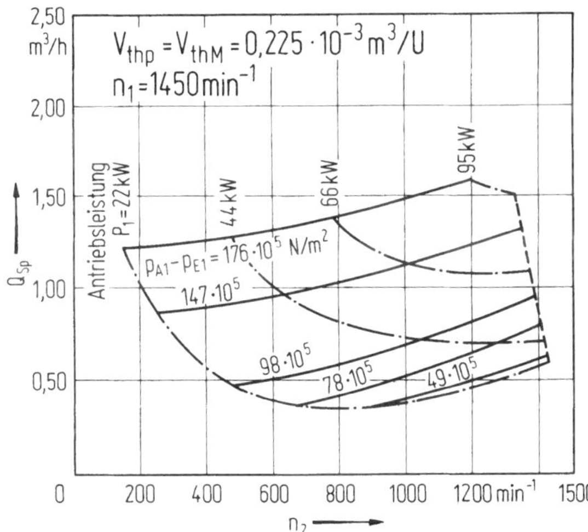

Bild 134. Speisevolumenstrom in Abhängigkeit von der Hydromotordrehzahl, dem Betriebsdruck und der Antriebsleistung

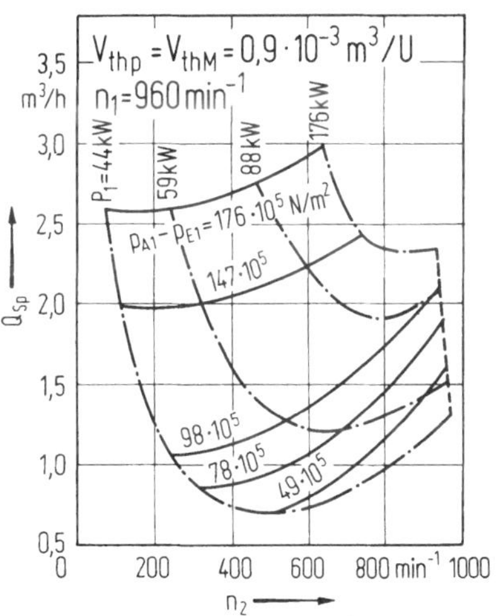

Bild 136. Speisevolumenstrom in Abhängigkeit von der Hydromotordrehzahl, dem Betriebsdruck und der Antriebsleistung

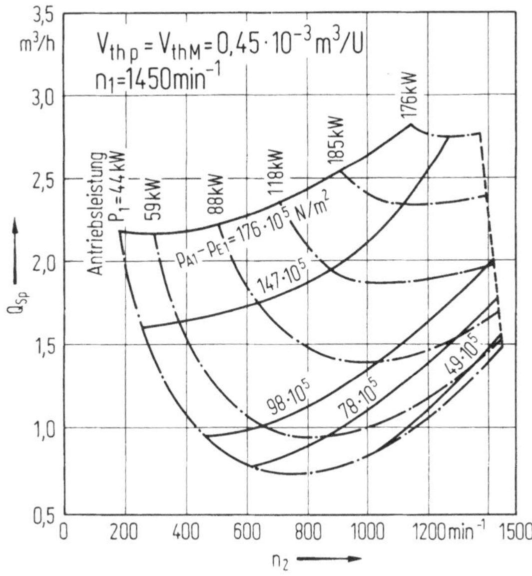

Bild 135. Speisevolumenstrom in Abhängigkeit von der Hydromotordrehzahl, dem Betriebsdruck und der Antriebsleistung

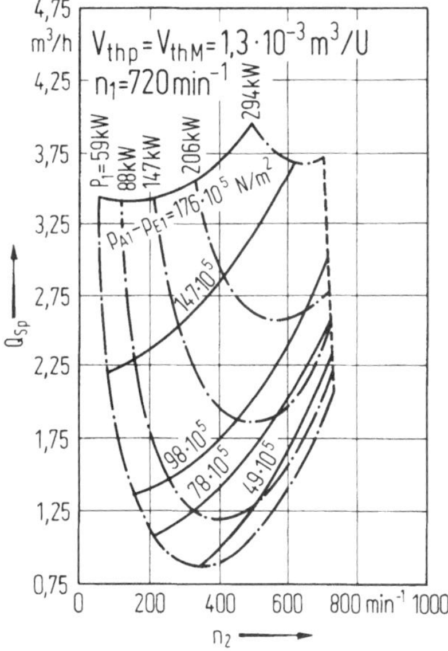

Bild 137. Speisevolumenstrom in Abhängigkeit von der Hydromotordrehzahl, dem Betriebsdruck und der Antriebsleistung

Als Druck muß immer der höchstmögliche Betriebsdruck angenommen werden (Einstelldruck der Hochdrucksicherheitsventile), da unbedingt die in einer bestimmten Zeitspanne anfallende Verlustwärme weitgehend auch in der gleichen Zeitspanne abgeführt werden sollte. Welche Folgen die Nichtbeachtung dieser Voraussetzung haben kann, soll das nun folgende Rechenbeispiel aufzeigen.

Wird das Hydrogetriebe (Fall A) z.B. auf eine Wärmeabfuhr äquivalent $P_v = 18\,kW$ ausgelegt und wird für $\Delta t = 20\,s$ die erhöhte Antriebsleistung $P_{max} = 138\,kW$ abgefordert, so wird dem umgewälzten Volumen die zusätzliche Verlustleistung

$$\Delta P_v'' = P_v' - P_v = 40 - 18 = 22\,kW$$

in Form von Wärme zugeführt. Vernachlässigt man den Wärmeübergang auf metallische Teile und von dort auf die Umgebung (ohnehin sehr gering), so muß also das Füllvolumen von $0{,}0033\,m^3$ diese Wärmemenge aufnehmen. Mit den bereits festgelegten Größen würde sich also die Temperatur des Füllvolumens mit $1\,kW = 1000\,J/s$ um

$$T' = \frac{P_v t}{cVP} = \frac{22 \cdot 10^3 \cdot 20}{1880 \cdot 0{,}0033 \cdot 850} = 83{,}4\,K\,,$$

d.h. um ca. 4,2 K/s erhöhen. Nach wesentlich weniger als 20s würde bereits die kritische Höchsttemperatur erreicht sein. Zieht man in dieses Rechenbeispiel den Fall ein, daß das Hochdrucksicherheitsventil den vollen Volumenstrom der Hydropumpe überströmen läßt, also $P = 138\,kW$ in Wärme umgesetzt werden, so ergäbe sich eine Temperaturerhöhung von ca. 26 K/s!

d) Steuervolumen.
Wird aus der Speiseeinrichtung oder unmittelbar aus dem Hauptkreislauf - auch für die Steuerung oder Regelung der Hydropumpe selbst - ein bestimmtes Volumen entnommen, so muß dieses bereits im Augenblick der Entnahme über die Speisepumpe ersetzt werden. Da Steuer- und Regeleingriffe meist in bestimmten oder unbestimmten Intervallen erfolgen, ist unbedingt zu prüfen, ob nicht die Einschaltung eines Hydrospeichers wirtschaftlicher ist als eine Vergrößerung des Speisevolumenstromes um den Betrag V_{St}/t_{St}.

e) Kompressionsvolumen.
In den Abschnitten 3.2.3 und 4.1.2.3 wurde bereits ausführlich auf die Frage der Kompressibilität der Betriebsflüssigkeit und die Folgen bei Nichtbeachtung hingewiesen. Der hieraus resultierende Bedarf an Flüssigkeit ist meist so groß, daß bei derartigen Hydrogetrieben die zusätzliche Einrichtung eines Hydrospeichers oder einer Hydrospeicherbatterie unerläßlich ist.

f) Reservevolumenstrom.
Diese Bezeichnung verleitet vielfach zu der Annahme, daß hiermit ein steigender Bedarf des Speisevolumenstromes gemeint ist, der dazu dienen soll, das mit der Zeit steigende Lecköl von Hydropumpe und -motor auszugleichen. Dieses trifft jedoch nur zu, wenn das Spülventil ein Mengenregler ist, d.h. unabhängig vom Druck und von der Temperatur der Betriebsflüssigkeit einen konstanten Spülvolumenstrom austreten läßt. Die Größe des Spülvolumenstromes ist aber in der Regel druckabhängig, d.h. unabhängig von der Größe des austretenden Volumenstromes hält das Spülventil den Speisedruck konstant. Da man aber davon ausgehen kann, daß das austretende Lecköl die gleiche Temperatur hat wie der am Spülventil austretende Volumenstrom, ist es für die Wärmeabfuhr ohne Bedeutung, wie sich der Speisevolumenstrom (Spülventil : Lecköl) aufteilt. Erst wenn $Q_1 + Q_2 > Q_{Spü}$ wird, würde am Spülventil kein Volumenstrom mehr austreten. Dieses führte zum Zusammenbrechen des Speisedruckes und damit über die Überwachungsglieder zum Abschalten des Hauptantriebsmotors. Gleichzeitig würde aber dadurch angezeigt, daß der Verschleiß kritische Ausmaße angenommen hat oder aber, daß ein Schaden vorliegt. Eine jetzt durchgeführte Instandsetzung wird sicher wirtschaftlicher sein als die Instandsetzung nach einem Totalausfall, zu dem es kommt, wenn die Ursache der Störung - wegen einer falsch verstandenen zusätzlichen Sicherheit - zu spät erkannt wird. Ein Reservevolumenstrom kann nur sinnvoll sein, wenn er die nachlassende Förderleistung der Speisepumpe ausgleichen soll.

5.2.1.4 Behälter

Die Größe des Behälters für die Betriebsflüssigkeit ist durch das benötigte Flüssigkeitsvolumen bestimmt. Zwischen der Größe dieses Volumens und der Größe des im Hydrogetriebe umlaufenden Volumenstromes besteht kein Zusammenhang. Die Aussage "Das im Behälter zu haltende Flüssigkeitsvolumen soll dem in 1 bis 3 min geförderten Volumen der Hydropumpe entsprechen", könnte bestenfalls für ein Hydrogetriebe gültig sein, welches im offenen Kreislauf arbeitet. Die Einflüsse, die die Größe des im Behälter zu haltenden Volumens bestimmen, sind lediglich Wärmeaustausch, Luftabscheidevermögen der Betriebsflüssigkeit und zu- und abfließendes Volumen.

a) Wärmeaustausch durch den Flüssigkeitsbehälter
Über das in den Behälter zurückfließende Volumen ist ein Austausch einer Wärmemenge nur durch Abstrahlung und Konvektion möglich unter der Voraussetzung, daß keine besonderen Einbauten (Wärmetauscher) im Behälter installiert sind. Der Übergang der Wärme von der Flüssigkeit auf die Behälterwand und weiter an die umgehende Luft bzw. an das Fundament oder an andere Maschinenteile ist

schlecht. Es wird daher nur in Ausnahmefällen möglich sein, ein Hydrogetriebe ohne Wärmetauscher zu betreiben. Selbst bei mobilen Anlagen wird man auf speziell gestaltete Behälter, die u.U. mit einem Gebläse ausgerüstet sind, nicht verzichten können.

In [24] wird über umfangreiche Untersuchungen berichtet, die zu folgendem Schluß führen: Die Wärmebilanz für einen Wärmetausch über den Flüssigkeitsbehälter kann durch

$$W\,dt = (cm + c_1 m_1)\,dT + kA\,(T - T_0)\,dt$$

ausgedrückt werden. Hierin ist W die der Verlustleistung P_v äquivalente Wärmemenge, dT der Temperaturanstieg in der Zeit dt, T die Temperatur zu Beginn des betrachteten Zeitabschnittes, T_0 die Temperatur der umgebenden Luft, c die spezifische Wärme der Betriebsflüssigkeit, c_1 die spezifische Wärme des Materials der Behälterwandung, m die Masse des Flüssigkeitsvolumens, m_1 ein rechnerischer Wert für die Masse des Behälters, k die Wärmeübergangszahl zwischen der Behälterwandung und der Luft und A die Oberfläche des Behälters.

Unter der Annahme, daß die Anlage t Stunden ohne Unterbrechung arbeitet und die Anfangstemperatur der Betriebsflüssigkeit der der umgebenden Luft entspricht, ergibt sich die Temperatur T, d.h. die Beharrungstemperatur, aus

$$T = T_0 + \frac{Q}{kA}\left[1 - \exp\left(-\frac{kA}{cm + c_1 m_1} - \frac{kA}{cm + c_1 m_1}t\right)\right].$$

Aus dieser Beziehung läßt sich durch Einsetzen der Rechengrößen $k \approx 63 \cdot 10^3\ J/m^2K$; $c_1 = 0{,}5 \cdot 10^3\ J/kg\,K$; $c = 2 \cdot 10^3\ J/kg$, $\gamma_1 \approx 7{,}8 \cdot 10^3\ kg/m^3$ in $m_1 = A_1 s \gamma_1$; $\gamma = 0{,}9 \cdot 10^3\ kg/m^3$ in $m = V\gamma$ und für den Fall das $t \to \infty$ geht, die Beharrungstemperatur ermitteln zu (in K)

$$T \approx T_0 + \frac{W}{418\,700\ \sqrt[3]{V^2}}.$$

Hierin ist W in J/h und V in m^3 einzusetzen. Das Füllvolumen beträgt dann (in m^3)

$$V = 3{,}7 \cdot 10^{-9} \sqrt{\left(\frac{W}{T}\right)^3}.$$

Dabei ist weiter angenommen, daß das Seitenverhältnis des Behälters zwischen 1 : 1 : 1 bis 1 : 2 : 3 liegt und der Flüssigkeitsspiegel mindestens 80 % der Behälterhöhe erreicht. Auf die Verlustleistung P_v in kW umgerechnet ergibt sich dann

$$T = T_0 + \frac{8,6\,P_V}{\sqrt[3]{V^2}}$$

bzw.

$$V \approx 25 \sqrt{\left(\frac{P_V}{\Delta T}\right)^3}\,.$$

Da die Umgebungstemperatur T_0 meist zwischen 20 und 25 °C liegt, kann eine Temperaturdifferenz $\Delta T = 35\,K$ zugelassen werden. Es wird dann

$$V \approx 0,12 \sqrt{P_V^3}\,.$$

Mit (11) ist es nun möglich, sich überschlägig einen Überblick zu verschaffen, ob ein Verzicht auf einen Wärmetauscher wirtschaftlich ist. In der Regel dürfte dieses nicht der Fall sein. Unabhängig davon, ob mit Wärmetauscher oder nur über die Oberfläche des Hydrogetriebes Wärme abgegeben werden soll, sollte man die Wärmemenge, die von der Rohrleitung, dem Hydropumpen- und motorengehäuse, Ventilen und anderen Hilfsgliedern an ihre Umgebung abgegeben werden, als zusätzliche Sicherheit nicht in die Berechnung einbeziehen. Jede Wärmerechnung enthält - insbesondere in den Wärmeübergangs- und durchgangswerten - so viele Unsicherheiten, daß ohnehin erhebliche Risikozuschläge erforderlich sind.

b) Volumen des Behälters.

Die bisherigen Überlegungen über die Größe des Behälters, berücksichtigen lediglich den Wärmeaustausch. Die Praxis beweist vielfältig, daß es wirtschaftlicher ist, mit Wärmetauschern zu arbeiten. Damit scheidet die Wärmebilanz als Dimensionierungsgrundlage für den Behälter aus. Da die Betriebsflüssigkeit im eigentlichen Sinne nur Hilfmittel ist und nach Ausschaltung der Betrachtung der Wärmeabfuhr nur noch Übertragungsglied zwischen den Verdrängern der Hydropumpe und des Hydromotors ist, muß also die Frage gestellt werden, wo die Belastbarkeit dieses Übertragungsgliedes seine Grenzen hat und ob sich hier aus die Forderung nach einem bestimmten Mindestvolumen ableiten läßt.

Die Beanspruchung der Betriebsflüssigkeit durch den andauernden Druck- und Temperaturwechsel, durch das Vorbeizwingen an scharfen Kanten, ist im Vergleich zu normalen technischen Beanspruchungen enorm hoch. Trotzdem wird die Betriebsflüssigkeit oft als notwendiges Übel betrachtet und nicht mit der notwendigen Sorgfalt beachtet. Jeder Durchgang durch Hydropumpe und -motor "beschädigt" die Betriebsflüssigkeit in ihrem molekularen Gefüge. Begünstigt wird dieser schädliche Einfluß durch Luft- und Gaseinschlüsse und durch die Temperatur. Besonders nachteilig ist dabei, die durch den Sauerstoffgehalt der Luft- und Gaseinschlüsse eintretende Oxydation, die zu frühzeitigem Altern der Betriebsflüssigkeit führt. Dieses geschieht besonders intensiv, wenn kleinste Luftbeimengungen in der drucklosen Betriebsflüssigkeit unter hohem Druck in Lösung gehen.

Außer diesem schädlichen Einfluß verursachen Lufteinschlüsse unmittelbar erhebliche Störungen in der Funktion des Hydrogetriebes (Geräusche, Folgeschäden durch Kavitation u.ä.). Es muß also dafür gesorgt werden, daß der austretenden Betriebsflüssigkeit neben der Wärme auch weitgehend alle Luft- und Gaseinschlüsse entzogen werden. Gute mineralische Betriebsflüssigkeiten benötigen bei entsprechender konstruktiver Gestaltung des Flüssigkeitsbehälters (vgl. Abschnitt 6.4.2.2) mindestens 3 bis 5 min zum Abscheiden von Lufteinschlüssen, synthetische Betriebsflüssigkeiten mindestens 5 bis 8 min.

Unter Berücksichtigung dieser Überlegungen kann nun gesagt werden, daß der Behälter mindestens das 3- bis 8-fache des ihm in einer Minute zufließenden Volumens dauernd enthalten muß. Hierzu kommt das Volumen, das zur Füllung des Hydrogetriebes, einschließlich der Rohrleitung benötigt wird.

Zahlenbeispiel: Ergibt sich aus der Wärmeberechnung für ein Hydrogetriebe $Q_{Sp} = 2\,m^3/h$, so beträgt die Füllmenge $V = 0{,}10$ bis $0{,}26\,m^3$ zuzüglich V_G als Füllmenge des Hydrogetriebes. Nimmt man an, daß wie im Beispiel Fall A und Fall B sich $Q_{Sp} = 2\,m^3/h$ für $Q = 20\,m^3/h$ ergeben hat und würde man der weitverbreiteten Ansicht folgen, daß das Behältervolumen den in 1 bis 2 min im Hauptkreislauf umlaufenden Volumenstrom aufnehmen können müsse, so ergäbe sich ein Füllvolumen von $0{,}33$ bis $0{,}66\,m^3$, d.h. das 3- bis 6-fache Volumen. Sicher kann eine solche Vergrößerung technisch gesehen nur gut sein, sie ist aber wirtschaftlich nicht vertretbar.

Damit sind die wesentlichen Gesichtspunkte zur Auslegungsberechnung behandelt. Sicher könnte nun anhand von Beispielen der Rechengang aufgezeigt werden, jedoch würden diese Beispiele nur selten einem vorliegenden Bedarfsfall genau entsprechen. Es erübrigt sich daher auch, z.B. das Steuerdrucksystem so im Detail durchzusprechen, wie dieses beim Speisesystem erfolgte. Die Grundüberlegungen - und hierauf kommt es an - sind für alle Hydroantriebssysteme gleich. Die Vorstellung von Rechenbeispielen verleitet zu dem Streben, diese Beispiele zu kopieren, und engt damit die Möglichkeiten ein. Zur Auslegung der Rohrleitung enthält Abschnitt 5.2.1.5 umfangreiche Hinweise.

5.2.1.5 Rohrleitungen

Die Übertragung der Leistung von der Hydropumpe auf den Hydromotor erfolgt durch Rohrleitungen. Die Rohrleitung ist daher wesentlicher Bestandteil des Hydrogetriebes und bedarf im Hinblick auf die Auslegung ihrer Größe und ihrer Gestaltung besonderer Beachtung. Ihre Abmessungen ergeben sich aus der Größe der zu übertragenden Leistung, d.h. nicht nur aus der Größe des Volumenstromes oder nur aus der Größe des Flüssigkeitsdruckes. Schäden an der Rohrleitung während der Leistungsübertragung können ebenso verheerende Folgen haben wie z.B. der Bruch einer Antriebswelle bei einem Hubwerk.

Trotz dieser Bedeutung ist es nicht möglich, die strömungstechnischen Verhältnisse in der Rohrleitung präzise zu erfassen. Einige Einflußgrößen lassen sich nur empirisch ermitteln (Widerstände in gebogenen Rohren, an Schweißstellen usw.), d.h. erst dann, wenn die Rohrleitung bereits fertiggestellt ist. Die Strömungstechnische Berechnung kann daher nur näherungsweise erfolgen, wobei auf die Einführung von Erfahrungsrichtwerten nicht verzichtet werden kann.

5.2.1.5.1 Bestimmung der lichten Weite

Maßgebend für die Bestimmung der lichten Weite der Rohrleitung ist die Größe der zu übertragenden Leistung oder, präziser ausgedrückt, die Größe des auf die übertragende Leistung bezogenen Leistungsverlustes innerhalb der Rohrleitung in Folge der strömungsabhängigen Druckverluste. Die allgemein übliche Aussage "Eine Strömungsgeschwindigkeit von 9 m/s sollte nicht überschritten werden" führt meist zu einer Auslegung mit 9 m/s, unabhängig von der Größe des mittleren Strömungsquerschnittes und der daraus resultierenden physikalischen Einflüsse. Darüber hinaus wird meist noch außer acht gelassen, daß die in die Rohrleitung eingebauten Steuerorgane, die nach der Nennweite der Rohrleitung in ihrer Größe festgelegt werden, in der Regel einen erheblich kleineren Durchflußquerschnitt haben als die Rohrleitung selbst. Die Strömungsgeschwindigkeit steigt dann in den Steuerorganen weit über 9 m/s an, was örtlich u.U. zu extremen Temperaturerhöhungen führt [15], die die Betriebsflüssigkeit zerstören. Dabei kommt es zusätzlich durch Kavitation und Ausspülungen zu Schäden an den Steuerorganen selbst. Bei der Festlegung der lichten Weite und damit der Strömungsgeschwindigkeit sind auch diese Gesichtspunkte zu berücksichtigen.

Es ist nicht möglich, rein rechnerisch nach physikalischen Gesetzmäßigkeiten eine bestimmte Strömungsgeschwindigkeit festzulegen, die im Hinblick auf die Wirtschaftlichkeit optimal ist. Dem Streben nach niedrigen Kosten für die Investition (kleine lichte Weiten) stehen die erhöhten Betriebskosten (hohe Strömungsgeschwindigkeiten, erhöhter Leistungsverlust, Schäden an der Betriebsflüssigkeit und Einbauteilen) diametral gegenüber. Eine praxisnahe Auslegung ist nur möglich, wenn man Erfahrungsrichtwerte zugrundelegt, die dann in Abhängigkeit der verschiedenen physikalischen Einflußgrößen auf den jeweiligen Auslegungsfall umzurechnen sind.

5.2.1.5.2 Ableitung der Auswahlkriterien

Nach Festlegung einer bestimmten Hydrogetriebegröße sind die Größen des Volumenstromes Q und des Betriebsdruckes p nicht mehr frei wählbar. Ebenso ist die Rohrlänge l durch die meist vorgegebenen räumlichen Verhältnisse festgelegt. Die kinematische Zähigkeit der Betriebsflüssigkeit wird durch den Hersteller des Hydrogetriebes vorgeschrieben. Der lichte Durchmesser der Rohrleitung d_i bleibt damit die einzige Veränderliche, mit der der Druckverlust, d.h. der Wirkungsgrad, in der Rohrleitung beeinflußt werden kann.

Die allgemeine Gleichung für den Druckverlust (vgl. Abschnitt 1.2.2) wird zweckmäßig so umgeformt, daß die einzelnen Berechnungsgrößen des Hydrogetriebes unmittelbar eingesetzt werden können. Weiter erscheint es zweckmäßig, die Größe des Druckverlustes als Wirkungsgrad auszudrücken. Die zu übertragende Leistung ist gegeben, und es kann ein nach verschiedenen Gesichtspunkten ermittelter zulässiger Leistungsverlust festgelegt werden. Da jetzt also der Druckverlust Δp im Wirkungsgrad ebenfalls festliegt, kann der lichte Rohrdurchmesser rechnerisch bestimmt werden. Es ist zunächst

$$d = \lambda_R \frac{l}{\Delta p} \frac{\rho}{2} v^2 ,$$

und da

$$v = \frac{Q}{S} = \frac{4\,Q}{\pi d^2}$$

ist, wird

$$d = \sqrt[5]{\frac{4^2}{\pi^2} \lambda_R \frac{l}{\Delta p} \frac{\rho}{2} Q^2} .$$

Der Wirkungsgrad ist das Verhältnis von Nutzen zu Aufwand, d.h. das Verhältnis, der in die Rohrleitung eingeführten Leistung zu der aus der Rohrleitung austretenden Leistung:

$$\eta_{hR} = \frac{P_N}{P_A} .$$

Da der an der Leistungsübertragung beteiligte Volumenstrom unverändert bleibt, wird mit $P = p\,Q$

$$\eta_{hR} = \frac{p_N Q}{p_A Q} = \frac{p_N}{p_A} ,$$

und da

$$\Delta p = p_A - p_N$$

ist, wird

$$\eta_{hR} = \frac{p_A - \Delta p}{p_A}$$

und umgeformt

$$\Delta p = p_A(1 - \eta_{hR}) .$$

Es wird also

$$d = \sqrt[5]{\frac{4^2}{\pi^2} \lambda_R \frac{1}{p_A(1 - \eta_{hR})} \frac{\rho}{2} Q^2} .$$

Da der Widerstandsbeiwert λ_R abhängig ist von der Reynoldsschen Zahl und diese wiederum vom Durchmesser, wird für den laminaren Strömungsbereich mit $Re < 2300$

$$\lambda_{Rl} = \frac{64}{Re} = \frac{64\,\nu}{v\,d_l} = \frac{64\,\nu\,d_l\,\pi}{4\,Q} = 16\,\pi\,\frac{d_l\,\nu}{Q} ,$$

und damit

$$d_l = \sqrt[5]{\frac{4^2}{\pi^2} 16\,\pi\,\frac{d_l\,\nu}{Q} \frac{1}{p_A(1 - \eta_{hR})} \frac{\rho}{2} Q^2}$$

oder umgeformt

$$\Delta p_l = p_A(1 - \eta_{hR}) = \frac{128}{\pi} \nu\,\rho\,\frac{Q\,a}{d_l^3} , \tag{13}$$

worin $a = l/d_l$ das Verhältnis Rohrlänge und lichtem Rohrdurchmesser ist. Analog ergibt sich für den turbulenten Strömungsbereich mit $2300 \leq Re < 1{,}25 \cdot 10^5$:

$$\lambda_{Rt} = \frac{0{,}3164}{Re^{0{,}25}} = 0{,}2237\,\pi^{0{,}25}\,\frac{d_t^{0{,}25}\,\nu^{0{,}25}}{Q^{0{,}25}}$$

oder

$$\Delta p_t = p_A(1 - \eta_{hR}) = 0{,}2415\,\frac{\nu^{0{,}25}\,\rho\,Q^{1{,}75}\,a}{d_t^{3{,}75}} . \tag{14}$$

5.2.1.5.3 Erfahrungsrichtwerte

Führt man nun als Grundlage einer praxisnahen Berechnung Erfahrungsrichtwerte ein, so lassen sich die Abweichungen der von Auslegungsfall zu Auslegungsfall unterschiedlichen Werte von diesen Erfahrungsrichtwerten durch Umrechnungsfaktoren erfassen, mit welchen eine schnelle Bestimmung des Wirkungsgrades - mit für die Praxis ausreichender Genauigkeit - möglich ist.

Legt man als Erfahrungsrichtwerte fest

Volumenstrom	$Q_{Ri} = 0{,}0667\ m^3/s$,
lichter Rohrdurchmesser	$d_{Ri} = 0{,}1\ m$,
Länge	$l_{Ri} = 30\ m$,
kinematische Zähigkeit	$\nu_{Ri} = 50 \cdot 10^{-6}\ m^2/s$,
Dichte	$\rho_{Ri} = 816\ kg/m^3$,
Betriebsdruck	$p_{Ri} = 245 \cdot 10^5\ N/m^2$,

so errechnet sich die Strömungsgeschwindigkeit zu

$$v = \frac{Q}{S} = \frac{4\,Q}{\pi d^2} = \frac{4 \cdot 0{,}0667}{\pi 0{,}1^2} \approx 8{,}5\ m/s\ ,$$

die Reynoldssche Zahl zu

$$Re = \frac{v\,d}{\nu} = \frac{8{,}5 \cdot 0{,}1}{50 \cdot 10^{-6}} \approx 1{,}74 \cdot 10^4\ ,$$

der Druckverlust zu

$$\Delta p = \frac{0{,}3164}{Re^{0{,}25}}\ \frac{l}{d}\ \frac{\rho}{2} v^2 = \frac{0{,}3164 \cdot 30 \cdot 816 \cdot 8{,}5^2}{1{,}74^{0{,}25} \cdot 10 \cdot 0{,}1 \cdot 2} \approx 2{,}45 \cdot 10^5\ N/m^2\ ,$$

der Wirkungsgrad zu

$$\eta_{hR} = \frac{p_A - \Delta p}{p_A} = \frac{10^5 (245 - 2{,}45)}{245 \cdot 10^5} \approx 0{,}99\ .$$

Tabelle 12 enthält einige mit (13) und (14) umgerechnete Erfahrungsrichtwerte für den Durchmesserbereich von 0,15 bis 0,006 m. Bei ihrer Ermittlung wurde die Forderung gestellt, daß bei konstanten Werten für p_A, ρ und a $\eta_{hR} = 0{,}99$ bleiben soll. Abweichungen von diesen Werten (Spalten 6 und 8) in der 3. und 4. Stelle hinter dem Komma entstehen durch Begrenzung der maximalen Strömungsgeschwindigkeiten auf $v = 8{,}5\ m/s$, durch Auf- bzw. Abrundung der Größe der Strömungsgeschwindigkeiten auf eine Stelle hinter dem Komma und durch den Übergang von turbulente in laminare Strömung bzw. umgekehrt. Die einzelnen Spalten enthalten:

Spalte 1: lichter Rohrdurchmesser d_R in m;

Spalte 2: Strömungsgeschwindigkeit v_R in m/s;

Spalte 3: Volumenstrom Q_R in m^3/s;

Spalte 4: Rohrlänge l_R, wobei $l_R/d_R = a_R = 300$ = konstant;

Spalte 5. Reynoldsche Zahl Re_R bei $\nu = 50 \cdot 10^{-6}\ m^2/s$ = konstant;

Spalte 6: Wirkungsgrad η_{hRt} bei $\rho_R = 816\ kg/m^3$ = konstant und $p_R = 245 \cdot 10^5\ N/m^2$ = konstant;

Spalte 7: kinematische Zähigkeit ν in m^2/s, bei der ein Wechsel des Strömungszustandes eintritt;

Spalte 8: Wirkungsgrad η_{hRl} nach Wechsel des Strömungszustandes gemäß Spalte 7.

Tabelle 12. Nach Erfahrungsrichtwerten errechnete Wirkungsgrade von geraden Rohrleitungen mit unterschiedlichen lichten Weiten und Längen

d_R	v_R	Q_R	l_R	Re_R	η_{hRt}	ν_R	η_{hRl}
m	m/s	m^3/s	m	$\cdot 10^5$		$m^2/s \cdot 10^{-6}$	
1	2	3	4	5	6	7	8
					turbulent, Re > 2300		laminar, Re ≤ 2300
0,15	8,5	0,15	45,0	0,2550	0,9915		
0,122	8,5	0,099	36,6	0,2074	0,9904		
0,100 *	8,5 *	0,066667 *	30,0 *	0,1700 *	0,99 *		
0,079	8,2	0,0401	23,7	0,1296	0,99		
0,063	8,0	0,0249	18,9	0,1008	0,99		
0,050	7,5	0,0148	15,0	0,0750	0,99		
0,046	7,5	0,0122	13,8	0,0690	0,99	150	0,9922
0,040	7,5	0,0095	12,0	0,0600	0,99	132	0,9920
0,032	7,3	0,00581	9,6	0,0467	0,99	101	0,9925
0,025	7,0	0,00344	7,5	0,0350	0,99	76,1	0,9932
0,022	6,9	0,00260	6,6	0,0304	0,99	65,5	0,9935
0,020	6,8	0,00213	6,0	0,0272	0,99	58,6	0,9936
0,018	6,6	0,00169	5,4	0,0237	0,99	51,2	0,9940
					laminar, Re ≤ 2300		turbulent, Re > 2300
0,017	6,8	0,00154	5,1	0,0230	0,9936	50,2	0,9895
0,016	7,2	0,00144	4,8	0,0230	0,9932	50,0	0,9883
0,012	7,5	0,000849	3,6	0,0180	0,99	39,1	0,9872
0,010	6,2	0,000491	3,3	0,0124	0,99	27,0	0,9911
0,008	5	0,000252	2,4	0,0080	0,99	17,4	0,9943
0,006	3,7	0,000105	1,8	0,0044	0,99	9,6	0,9969

* Erfahrungsrichtwerte: d_{Ri}, v_{Ri}, Q_{Ri}, l_{Ri}, Re_{Ri}, η_{hRi}, ν_{Ri}, p_{ARi}, ρ_{Ri}.

5.2.1.5.4 Beeinflussung des Wirkungsgrades

Die in Tabelle 12 angegebenen Werte für den Wirkungsgrad wurden durch Umrechnung der Erfahrungsrichtwerte (Zeile 3: $d_{Ri} = 0,100$ m) nach den Strömungsgesetzen ermittelt. Diese Werte stellen also eine Analogie zu den Erfahrungsrichtwerten dar. Da bei der Auslegungsberechnung nur der lichte Rohrdurchmesser d_i frei wählbar bleibt, werden die dem jeweiligen Wirkungsgrad in der Tabelle zugrundeliegenden Einflußgrößen in den seltensten Fällen alle für den jeweiligen Berechnungsfall zutreffen. Eine Abweichung von diesen führt dann zwangsläufig zu einer Änderung des Wirkungsgrades.

Kennzeichnet man die umgerechneten Erfahrungsrichtwerte mit dem Index R, so gilt im laminaren Bereich mit (14)

$$\frac{1-\eta_{hl}}{1-\eta_{hRl}} = \frac{\nu\,\rho\,Q\,a\,d^3{}_R\,p_{AR}}{\nu_R\,\rho_R\,Q_R\,a_R\,d^3\,p_A}$$

und im turbulenten Bereich

$$\frac{1-\eta_{ht}}{1-\eta_{hRt}} = \frac{\nu^{0,25}\,\rho\,Q^{1,75}\,a\,d_R{}^{3,75}\,p_{AR}}{\nu_R{}^{0,25}\,\rho_R\,Q_R{}^{1,75}\,a_R\,d^{3,75}\,p_A}\,.$$

Es ist also allgemein

$$1-\eta_h = f(1-\eta_{hR})\,,$$

worin

$$f = f_\nu\,f_\rho\,f_Q\,f_a\,f_d{}^{-1}\,f_p{}^{-1}\,.$$

Die Einzelfaktoren bestimmen sich gemäß Tabelle 13. Da sich die einzelnen Veränderlichen nur zwischen relativ engen Grenzen bewegen, lassen sich in übersichtlicher Weise die Werte für f tabellarisch erfassen. Darüberhinaus können die in den Tabellen 14 bis 19 enthaltenen Faktoren aber auch in den Fällen angewendet werden, in welchen z.B. aus Messungen bestimmte Werte gegeben sind, die als Grundlage für die Auslegungsberechnung einer vergleichbaren Anlage herangezogen werden sollen.

Tabelle 13. Bestimmung der Umrechnungsfaktoren

laminar	laminar und turbulent	turbulent
$f_{\nu l} = \frac{\nu}{\nu_R}$	$f_{\rho l} = f_{\rho t} = \frac{\rho}{\rho_R}$	$f_{\nu t} = (\frac{\nu}{\nu_R})^{0,25}$
$f_{Ql} = \frac{Q}{Q_R}$	$f_{al} = f_{at} = \frac{a}{a_R}$	$f_{Qt} = (\frac{Q}{Q_R})^{1,75}$
$f_{dl} = \frac{d}{d_R}$	$f_{pl} = f_{pt} = \frac{p_A}{p_{AR}}$	$f_{dt} = (\frac{d}{d_r})^{3,75}$

Tabelle 14. Umerechnungsfaktor $f_{\nu l}$ und $f_{\nu t}$ für die Änderung des Rohrleitungswirkungsgrades in Abhängigkeit der Änderung der Viskosität

ν m^2/s $\cdot 10^{-6}$	u_ν ν/ν_{Ri}	$f_{\nu t}$	$f_{\nu l}$	ν m^2/s $\cdot 10^{-6}$	u_ν ν/ν_{Ri}	$f_{\nu t}$	$f_{\nu l}$
2,0	0,04	0,45	0,04	57,5	1,15	1,03	1,15
19,0	0,38	0,78	0,38	65,0	1,30	1,07	1,30
26,0	0,52	0,85	0,52	72,5	1,45	1,1	1,45
31,0	0,62	0,88	0,62	80,0	1,60	1,12	1,60
34,0	0,68	0,91	0,68	87,0	1,74	1,14	1,74
37,0	0,74	0,93	0,74	100,0	2,00	1,19	2,00
41,0	0,82	0,95	0,82	137,5	2,75	1,29	2,75
44,0	0,88	0,97	0,88	187,5	3,75	1,39	3,75
47,0	0,94	0,98	0,94	300,0	6,00	1,56	6,00
50,0	1,00	1,00	1,00	450,0	9,00	1,73	9,00

Tabelle 15. Umrechnungsfaktoren $f_{\rho l}$ und $f_{\rho t}$ für die Änderung des Rohrleitungswirkungsgrades in Abhängigkeit der Änderung der Dichte.

ρ kg/m^3	$f_{\rho l}, f_{\rho t}$	ρ kg/m^3	$f_{\rho l}, f_{\rho t}$
750	0,92	1000	1,25
775	0,95	1050	1,29
800	0,98	1100	1,35
816	1,00	1150	1,41
850	1,04	1200	1,47
875	1,07	1250	1,53
900	1,10	1300	1,59
925	1,13	1350	1,65
950	1,16	1400	1,71
975	1,19	1500	1,83

Tabelle 16. Umrechnungsfaktoren f_{Ql} und f_{Qt} für die Änderung des Rohrleitungswirkungsgrades in Abhängigkeit der Änderung des Volumenstromes

U_Q Q/Q_R	f_{Ql}	f_{Qt}
0,03	0,03	0,002
0,21	0,21	0,065
0,51	0,51	0,31
0,75	0,75	0,61
0,90	0,90	0,83
1,20	1,20	1,38
1,50	1,50	2,04
1,80	1,80	2,8
2,01	2,01	3,39
2,4	2,40	4,6

Tabelle 17. Umrechnungsfaktoren f_{al} und f_{at} für die Änderung des Rohrleitungswirkungsgrades in Abhängigkeit der Änderung des Verhältnisses l/d

a l/d	f_{at}, f_{al} a/a_R	a l/d	f_{at}, f_{al} a/a_R
10	0,033	110	0,367
30	0,100	500	1,667
50	0,166	1000	3,333
70	0,233	2500	8,333
90	0,300	5000	16,667

Tabelle 18. Umrechnungsfaktoren f_{dl} und f_{dt} für die Änderung des Rohrleitungswirkungsgrades in Abhängigkeit der Änderung des lichten Rohrdurchmessers

d/d_R	f_{dt} $(d/d_R)^{3,75}$	f_{dl} $(d/d_R)^{3,75}$
0,50	0,074	0,125
0,75	0,340	0,422
1,25	2,31	1,953
1,50	4,58	3,375
2,00	13,46	8,000
3,0	61,6	27
7,0	1476	343
10,0	5623,5	1000
15,0	25724	3375
25,0	174700	15625

Tabelle 19. Umrechnungsfaktoren f_{pl} und f_{pt} für die Änderung des Rohrleitungswirkungsgrades in Abhängigkeit der Änderung des Druckes

p_A N/m^2 $\cdot 10^5$	f_{pl}, f_{pt}	p_A N/m^2 $\cdot 10^5$	f_{pl}, f_{pt}
9,8	0,04	98	0,4
12,3	0,05	123	0,5
15,7	0,064	157	0,64
19,6	0,08	196	0,8
24,5	0,1	245	1
31,4	0,128	314	1,28
39,2	0,16	392	1,6
49,1	0,2	491	2
62,8	0,256	628	2,56
78,5	0,32	785	3,2

5.2.1.5.5 Grenzwert der Einflußgrößen (Tabelle 20)

Eingangs wurde eingeschränkt, daß die Strömungsgeschwindigkeit von 8,5 m/s nicht überschritten werden soll. Die in Tabelle 12 Spalte 2 angegebenen Strömungsgeschwindigkeiten könnten also bei gleichzeitiger Verschlechterung des Wirkungsgrades bis auf 8,5 m/s erhöht werden. Es vergrößert sich dann also der Volumenstrom Q_R in Spalte 3. Eine derartige Änderung sowie eine ebenfalls mögliche Änderung der Viskosität beeinflußt aber die Reynoldssche Zahl (Spalte 5). Es kann also eine Änderung des Strömungszustandes eintreten. Vor Umrechnung des Wirkungsgrades muß also zunächst geprüft werden, ob η_{hR} aus Spalte 6 oder Spalte 8 der Tabelle 12 zu entnehmen ist.

Der Grenzwert für den Übergang von turbulenter auf laminare Strömung oder umgekehrt läßt sich wie folgt bestimmen: Es ist

$$Q_{max} = Q_R \frac{v'}{v_R} .$$

Mit

$$v' = 8,5\,m/s = v_{max} , \quad \frac{8,5}{v_R} = u_{max}$$

muß

$$\frac{Q_{max}}{Q_R} \leqslant u_{max}$$

sein.
Da

$$Re'_R = \frac{Q'}{d_R \nu} = \frac{Q_R}{d_R \nu_R} \cdot \frac{Q'}{Q_R} \cdot \frac{\nu_R}{\nu'} = Re_R u_Q u_\nu^{-1}$$

ist, worin

$$u_Q = \frac{Q'}{Q_R}, \; u_\nu = \frac{\nu'}{\nu_R},$$

wird im Extremfall die Reynoldssche Zahl

$$Re'_R = Re_R u_{max} u_\nu^{-1} .$$

Nach Abschnitt 1.2.2 liegt der Grenzwert der Reynoldsschen Zahl fest mit $0{,}023 \cdot 10^5 \leqslant Re_{RG} < 1{,}25 \cdot 10^5$ für den turbulenten Bereich und $Re_{RG} < 0{,}023 \cdot 10^5$ für den laminaren Bereich. Es lassen sich jetzt also mit Re_{RG}/Re_R und $u_{max}/u_\nu = w$ die Bedingungen aufstellen

$$\frac{0{,}023 \cdot 10^5}{Re_R} \leqslant w_t < \frac{1{,}25 \cdot 10^5}{Re_R},$$

$$w_l < \frac{0{,}023 \cdot 10^5}{Re_R},$$

woraus resultiert

$$w_{tmax} < \frac{1{,}25 \cdot 10^5}{Re_R}, \; w_{tmin} \geqslant \frac{0{,}023 \cdot 10^5}{Re_R}$$

für den turbulenten Bereich und

$$w_l < \frac{0{,}023 \cdot 10^5}{Re_R}$$

für den laminaren Bereich.

Ist $w_{tmin} \leqslant w < w_{tmax}$, so ist η_{hR} für den turbulenten und mit $w < w_l$ η_{hR} für den laminaren Bereich zu wählen. Tabelle 20 ermöglicht eine schnelle Übersicht, Tabelle 21 enthält die in der Praxis möglichen Werte für u_Q/u_ν.

Tabelle 20. Grenwerte für den Übergang von turbulenter auf laminare Strömung und umgekehrt

d_R	u_{max}	$w_{tmin} \leq \frac{u}{u_\nu} < w_{tmax}$			$\frac{u}{u_\nu} > w_l$ *	
m			w_{tmin}	w_{tmax}		w_l
1	2	3			4	
0,150	1,00	η_{hR} Spalte 6, Tabelle 12	0,09	4,9	η_{hR} Spalte 8, Tabelle 12	
0,122	1,00		0,111	6,03		
0,100	1,00		0,135	7,37		
0,079	1,03		0,178	9,67		
0,063	1,06		0,228	12,39		
0,050	1,13		0,306	16,63		
0,040	1,13		0,383	20,82		0,383
0,032	1,16		0,492	26,74		0,492
0,025	1,21		0,657	35,71		0,657
0,020	1,25		0,845	45,92		0,845
0,018	1,29		0,966	52,5		0,966
0,017	1,25	η_{hR} Spalte 8, Tabelle 12	1,000	54,34	η_{hR} Spalte 6, Tabelle 12	1,000
0,016	1,18		1,000	54,34		1,000
0,012	1,13		1,28	69,44		1,28
0,010	1,37		1,86	100,81		1,86
0,008	1,7		2,88	156,25		2,88
0,006	2,3		5,23	284,09		5,23

* Ist die Bedingung erfüllt, so ist der Wirkungsgrad η_{hR} aus der angegebenen Spalte der Tabelle 12 zu entnehmen.

Tabelle 21. Werte des Quotienten u/u_ν für in der Praxis mögliche Fälle

u	u_ν						
	0,04	0,60	1,00	1,60	2,00	2,50	3,00
0,9	22,5	1,5	0,9	0,56	0,45	0,36	0,3
1	25	1,67	1	0,63	0,5	0,4	0,33
1,03	25,6	1,72	1,03	0,64	0,52	0,41	0,34
1,06	26,5	1,77	1,06	0,66	0,53	0,42	0,35
1,13	28,3	1,88	1,13	0,71	0,56	0,45	0,38
1,16	29	1,93	1,16	0,73	0,58	0,46	0,39
1,18	29,5	1,97	1,18	0,74	0,59	0,47	0,39
1,21	30,3	2,02	1,21	0,76	0,6	0,48	0,4
1,25	31,3	2,08	1,25	0,78	0,62	0,5	0,42
1,29	32,3	2,15	1,29	0,81	0,64	0,52	0,43
1,37	34,3	2,28	1,37	0,86	0,68	0,55	0,46
1,70	42,5	2,83	1,70	1,06	0,85	0,68	0,57
2,3	57,5	3,83	2,3	1,44	1,15	0,92	0,77

Rechenbeispiel. Eine Rohrleitung soll mit einer geraden Länge von $l = 18$ m und einer lichten Weite von $d = 0{,}020$ m verlegt werden. Der Volumenstrom beträgt $Q = 0{,}0027\ m^3/s$, die Viskosität $\nu = 75 \cdot 10^{-6}\ m^2/s$ und der Betriebsdruck $p_A = 98{,}1 \cdot 10^5\ N/m^2$. Nach Tabelle 12, Spalte 3, ist für $d_R = 0{,}020$ m $Q_R = 0{,}00213\ m^3/s$.

a) Es ist zunächst zu prüfen ob $u_Q \leqslant u_{max}$ ist.

$$u_Q = \frac{Q'}{Q_R} = \frac{0{,}0027}{0{,}00213} \approx 1{,}28 .$$

Laut Tabelle 20, Spalte 2, ist $u_{max} = 1{,}25$. Da $1{,}28 > 1{,}25$, ist $d_R = 0{,}020$ m nicht zulässig. Gewählt wird $d_R = 0{,}022$ m, hierzu ist $u_{max} = 1{,}23$ und $Q_R = 0{,}0026\ m^3/s$. Es ist dann $u_Q = 0{,}0027/0{,}0026 \approx 1{,}04 < 1{,}23$, also zulässig.

b) Es ist nun zu prüfen ob der Wirkungsgrad aus Spalte 6 oder 8 der Tabelle 12 zu entnehmen ist. Mit

$$u_\nu = \frac{\nu'}{\nu_R} = \frac{75 \cdot 10^{-6}}{50 \cdot 10^{-6}} = 1{,}5$$

wird

$$w = \frac{u_Q}{u_\nu} = \frac{1{,}04}{1{,}5} = 0{,}69 .$$

Eingesetzt mit w_t bzw. w_l aus Tabelle 21 ist ersichtlich, daß $0{,}756 \leqslant 0{,}69 < 41{,}04$ nicht zutrifft, jedoch $0{,}69 < 0{,}756$ zutrifft. Der Wirkungsgrad η_{hR} ist also mit 0,9935 aus Tabelle 12, Spalte 8, zu entnehmen.

c) Es ist nun der tatsächliche Wirkungsgrad der vorgesehenen Rohrleitung zu berechnen. Ansatz:

$$1 - \eta_h = f_{\nu l} f_{\rho l} f_{Ql} f_{dl}^{-1} f_{p_A l}^{-1} f_{al} (1 - \eta_{hR}) .$$

Faktoren:

$$f_{\nu l} = \frac{\nu'}{\nu_R} = \frac{75 \cdot 10^{-6}}{65{,}5 \cdot 10^{-6}} = 1{,}145$$

(da η_{hR} aus Spalte 8 zu entnehmen ist, muß für ν_R der zugehörige Wert aus Spalte 7 eingesetzt werden);

$f_{\rho l} = 1$, da die Dichte unverändert bleibt;

$f_{Ql} = \frac{Q'}{Q_R} = \frac{0,0027}{0,0026} \approx 1,04$;

$f_{dl} = 1$, da der Durchmesser nicht geändert wird;

$f_{p_A l} = \frac{p_A}{p_{AR}} = \frac{98,1 \cdot 10^5}{245 \cdot 10^5} = 0,4$

(Nebenrechnung $a' = l/d = 18/0,022 \approx 818$);

$f_{al} = \frac{a'}{a_R} = \frac{818}{300} = 2,73$.

Umrechnung:

$$1 - \eta_h = 1,145 \cdot 1 \cdot 1,04 \cdot \frac{1}{1} \cdot \frac{1}{0,4} \cdot 2,73 \cdot (1 - 0,9935) ,$$

$$1 - \eta_h = 8,13 \cdot 0,0065 = 0,0528 ,$$

$$\eta_h = 1 - 0,0528 = 0,9472 .$$

Die Werte für f können ebenfalls aus den Tabellen 14 bis 19 entnommen werden.

5.2.1.5.6 Rohrbogen, -abzweige, Querschnittsveränderungen

Die Bestimmung der zweckmäßigen lichten Weite der Rohrleitung ging ausschließlich vom geraden Rohr mit kreisrundem, unverändertem Querschnitt aus. Eine derartige Rohrleitung wird aber in der Praxis nicht gebaut werden können. In Wirklichkeit wird die Betriebsflüssigkeit des Hydrogetriebes eine Vielzahl von Rohrbogen, -abzweigen, gebohrten Kanälen und Querschnittsveränderungen durchströmen müssen. Hierbei muß nicht nur die innere und äußere Reibung des Flüssigkeitsstromes überwunden werden, sondern es findet auch fortlaufend eine Änderung der Strömungsgeschwindigkeit statt. Die hierzu erforderliche Energie wird dem Druck des Flüssigkeitsstromes entnommen und tritt ebenfalls nach außen als Druckverlust in Erscheinung.

Wie aus Abschnitt 1.2.2 ersichtlich, berechnet sich der Druckverlust eines bestimmten Rohrleitungsteiles zu

$$\Delta p = \xi_E \frac{\rho}{2} v^2 .$$

Der Druckverlust für die gesamte Rohrleitung beträgt mit Δp_R als der Summe der Einzelverluste für alle geraden Rohrleitungsteile mit kreisrundem Querschnitt

$$\Delta p_G = \Delta p_R + \Sigma \Delta p_E .$$

Geht man bei der Betrachtung der Verluste der nicht geraden Rohrleitungsteile Δp_E ebenfalls wieder von der Wirkungsgradbetrachtung aus, so wird, wenn z.B. einem geraden Rohrleitungsteil mit dem Wirkungsgrad η_h ein Einzelwiderstand mit dem Wirkungsgrad η_{hE} folgt, der nutzbare Druck am Ende des geraden Rohrleitungsteiles und damit am Anfang des Einzelwiderstandes

$$p_N = p_A \eta_h = p_{A1}$$

betragen, der sich dann weiter vermindert auf

$$p_{N1} = p_{A1} \eta_{hE} = p_A \eta_h \eta_{hE} .$$

Der Gesamtwiderstand nach n Einzelwiderständen beträgt dann

$$\eta_{hG} = \eta_h \eta_{hE1} \cdots \eta_{hEn} ,$$

worin η_h durch Addition der Längen aller geraden kreisrunden Rohrleitungsteile berücksichtigt ist.

5.2.1.5.7 Größenordnung der Einzelwiderstände

Um die Größenordnung möglicher Einzelwiderstände und damit deren Bedeutung für die Verlustbestimmung zu veranschaulichen, sollen zunächst die in der Praxis mögliche Extreme ermittelt werden. Hierzu wird angenommen

$$p_A = 9{,}81 \cdot 10^5 \text{ bis } 785 \cdot 10^5 \, N/m^2 ,$$

$$\rho = 750 \text{ bis } 1500 \, kg/m^3 ,$$

$$v = 3{,}7 \text{ bis } 8{,}5 \, m/s ,$$

$$\xi_E = 0{,}25 \text{ bis } 15 .$$

Mit diesen Größen errechnet sich der günstigste Wirkungsgrad zu

$$\eta_h = \frac{p_A - \Delta p}{p_A} = 1 - \frac{\Delta p}{p_A} ,$$

$$\eta_{hE\,max} = 1 - \frac{0{,}25 \cdot 750 \cdot 3{,}7^2}{2 \cdot 785 \cdot 10^5} = 0{,}99997$$

und der ungünstigste Wirkungsgrad zu

$$\eta_{hE\,min} = 1 - \frac{15 \cdot 1500 \cdot 8{,}5^2}{2 \cdot 9{,}81 \cdot 10^5} = 0{,}1715 \,.$$

Diese Zahlenbeispiele zeigen, welche Bedeutung den Einzelwiderständen beizumessen ist.

5.2.1.5.8 Widerstandsbeiwerte

Die Widerstandsbeiwerte ξ_E sind nur abhängig von der Gestalt des jeweiligen Rohrleitungsteiles. Zu jedem Rohrleitungsteil läßt sich also für bestimmte Erfahrungsrichtwerte (Index Ri) ebenfalls ein Wirkungsgrad η_{hER} bestimmen (vgl. Tabelle 12). Tabelle 22 enthält die Wirkungsgrade verschiedenartiger Rohrleitungsteile, wie sie immer wieder bei Hydrogetrieben vorkommen. Die angegebenen Werte sind mir Rücksicht auf die Unsicherheit eindeutiger Erfassung der Größen der auftretenden Widerstände zur ungünstigeren Seite hin abgerundet und haben zunächst nur Gültigkeit für die Erfahrungsrichtwerte in Tabelle 12 [25,26].

Besonders zu beachten sind die Querschnittsveränderungen bei kreisrunden Rohrleitungsteilen. Grundsätzlich ist zunächst festzustellen, daß jede Durchmesseränderung erheblichen Einfluß auf den Strömungswiderstand hat. Betrachtet man die Grundformel für den Druckverlust beim geraden, kreisrunden Rohr, so ist

$$d^5 = \left(\frac{4}{\pi}\right)^2 \lambda_R \frac{1}{\Delta p} \frac{\rho}{2} Q^2 \,, \tag{15}$$

und es verhält sich

$$\frac{\Delta p}{\Delta p'} = \left(\frac{d'}{d}\right)^5 \frac{\lambda_R}{\lambda_R'} \,.$$

Damit wird

$$\Delta p' = \Delta p \left(\frac{d}{d'}\right)^5 \frac{\lambda_R'}{\lambda_R} \,.$$

Da λ_R (vgl. Abschnitt 1.2.2) auch von d abhängig ist, wird im laminaren Bereich

$$\Delta p_l' = \Delta p_l \left(\frac{d}{d'}\right)^5$$

und im turbulenten Bereich

$$\Delta p_t' = \Delta p_t \left(\frac{d}{d'}\right)^{3,75} \,.$$

Tabelle 22. Widerstandsbeiwerte und auf Erfahrungsrichtwerte bezogene Verluste $(1 - \eta_{hR})$ in Rohrleitungseinzelteile

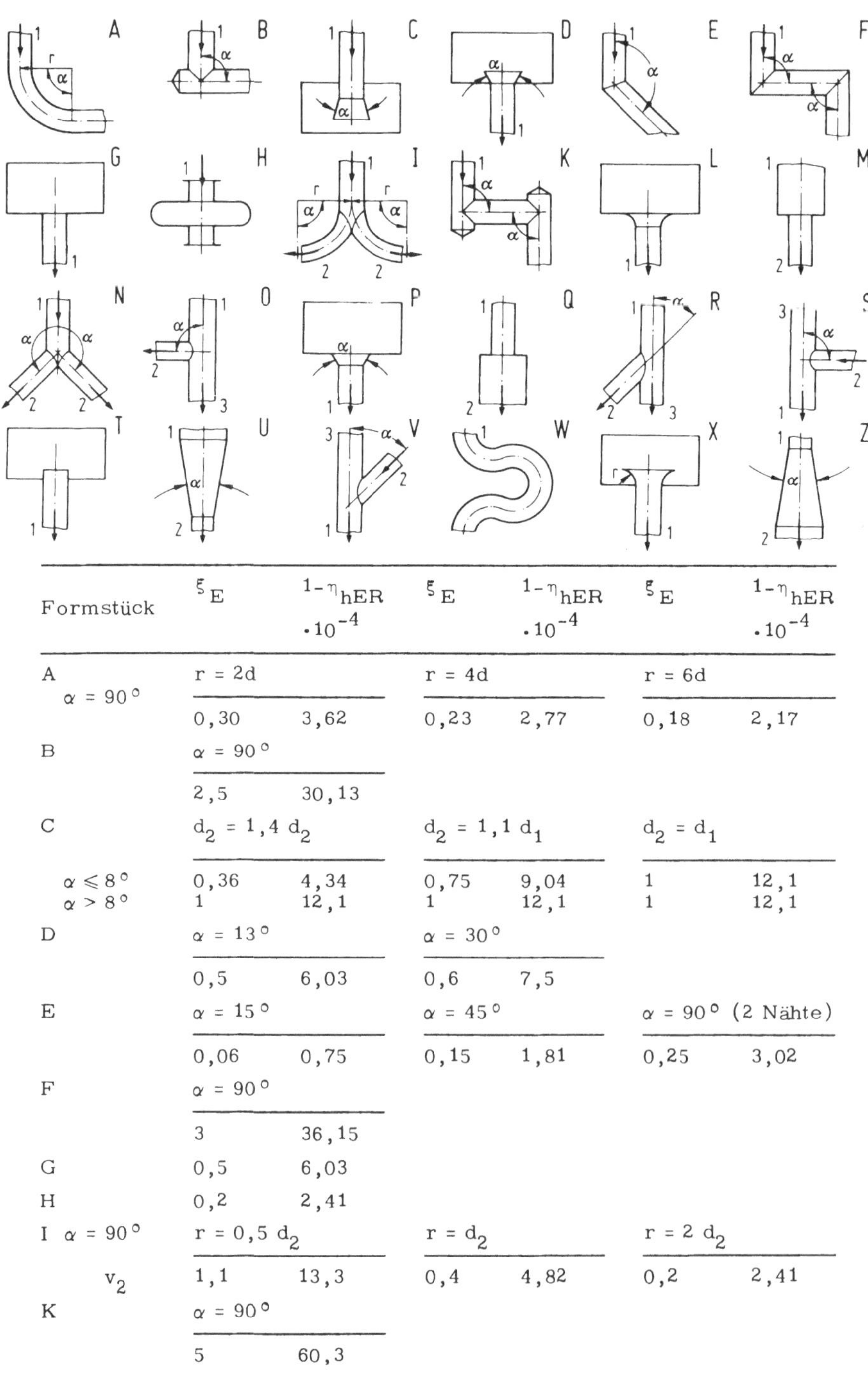

Formstück	ξ_E	$1-\eta_{hER}$ $\cdot 10^{-4}$	ξ_E	$1-\eta_{hER}$ $\cdot 10^{-4}$	ξ_E	$1-\eta_{hER}$ $\cdot 10^{-4}$
A	r = 2d		r = 4d		r = 6d	
α = 90°	0,30	3,62	0,23	2,77	0,18	2,17
B	α = 90°					
	2,5	30,13				
C	d_2 = 1,4 d_2		d_2 = 1,1 d_1		d_2 = d_1	
$\alpha \leqslant 8°$	0,36	4,34	0,75	9,04	1	12,1
$\alpha > 8°$	1	12,1	1	12,1	1	12,1
D	α = 13°		α = 30°			
	0,5	6,03	0,6	7,5		
E	α = 15°		α = 45°		α = 90° (2 Nähte)	
	0,06	0,75	0,15	1,81	0,25	3,02
F	α = 90°					
	3	36,15				
G	0,5	6,03				
H	0,2	2,41				
I α = 90°	r = 0,5 d_2		r = d_2		r = 2 d_2	
v_2	1,1	13,3	0,4	4,82	0,2	2,41
K	α = 90°					
	5	60,3				

Fortsetzung Tabelle 22

Formstück	ξ_E	$1-\eta_{hER}$ $\cdot 10^{-4}$	ξ_E	$1-\eta_{hER}$ $\cdot 10^{-4}$	ξ_E	$1-\eta_{hER}$ $\cdot 10^{-4}$
L	$r = 0{,}5\ d$					
	0,06	0,75				
M	$d_2 = 0{,}8\ d_1$		$d_2 = 0{,}6\ d_1$		$d_2 = 0{,}5\ d_1$	
v_2	0,17	2,01	0,32	3,82	0,38	4,53
N	$\alpha = 60°$		$\alpha = 90°$		$\alpha = 120°$	
	0,3	3,62	0,7	8,44	1	12,1
O $\alpha = 90°$	$Q_2 = 0{,}2\ Q_1$ $d_2 = d_3$		$Q_2 = 0{,}6\ Q_1$ $d_2 = d_3$		$Q_2 = Q_1$ $d_2 = d_3$	
v_2	0,88	10,6	0,96	11,57	1,29	15,55
v_1	- 0,1	- 1,2	0,07	0,85	0,35	4,22
P	$\alpha = 13°$		$\alpha = 30°$			
	0,13	1,57	0,25	3,02		
Q	$d_2 = 1{,}25\ d_1$		$d_2 = 1{,}67\ d_1$		$d_2 = 2\ d_1$	
v_2	0,4	4,82	3,3	39,75	12	144,6
R $\alpha = 45°$	$Q_2 = 0{,}2\ Q_1$ $d_2 = d_3$		$Q_2 = 0{,}6\ Q_1$ $d_2 = d_3$		$Q_2 = Q_1$ $d_2 = d_3$	
v_2	0,66	7,94	0,38	4,58	0,48	5,79
v_3	- 0,06	- 0,75	0,07	0,85	0,33	3,98
S $\alpha = 90°$	$Q_2 = 0{,}2\ Q_1$ $d_2 = d_3$		$Q_2 = 0{,}6\ Q_1$ $d_2 = d_3$		$Q_2 = Q_1$ $d_2 = d_3$	
v_2	- 0,4	- 4,82	0,47	5,67	0,92	11,1
v_3	0,18	2,17	0,41	4,93	0,6	7,5
T	3	36,3				
U $\alpha \leqslant 8°$	$d_2 = 0{,}8\ d_1$		$d_2 = 0{,}6\ d_1$		$d_2 = 0{,}5\ d_1$	
v_2	0,9	10,7	2,45	29,5	3,9	47
V $\alpha = 45°$	$Q_2 = 0{,}2\ Q_1$ $d_1 = d_2 = d_3$		$Q_2 = 0{,}6\ Q_1$ $d_1 = d_2 = d_3$		$Q_2 = Q_1$ $d_1 = d_2 = d_3$	
v_2	- 0,37	- 4,46	0,22	2,65	0,38	4,58
v_3	0,17	2,05	0,09	1,08	0,57	6,59
W	0,7	8,45				
X	$r = 0{,}5\ d$					
	0,06	0,75				
Z $\alpha \leqslant 8°$	$d_2 = 1{,}25\ d_1$		$d_2 = 1{,}67\ d_1$		$d_2 = 2\ d_1$	
v_2	- 1,2	-14,46	- 5,9	- 71,2	- 12,5	- 150,6

Aus Tabelle 23 ist ersichtlich, daß sich bei einer Verkleinerung der lichten Weite um 20 % ($d'/d = 0{,}8$) der Druckverlust auf den 3-fachen bzw. 2,4-fachen Wert erhöht.

Die Änderung des Querschnittes erfolgt mit stetigem oder unstetigem Übergang von einem Durchmesser zum anderen, wobei sowohl eine Vergrößerung wie auch eine Verkleinerung des Durchmessers erfolgen kann.

In Abschnitt 1.2.2 wurde der Satz von Bernoulli angeführt, der aussagt, daß in einer reibungsfrei strömenden Flüssigkeit der Energieinhalt in jedem Querschnitt senkrecht zur Strömungsachse zu jeder Zeit gleich ist. Da sich der Energieinhalt im Bereich der beim Hydrogetriebe in Betracht kommenden Flüssigkeitsströmungen im wesentlichen auf die Druckenergie und die kinetische Energie beschränkt, bedingt jede Geschwindigkeitsänderung ebenfalls eine Druckänderung. Die Druckänderung, d.h. die Differenz des Druckes vor und nach der Geschwindigkeitsänderung, beträgt im verlustfreien System, vereinfacht dargestellt,

$$\Delta p_v = \frac{\rho}{2}\left(v_2^2 - v_1^2\right) .$$

Ist v_2 kleiner als v_1, d.h. Verminderung der Geschwindigkeit durch Vergrößerung des Durchmessers, wird Δp_v negativ. Der entstehende "Druckverlust" wird als Druckerhöhung wirksam und wirkt damit den inneren und äußeren Reibungsverlusten des Flüssigkeitsstromes entgegen. Ist v_2 größer als v_1, d.h. Erhöhung der Geschwindigkeit durch Verkleinerung des Durchmessers, wird Δp_v positiv. Der Druckverlust wirkt gleichsinnig wie der Verlust aus der Reibung. Da nur die Strömungsgeschwindigkeit v, die Dichte ρ und der Druck p_A als Veränderliche in die Berechnung des Wirkungsgrades eines bestimmten Rohrleitungsteiles eingehen, kann in Abhängigkeit dieser Veränderlichen eine Umrechnung erfolgen. Es ist

$$1 - \eta_{hE} = \frac{\Delta p}{p_A} = \frac{\xi_E \; \rho v^2}{2 p_A} .$$

Bei Veränderung des Druckes p_A auf p_A' wird dann

$$(1 - \eta_{hE})' = \frac{\xi_E \; \rho v^2}{2 p_A'}$$

und weiter

$$\frac{(1 - \eta_{hE})'}{1 - \eta_{hE}} = \frac{p_A}{p_A'} .$$

Mit $p_A/p'_A = q_p$ wird

$$(1 - \eta_{hE})' = q_p(1 - \eta_{hE}) .$$

Analog gilt bei Veränderung der Dichte ρ

$$(1 - \eta_{hE})' = q_\rho(1 - \eta_{hE}) ,$$

worin $q_\rho = \rho'/\rho$, und bei Veränderung der Geschwindigkeit

$$(1 - \eta_{hE})' = q_v(1 - \eta_{hE}),$$

worin $q_v = (v'/v)^2$. Es gilt dann mit den Erfahrungsrichtwerten für den Wirkungsgrad nach Tabelle 22

$$1 - \eta_{hE} = q(1 - \eta_{hER}) ,$$

worin $q = q_p q_\rho q_v$ ist. Die Tabellen 24 bis 26 enthalten die Werte für q_p, q_ρ und q_v.

Tabelle 23. Umrechnungsfaktoren zur Bestimmung des Druckverlustes in Abhängigkeit von der Änderung der lichten Weite

d'/d	Laminar $(d/d')^5$	Turbulent $(d/d')^{3,75}$
0,99	1,052	1,038
0,98	1,106	1,079
0,97	1,165	1,111
0,96	1,226	1,165
0,95	1,292	1,216
0,94	1,363	1,266
0,93	1,437	1,309
0,92	1,517	1,335
0,91	1,602	1,384
0,90	1,694	1,484
0,85	2,254	1,806
0,80	3,052	2,309
0,70	5,95	3,81
0,60	12,86	6,792
0,50	32,00	13,45

Geht man weiter davon aus, daß ein bestimmter Einzelwiderstand n mal in einer Rohrleitung vorhanden ist, so ist auch

$$(1 - \eta_{hE})_G = n\frac{\xi_E \rho v^2}{2p_A} .$$

Da in Tabelle 22 der Wirkungsgrad pro Einzelwiderstand angegeben ist (n = 1) gilt also für n gleiche Widerstände

$$(1 - \eta_{hE})_n = n(1 - \eta_{hE}) = nq(1 - \eta_{hER}) .$$

Der Gesamtwirkungsgrad der Rohrleitung errechnet sich dann zu

$$(1 - \eta_h)_G = f(1 - \eta_{hR}) + \Sigma nq(1 - \eta_{hER}) .$$

Tabelle 24. Umrechnungsfaktor q_p für die Änderung des Einzelwirkungsgrades von Rohrleitungsteilen in Abhängigkeit vom Druck p

p_A N/m² ·10⁵	q_p	p_A N/m² ·10⁵	q_p
9,8	25	98	2,5
12,3	20	123	2,0
15,7	15,5	157	1,6
19,6	12,5	196	1,3
24,5	10	245	1
31,4	7,8	314	0,8
39,2	6,3	392	0,6
49,1	5	491	0,5
62,8	3,9	628	0,4
78,5	3,1	785	0,3

Tabelle 25. Umrechnungsfaktor q_ρ für die Änderung des Einzelwirkungsgrades von Rohrleitungsteilen in Abhängigkeit von der Dichte ρ

ρ' kg/m³	q_ρ	ρ' kg/m³	q_ρ
750	0,92	1000	1,23
775	0,95	1050	1,29
800	0,98	1100	1,35
816	1	1150	1,41
850	1,04	1200	1,47
875	1,07	1250	1,53
900	1,1	1300	1,59
925	1,13	1350	1,65
950	1,16	1400	1,72
975	1,19	1500	1,84

Tabelle 26. Umrechnungsfaktor q_v für die Änderung des Einzelwirkungsgrades von Rohrleitungsteilen in Abhängigkeit von der Strömungsgeschwindigkeit v.

v' m/s	q_v	v' m/s	q_v
10	1,38	5	0,35
9,5	1,25	4,5	0,28
9	1,12	4	0,22
8,5	1	3,5	0,17
8	0,88	3	0,13
7,5	0,78	2,5	0,09
7	0,68	2	0,06
6,5	0,58	1,5	0,03
6	0,5	1	0,01
5,5	0,45	0,5	0,004

5.2.1.5.9 Bemessung der Saugleitung

Während eine unzureichende Dimensionierung der Druckrohrleitung lediglich in die Energiebilanz des Hydrogetriebes eingeht und nur in extremen Fällen die Funktionsfähigkeit des Hydrogetriebes in Frage stellt, wird eine mangelhafte Dimensionierung der Saugleitung immer zu erheblichen Betriebsstörungen, d.h. zu Schäden oder zu völligem Ausfall führen. Unter Saugleitung ist die Rohrleitung zu verstehen, die dem Hydrogetriebe das benötigte Flüssigkeitsvolumen zuführt. Dieses kann auch beim geschlossenen Kreislauf nach Bild 5 die Rohrleitung zwischen Hydromotor und Hydropumpe sein. Für die Darlegung der Grundlagen zur Bemessung der Saugleitung wird jedoch von Systemen ausgegangen, bei welchen in der Saugleitung kein Überdruck herrscht. Derartige Systeme werden auch als selbstansaugend oder nicht vorgespeist bezeichnet.

Bei der Auslegung der Saugleitung verfährt man häufig ähnlich wie bei der Druckleitung, in dem man eine maximal zulässige Strömungsgeschwindigkeit festlegt. Häufig liegen diese Werte zwischen v_s = 0,8 bis 2 m/s. Nach Abschnitt 1.2.2 bedeutet dies, daß bei sonst unveränderten Einflußgrößen für die Bestimmung des Druckverlustes im Vergleich zur maximal zulässigen Strömungsgeschwindigkeit in einer Druckleitung von v = 8,5 m/s der Druckverlust in der Saugleitung generell nur 1/100 bis 1/18 beträgt. Eine derartige Verallgemeinerung kann nicht richtig sein und muß zwangsläufig zu Störungen mit erheblichen Schäden führen.

Die strömungstechnischen Vorgänge in Saug- und Druckleitungen scheinen bei erster Betrachtung völlig identisch zu sein. Bei tiefergehenden Vergleichen treten jedoch wesentliche Unterschiede zu Tage.

Bei einer Druckleitung ist der auf den Betriebsdruck bezogene prozentuale Druckverlust meist gering. So wird ein Druckverlust von z.B. $\Delta p = 9{,}81 \cdot 10^4\, N/m^2$ wohl kaum die Funktionsfähigkeit eines Hydrogetriebes in Frage stellen. Ein derartiger Druckverlust in einer Saugleitung ist nur noch theoretisch möglich, da er dem absoluten Vakuum gleich käme.

In der Druckleitung wird die Betriebsflüssigkeit im molekularen Bereich "zusammengeschoben", während in der Saugleitung ein "Auseinanderziehen" erfolgt. Einer zu starken Komprimierung in der Druckleitung setzt sich nicht die Flüssigkeit selbst, sondern die maximal mögliche Belastbarkeit der mechanischen Elemente des Hydrogetriebes entgegen. Auf eine "Überdehnung" jedoch reagiert die Flüssigkeit selbst, indem es durch Dampfblasenbildung zum Abreißen des Flüssigkeitsstromes kommt. Da die Bildung der Dampfblasen abrupt, ja sogar explosionsartig erfolgt, sind Schäden an den mechanischen Elementen unvermeidbar. Die richtige Auslegung einer Saugleitung muß diese Fakten einschließen.

Bei der Erfassung der Druckverluste kann zunächst wie bei der Druckrohrleitung vorgegangen werden, jedoch ist zu beachten, daß bei Verdrängersystemen, deren Volumenstrom stark pulsiert, der durch die dauernde Geschwindigkeitsänderung entstehende Druckverlust berücksichtigt werden muß. Bei Systemen mit weniger als 7 Verdrängerräumen ist bei niedrigen Drehzahlen eine Berechnung nach [27 bis 29] erforderlich. Bei schnellaufenden Systemen mit 7 und mehr Verdrängerräumen wird dieser Druckverlust auch für die Saugleitung vernachlässigbar klein.

Die Hersteller von Hydrogetrieben legen lediglich den minimalen Druck am Sauganschluß des jeweiligen Gerätes fest, ohne Angaben über die Saugleitung selbst und deren Gestaltung zu machen. So findet man häufig folgende Angaben:

"Absoluter Druck am Anschluß ... 0,7 bar (0,3 bar Unterdruck)";
"Betriebsdruckbereich: Eingang (absoluter Druck am Sauganschluß) 0,8 bis 0,2 bar Saugbetrieb, 1,0 bis 2,0 bar Nachsaugdruck";
"Zulässiger Unterdruck 0,027 bar";
"Betriebsdruck-Eingang 0,027 bar";
"Betriebsdruck-Eingang (absoluter Druck an der Saugöffnung) 0,9 bar".

Um Mißverständnisse zu vermeiden und eine klare Vorstellung zu ermöglichen soll bei den weiteren Betrachtungen der Saugdruck als Unterdruck in N/m^2 angegeben und mit $-p_S$ bezeichnet werden (vgl. Bild 13). Der zulässige Unterdruck am Sauganschluß einer Pumpe erhält die Kennzeichnung $-p_{S\,zul}$. Der theoretisch maximal mögliche Saugdruck ist dann $-p_{S\,max} = -9{,}81 \cdot 10^4\,N/m^2$, also der absolute "Nulldruck", wie er im absoluten Vakuum herrscht.

Die Unterschreitung einer zulässigen Unterdruckes kann nie unmittelbare Ursache für Schäden an einer Hydropumpe sein. Bei einer Kolbenpumpe beträgt die maximal mögliche "Saugkraft" am Kolben

$$-F_K = -p_{S\,max} S_K = -9{,}81 \cdot 10^4 S_K .$$

Jede Kolbenbefestigung wird diese geringe Kraft aufnehmen können, insbesondere, da die aus der mechanischen Reibung zwischen Kolben und Zylinderwand und aus den oszillierenden Massen resultierenden Kräfte ein vielfaches dieser Kraft betragen. Schäden durch Unterschreiten des zulässigen Saugdruckes sind immer Folgeschäden, die durch Kavitation oder Versagen der Schmierung entstehen. Bei der Bemessung der Saugleitung ist stets zu beachten, daß die Bedingung

$$-p_S \geqslant -p_{S\,zul} \tag{16}$$

erfüllt ist. Hierzu ist zunächst wie bei der Druckleitung der strömungsbedingte Druckverlust zu bestimmen. Bei der Saugleitung ist aber die Erfassung zusätzlicher Einflüsse erforderlich, die bei der Druckleitung in der Regel vernachlässigt werden können.

Der wesentliche Unterschied liegt in der Aufgabenstellung. Die Berechnung des in der Saugleitung entstehenden Druckes dient nicht zur Bestimmung des Wirkungsgrades im Sinne der Erfassung der Leistungsverluste und des daraus resultierenden Wärmeaustausches. Vielmehr zielt diese Berechnung darauf ab, die Bildung von Dampfblasen in der Betriebsflüssigkeit zu verhindern und Schäden durch Kavitation, Eindringen von Luft, Versagen der Schmierung u.ä. auszuschließen. So braucht bei der Druckleitung die statische Höhe der Betriebsflüssigkeit, d.h. der räumliche Höhenunterschied zwischen Hydropumpe und Hydromotor, nur in Ausnahmefällen berücksichtigt zu werden. Bei der Saugleitung ist dieses jedoch unerläßlich. Es muß sein

$$-p_S = -\xi_G \frac{\rho v_S^2}{2} \pm h_{st}\,\rho\, g_n \geqslant -p_{S\,zul}\,. \tag{17}$$

Hierin ist h_{st} die statische Saug- oder Zulaufhöhe gemäß Bild 138 und $\xi_G = \Sigma\,\xi_E$ die Summe aller Einzelwiderstände.

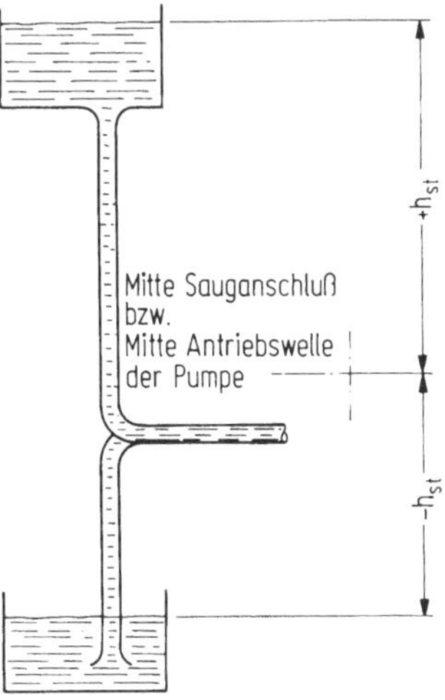

Bild 138. Festlegung der Saughöhe

Da die Gestaltungsmöglichkeiten der Saugleitung (Länge, Bögen, Abzweige, Niveauunterschiede usw.) durch die meist vorgegebenen örtlichen Verhältnisse stark eingeengt sind und die Dichte der Betriebsflüssigkeit nur im Bereich ihrer Temperaturabhängigkeit beeinflußt werden kann, bleibt als variable Größe lediglich die Strömungsgeschwindigkeit und damit die lichte Weite. Es folgt aus (17)

$$v_{S\,max} \leqslant \sqrt{\frac{2(p_{S\,zul} \pm h_{st}\,\rho\,g_n)}{\xi_G\,\rho}} \,.$$

Hieraus errechnet sich mit dem Volumenstrom in der Saugleitung

$$Q_S = Q_{1th} = Q_{1eff}/\eta_{1v}$$

und der Strömungsgeschwindigkeit

$$v_S = \frac{4}{\pi}\,\frac{Q_S}{d_S^2} = \frac{4}{\pi}\,\frac{Q_{1eff}}{\eta_{1v}\,d_S^2}$$

der lichte Rohrdurchmesser der Saugleitung zu

$$d_{S\,min} \geqslant \sqrt{\frac{4}{\pi}\,\frac{Q_S}{v_S}} = c\,\sqrt{\frac{Q_{1eff}}{\eta_{1v}}}\,\sqrt[4]{\frac{\xi_G\,\rho}{p_{S\,zul} \pm h_{st}\,\rho\,g_n}} \qquad (18)$$

Der Faktor $c = \sqrt{4/(\sqrt{2}\,\pi)}$ kann gleich 1 gesetzt werden, wodurch sich eine Sicherheit von ca. 5 % ergibt.

Da die lichte Weite der Saugrohrleitung am Anschluß der Pumpe vorgegeben ist, werden sich Querschnittsänderungen nicht vermeiden lassen. Der jeweils zugehörige Widerstandsbeiwert ξ_E ist abhängig vom Durchmesserverhältnis d_1/d_S. Hieraus ergibt sich dann ebenfalls eine Abhängigkeit für ξ_G. Die Berechnung mit (17) muß also unter Umständen einige Male wiederholt werden.

Die Werte ξ_E nach Tabelle 22 sind auch für die Saugrohrleitung gültig. Die Wertigkeit der statischen Höhe h_{st} geht aus Bild 138 hervor, die Addition von Saugdruck und statischer Höhe aus Bild 139.

Aus Tabelle 22 ist leicht ersichtlich, welche Formstücke besonders ungünstig sind und daher in einer Saugrohrleitung vermieden werden sollten. Durchmesseränderungen müssen stets einen Übergang mit einem Winkel von mehr als 8° aufweisen, da sonst durch Ablösung örtliche Dampfblasen entstehen können (vgl. Abschnitt 4.1.2.5).

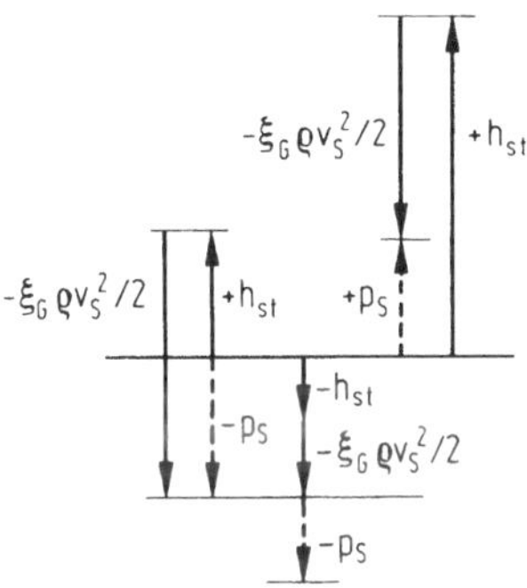

Bild 139. Graphische Darstellung der Addition von Saugdruck und statischer Höhe

Um das bisher angewendete Berechnungsschema (Bestimmung eines Wirkungsgrades unter Verwendung von Erfahrungsrichtwerten und Umrechnungsfaktoren) beizubehalten, wird (18) in Einzelfaktoren zerlegt:

$$d_S \geqslant \sqrt{Q_{Peff}} \sqrt{\frac{1}{\eta_{1v}}} \sqrt[4]{\xi_G} \sqrt[4]{\rho} \sqrt[4]{\frac{1}{p_{Szul} \pm h_{st} \rho g_n}} .$$

Führt man auch hier wieder Erfahrungsrichtwerte ein, so läßt sich zu jedem Q_R der Tabelle 12 die zugehörige lichte Weite d_S der Saugrohrleitung bestimmen. Abweichungen von den Erfahrungsrichtwerten können wieder mit Umrechnungsfaktoren berücksichtigt werden. Es gilt dann allgemein

$$d_S = m_Q \, m_\eta \, m_\xi \, m_{P_S} \, m_\rho \, d_{SRi} = m \, d_{SRi} .$$

Die Faktoren m bestimmen sich nach Tabelle 27, während die Werte für diese Faktoren aus den Tabellen 28 bis 32 entnommen werden können. Tabelle 33 dient zur Bestimmung von $h_{st} \rho g_n$ in Tabelle 31. Die Erfahrungsrichtwerte sind wieder mit dem Index Ri gekennzeichnet und wurden festgelegt mit

$$-p_{SRi} = -0{,}1 \cdot 10^4 \, N/m^2 ,$$

$$h_{stRi} = 0 \, m ,$$

$$\rho_{Ri} = 816 \, kg/m^3 ,$$

$$\xi_{GRi} = 1$$

$$\eta_{vRi} = 0{,}9 .$$

Tabelle 27. Bestimmung der Umrechnungsfaktoren für die lichte Weite der Saugleitung

m_Q	m_η	m_ξ	m_ρ	m_{p_S}
$\sqrt{\frac{Q_{Peff}}{Q_R}}$	$\sqrt{\frac{\eta_{vRi}}{\eta_v}}$	$\sqrt[4]{\frac{\xi_G}{\xi_{GRi}}}$	$\sqrt[4]{\frac{\rho}{\rho_{Ri}}}$	$\sqrt[4]{\frac{-p_{SRi} \mp h_{stRi}\rho g_n}{-p_{szul} \mp h_{st}\rho g_n}}$

Tabelle 28. Umrechnungsfaktor m_Q für die Änderung der lichten Weite der Saugleitung in Abhängigkeit vom Volumenstrom

Q_{1eff}/Q_R	m_Q	Q_{1eff}/Q_R	m_Q
0,5	0,71	1,1	1,05
0,55	0,74	1,2	1,1
0,6	0,78	1,3	1,14
0,65	0,81	1,4	1,18
0,7	0,84	1,5	1,22
0,75	0,87	1,6	1,27
0,8	0,89	1,7	1,3
0,85	0,92	1,8	1,34
0,9	0,95	1,9	1,38
0,95	0,98	2,0	1,42

Tabelle 29. Umrechnungsfaktor m_η für die Änderung der lichten Weite der Saugleitung in Abhängigkeit vom volumetrischen Wirkungsgrad der saugenden Pumpe

η_{v1}	m_η	η_{v1}	m_η
0,85	0,97	0,945	1,03
0,86	0,98	0,95	1,03
0,87	0,99	0,955	1,03
0,88	0,99	0,96	1,04
0,89	1	0,965	1,04
0,9	1	0,97	1,04
0,91	1,01	0,975	1,04
0,92	1,01	0,98	1,05
0,93	1,02	0,985	1,05
0,94	1,02	0,99	1,05

Tabelle 30. Umrechnungsfaktor m_ξ für die Änderung der lichten Weite der Saugleitung in Abhängigkeit vom Widerstandsbeiwert ξ_G der Rohrleitungseinzelteile

ξ_G	m_ξ	ξ_G	m_ξ
0,1	0,57	7,0	1,63
0,3	0,74	8,0	1,68
0,5	0,84	9,0	1,73
0,7	0,92	10,0	1,78
0,9	0,98	13	1,9
1,0	1	15	1,97
2,0	1,19	18	2,06
3,5	1,37	20	2,11
5,0	1,5	22	2,17
6,0	1,57	25	2,24

Tabelle 31. Umrechnungsfaktor m_p für die Änderung der lichten Weite der Saugleitung in Abhängigkeit vom zulässigen Saugdruck und der stätischen Höhe. (Hilfswerte in Tabelle 33, $-p_{sRi} \mp h_{st}\, \rho_{Ri} = -0{,}1 \cdot 10^4\, N/m^2$)

$\frac{-p_{sRi} \mp h_{stRi}\, g_n\, \rho_{Ri}}{-p_{szul} \mp h_{st}\, g_n\, \rho}$	m_p
0,0039	0,25
0,015	0,35
0,041	0,45
0,240	0,70
5,06	1,5
16	2,0
39,06	2,5
81	3,0
150	3,5
256	4,0

Tabelle 32. Umrechnungsfaktor m_ρ für die Änderung der lichten Weite der Saugleitung in Abhängigkeit von der Dichte

ρ kg/m^3	m_ρ	ρ kg/m^3	m_ρ
750	0,98	1000	1,05
775	0,99	1050	1,07
800	1	1100	1,08
816	1	1150	1,09
850	1,01	1200	1,1
875	1,02	1250	1,11
900	1,03	1300	1,12
925	1,04	1350	1,14
950	1,04	1400	1,15
975	1,05	1500	1,17

Tabelle 33. Hilfswerte zu Tabelle 31

h_{st} m / ρ kg/m^3	0,05	0,1	0,5	0,8	1,0	3,0	5,0
				$h_{st} \cdot g_n \cdot \rho (N/m^2)$			
	$\cdot 10^5$	$\cdot 10^5$	$\cdot 10^5$	$\cdot 10^5$	$\cdot 10^5$	$\cdot 10^5$	$\cdot 10^5$
750	0,004	0,007	0,037	0,059	0,074	0,221	0,368
816	0,004	0,008	0,04	0,064	0,08	0,24	0,4
850	0,004	0,008	0,042	0,067	0,084	0,25	0,417
875	0,004	0,009	0,043	0,069	0,086	0,258	0,429
900	0,004	0,009	0,044	0,071	0,089	0,265	0,441
950	0,005	0,009	0,047	0,075	0,093	0,28	0,466
1000	0,005	0,01	0,05	0,08	0,0981	0,294	0,49
1150	0,006	0,011	0,057	0,09	0,113	0,339	0,565
1300	0,006	0,013	0,064	0,102	0,128	0,384	0,638
1500	0,007	0,015	0,074	0,118	0,147	0,441	0,736

Es ist

$$d_{SRi} \geqslant c_{SRi} \sqrt{Q_R} ,$$

worin

$$c_{SRi} = \sqrt{\frac{1}{0,9}} \sqrt[4]{1} \sqrt[4]{816} \sqrt[4]{\frac{1}{-0,1 \cdot 10^4}} \approx 1 \sqrt[4]{\frac{s^2}{m^2}}$$

ist. Die Werte für d_{SRi} sind aus Tabelle 34 ersichtlich, wobei Q_R aus Tabelle 12 entnommen wurde. Für die Erfahrungsrichtwerte ist dann also

$$d_{SRi} = \sqrt{Q_R} .$$

Es ist noch darauf hinzuweisen, daß das negative Vorzeichen in $\sqrt[4]{1/(-0,1 \cdot 10^4)}$ nur für die Addition mit der Druckhöhe $h_{st} \rho g_n$ Bedeutung hat, sonst aber unberücksichtigt bleibt.

5.2.1.5.10 Bestimmung der Wanddicke der Rohrleitung

Die Berechnung der Wanddicke von durch Innendruck beaufschlagten Rohren erfolgt nach DIN 2413. Es erübrigt sich, diese Berechnungsvorschrift näher zu erörtern. Zu beachten ist, daß die Berechnung auf Dauerfestigkeit erfolgt. Die endgültige Auswahl sollte nach DIN 2445 und 1628 vorgenommen werden. Die Hinweise in Druckschriften von Rohrlieferanten auf zulässige Innendrücke sind besonders kritisch zu betrachten. Sie entsprechen vielfach nicht dem Stand der Technik. Oft werden eindeutige Vorschriften und Normen nicht beachtet.

Tabelle 34. Nach Erfahrungsrichtwerten festgelegte lichte Weiten der Saugleitung

Q_R m^3/s	d_{sRi} m	Q_R m^3/s	d_{sRi} m
0,15	0,39	0,00344	0,059
0,099	0,315	0,00260	0,051
0,066667	0,26	0,00213	0,046
0,0401	0,20	0,00169	0,041
0,0249	0,16	0,00154	0,039
0,0200	0,145	0,00144	0,038
0,0148	0,122	0,000849	0,03
0,0122	0,111	0,000491	0,023
0,0095	0,098	0,000252	0,016
0,00581	0,077	0,000105	0,011

5.2.1.5.11 Aufweitung und Längsdehnung der Rohrleitung unter Innendruck

Für die Auslegungsberechnung der Rohrleitung beim Hydrogetriebe ist neben der Festigkeit auch noch die Dehnung von Bedeutung. Da bei zunehmendem Druck in Folge der Dehnung ein zusätzliches Flüssigkeitsvolumen benötigt wird, reduziert sich der dem Hydromotor von der Hydropumpe zugeführte Volumenstrom. Bei Druckentlastung erhöht sich dann zwangsläufig dieser Volumenstrom wieder (vgl. Abschnitt 4.1.2.3).

Die elastische Verformung der Rohrleitung setzt sich zusammen aus der Längenänderung Δl und der Durchmesseränderung Δd. Für die Bestimmung dieser elastischen Verformung gilt mit ausreichender Genauigkeit

$$\Delta l = \frac{l}{E} \left(\sigma_x - \frac{\sigma_t}{m} \right)$$

und

$$\Delta d_i = \frac{d_i}{E} \left(\sigma_t - \frac{\sigma_x}{m} \right) .$$

Hierin ist σ_t die Spannung in tangentialer Richtung, σ_x die Spannung in axialer Richtung und m die Poissonsche Konstante, welche die Querkontraktion bei Dehnung berücksichtigt (m = 10/3 für Stahl). Es ist

$$\sigma_t = p_i \frac{k^2 + 1}{k^2 - 1}$$

und

$$\sigma_x = p_i \frac{1}{k^2 - 1} .$$

Hierin ist $k = d_a/d_i$. Damit ergibt sich

$$\Delta l = \frac{l p_i}{E} \frac{1}{k^2 - 1} \left[1 - \frac{10}{3} (k^2 + 1) \right] ,$$

$$\Delta d = \frac{d_i p_i}{E} \frac{1}{k^2 - 1} (k^2 + 0{,}7) .$$

Von wesentlichem Einfluß ist das Durchmesserverhältnis d_a/d_i. In Tabelle 9 sind für die Durchmesserverhältnisse $d_a/d_i = 1{,}1;\ 1{,}2;\ 1{,}3$ und $1{,}5$ die Volumenänderung aus der Dehnung der Kompressibilität der Betriebsflüssigkeit (vgl. Abschnitt 4.1.2.3) gegenübergestellt bzw. zusammengefaßt [21].

5.2.2 Verbindungselemente

Als Anschluß- und Verbindungselemente für Rohre steht ein vielfältiges Angebot an Verschraubungen und Flanschverbindungen zur Verfügung. Insbesondere bei lichten Weiten über 20 mm Durchmesser sollten aber ausschließlich solide Flanschverbindungen eingesetzt werden, denn die Rohrleitungen werden erheblichen dynamischen Belastungen unterworfen. Hierzu zählen nicht nur die Belastungen aus der Pulsation des Volumenstromes und den Steuer- und Regelimpulse, sondern auch Vibrationen, Erschütterungen, Schwingungen, Temperaturschwankungen u.ä.

Um Undichtigkeiten auszuschließen, muß die Rohrverbindung hochelastisch sein. Eine Verschraubung mit Schneidring hat zwar den Vorteil, daß nicht geschweißt und daher auch die Schweißnaht im Inneren des Rohres nicht verputzt zu werden braucht, jedoch sind oft die erforderlichen Vorspannkräfte aus räumlichen Gründen nicht aufzubringen. Ausfälle durch Undichtigkeiten und Ausreißen des Rohres aus dem Schneidring bzw. Abreißen des Rohrendes sind als Folgen häufig zu beobachten.

Die Bilder 140 bis 143 zeigen eine Flanschverbindung, die nicht eingeschweißt wird. Mit dieser Verbindung ist es insbesondere möglich, auch Rohrbögen kostengünstig einzuflanschen. Wenn man bedenkt, mit welchem Aufwand das Biegen von dickwandigen Rohren auf der Baustelle verbunden ist (Sandfüllung, Erwärmung mit mehreren Brennern, Biegekräfte u.ä.), ist eine derartige Verbindung auch aus der Kostensicht interessant. Da diese Verbindung es ermöglicht, dickwandige Rohrbogen mit dünnwandigen geraden Rohrstücken zu verbinden (Bild 141), können auch auf

Kaltbiegemaschinen hergestellte Bogen mit verdünnter Wandung am äußeren Biegeradius eingesetzt werden. Der Übergang von einem anderen Flanschsystem auf den vorgestellten Flansch ist unproblematisch (Bild 142). Ebenso besteht die Möglichkeit einen Flansch für mehrere Druckbereiche einzusetzen, ohne daß eine Überdimensionierung erforderlich wäre (Bild 143).

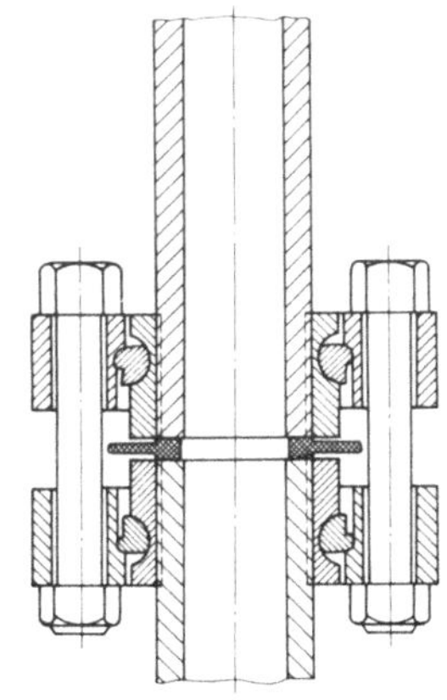

Bild 140. Schweißfreie hochelastische Flanschverbindung

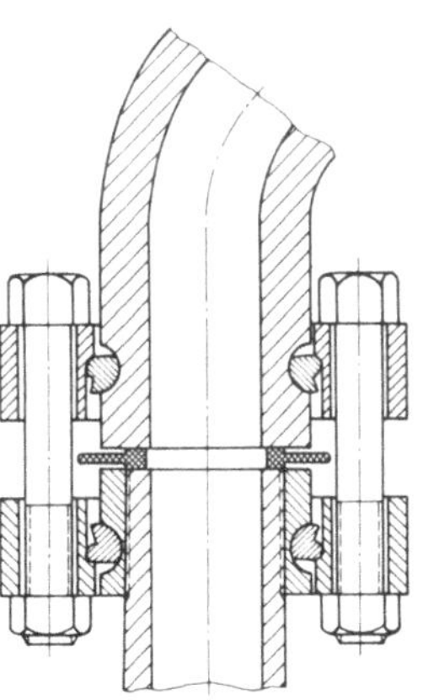

Bild 141. Schweißfreie hochelastische Flanschverbindung zum Verbinden eines geraden Rohrstückes mit einem kaltgebogenen Rohrstück

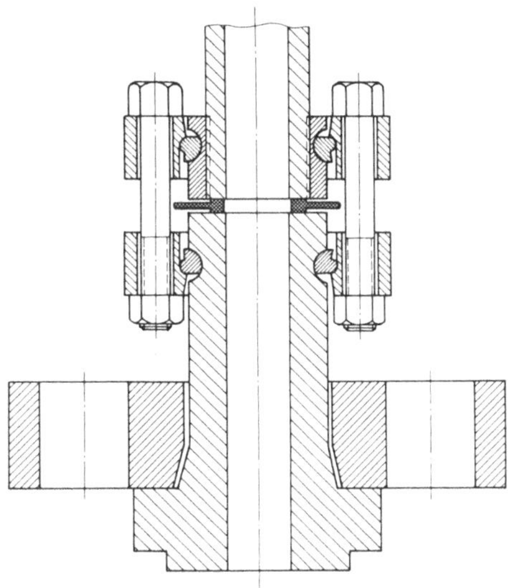

Bild 142. Schweißfreie hochelastische Flanschverbindung als Übergangsflansch

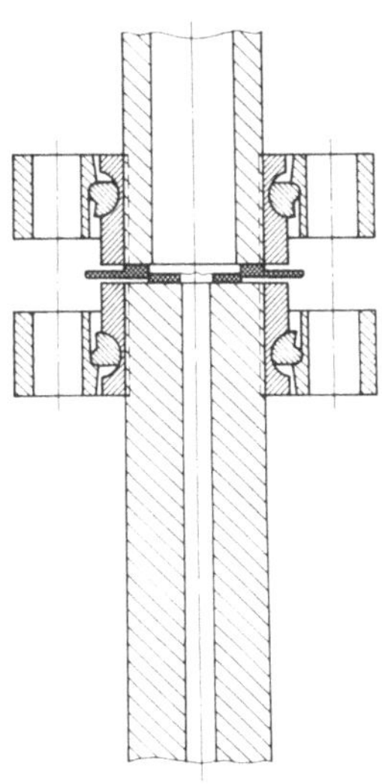

Bild 143. Gegenüberstellung zweier gleicher Anschlußflansche bei Einsatz in verschiedenen Druckbereichen

Bei einer Flanschverbindung kann im Gegensatz zur Verschraubung wegen der Aufteilung der aufzubringende Axialkraft auf mehrere Schrauben die erforderliche Vorspannkraft mit hoher Genauigkeit auch an räumlich ungünstigen Stellen aufgebracht werden, was nicht zuletzt einer der wesentlichen Vorzüge einer Flanschverbindung ist.

6 Gestaltung

6.1 Allgemeine Grundsätze

Jede konstruktive Aufgabe besteht darin, mit geringstem Aufwand optimale Wirkung zu erzielen. Für die Antriebstechnik bedeutet dieses, den richtigen Mittelweg zwischen Investitions- und Betriebskosten zu finden. Das vielfach zu beobachtende Streben nach technischer Eleganz muß dabei zurücktreten.

Optimale Wirtschaftlichkeit bedeutet insbesondere niedrige Betriebskosten. Diese werden allzu häufig mit Energiekosten gleichgesetzt. Dabei stellen die Energiekosten nur den kleineren Anteil der Betriebskosten dar. Es ist demnach nicht unbedingt entscheidend, ob der Wirkungsgrad der Leistungsübertragung besonders günstig ist. Mit viel größerem Anteil gehen die durch technische Störungen bedingten Ausfallzeiten in die Betriebskosten ein. Betriebsstörungen sind aber nur durch sorgfältige Planung, d.h. Auslegung und Gestaltung, auf ein Minimum zu reduzieren. Oft bedeutet dies eine Erhöhung der Investitionskosten. Hier läßt sich aber mit geringem zusätzlichem Aufwand große Wirkung erzielen.

Bezogen auf das Hydrogetriebe lassen sich diese Forderungen wie folgt zusammenfassen:

Auswahl. Der Einsatz von Hydrogetrieben ist nur dann sinnvoll, wenn ihre besonderen technischen Eigenschaften voll genutzt werden können.

Betriebssicherheit. Reduzierung eventueller Ausfallzeiten auf ein Minimum.

Betriebskosten. Geringer Wartungsaufwand und Minimum an Verbrauchsstoffen, wie elektrische Energie, Wasser, Schmierstoffe, Betriebsflüssigkeit, Ersatzteile u.ä.

Investitionskosten. Niedrige Anschaffungskosten und kompakte Bauweise.

Bevor also mit der Auslegung und Gestaltung begonnen werden kann, ist zu prüfen, welche Vorteile der Einsatz des Hydrogetriebes bietet.

Bei den meisten Betriebsfällen wird zwischen einem elektrischen und dem hydrostatischen Antrieb entschieden werden müssen, vorausgesetzt, daß die stufenlose Drehzahlregelung unerläßlich ist. Als elektrische Antriebe stehen zur Auswahl der Drehstromantrieb über spannungs- und stromgeregelte Gleichstrommotoren oder der thyristorgeregelte Drehstromantrieb. Ohne diese beiden Antriebsarten näher zu diskutieren kann gesagt werden, daß der wesentliche Unterschied im Vergleich zum Hydrogetriebe im Massenträgheitsmoment der zu regelnden Läufer liegt. Der "Läufer" des Hydromotors hat nur etwa ein Zehntel des Massenträgheitsmomentes des Läufers eines leistungsgleichen Elektromotors und hierdurch bedingt nur etwa ein Viertel dessen Einbauvolumens. Aus dieser unabänderlichen Gegebenheit resultieren die Nachteile des regelbaren Elektroantriebes, denn Drehzahländerungen sind nur mit geringem nutzbaren Drehmoment möglich, da ein großer Anteil des verfügbaren Drehmomentes zur Drehzahländerung des eigenen Läufers benötigt wird.

Ein Hydromotor dagegen reagiert schnell auf Regel- und Steuerimpulse bei großem nutzbaren Drehmoment. Zwar läßt sich auch ein Elektroantrieb durchaus vergleichbar auslegen. Dieses bedeutet jedoch eine Erhöhung der installierten Leistung, einen schlechteren Wirkungsgrad, größeres Einbauvolumen und hohe Investitionskosten.

Dem Elektroantrieb haftet im Vergleich mit dem Hydrogetriebe ein weiterer Nachteil an: Eine präzise Drehmomentbegrenzung ist nicht möglich. Beim Hydromotor ist der Betriebsdruck dem abgegebenen Drehmoment direkt proportional. Durch ein präzise arbeitendes Druckbegrenzungsventil kann also das abgegebene Drehmoment genau so präzise begrenzt werden.

Beim Elektroantrieb steht nur die Stromaufnahme als Meßwert für die jeweilige Belastung zur Verfügung. Da die Stromstärke aber beim Anfahren und bei jedem Regel- und Steuerimpuls mit hohen Spitzen reagiert, ist praktisch überhaupt nicht unmittelbar meßbar, ob eine gewollte oder ungewollte Überlastung vorliegt. Die Absicherung des Elektroantriebes erfolgt bekanntlich nur zu seinem eigenen Schutz in thermischer Form und schaltet den Antrieb beim Ansprechen ganz ab. Die anzutreibenden Maschine ist nur indirekt geschützt.

Beim Hydroantrieb hingegen verhindert die Begrenzung eines maximalen Betriebsdruckes nicht nur eine weitere Erhöhung, sondern auch eine vorübergehende Erhöhung des Drehmomentes. Hierbei läuft der Antrieb unter Umständen mit nur geringer Drehzahlminderung weiter, ohne abzuschalten. Auch diese Möglichkeit kann besondere antriebstechnische Vorteile erbringen.

Als weitere Besonderheiten des Hydroantriebes sind anzusehen: kompakte Bauweise, Übertragung größer Leistungen bei kleinem Raum, gute Regelbarkeit, Selbstschmierung, getrennte Aufstellung von Hydromotor und Pumpe, gutes Dämpfungsvermögen, Speicherung von Energie zwischen Antriebsintervallen, daher geringe installierte Leistung und kurzzeitige Entnahme großer Spitzenleistungen ohne zusätzliche Netzbelastung, gute und schnelle Reversierbarkeit der Drehzahl, alle benötigten Glieder werden serienmäßig hergestellt (elektrische Regelantriebe sind vielfach Einzel- oder Sonderanfertigungen).

Die Nachteile des Hydrogetriebes liegen im Wirkungsgrad, im Geräuschspegel, in der Schmutzempfindlichkeit und in den oft aufwendigen Hilfseinrichtungen.

Nachdem die technischen Besonderheiten und die Vor- und Nachteile der verschiedenen Antriebssysteme verglichen wurden, kann ein Hydrogetriebe mit wenigen Ausnahmen nur da sinnvoll eingesetzt werden, wo häufige Drehzahl- und Drehrichtungsänderungen gefordert sind (charakteristisches Beispiel: Flurfahrzeuge, Hubwerke). Hinzu kommen die Fälle, wo aus dem Stillstand heraus möglichst schnell eine vorgewählte Drehzahl erreicht werden soll (charakteristisches Beispiel: Rohrwalzwerke). Auch da, wo große Drehmomente bei kleinster Drehzahl bis zum Stillstand wechselnd mit hoher Drehzahl gefordert sind, ist das Hydrogetriebe geeignet (charakteristisches Beispiel: Montagekran).

Die folgenden Ausführungen befassen sich mit allgemeinen Auswahl- und Gestaltungsfragen. Die Ausführung des jeweiligen Hydrogetriebes ist stark vom speziellen Antriebsfall geprägt, so daß nur Anregungen gegeben werden können. Diese sollen dem Konstrukteur bei seiner planerischen Arbeit helfen.

6.2 Hydropumpenaggregat

6.2.1 Auswahl

Prinzipiell sind folgende Primärglieder zu unterscheiden (Bild 144):

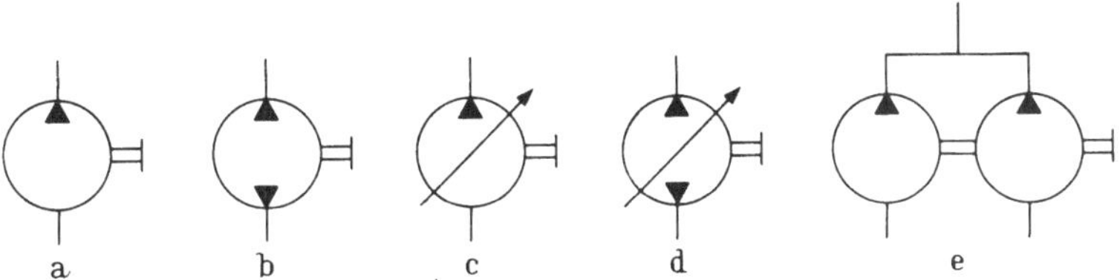

Bild 144. Hydropumpen

a) konstanter Volumenstrom, Strömungsrichtung nicht umkehrbar;
b) konstanter Volumenstrom, Strömungsrichtung umkehrbar;
c) stufenlos veränderbarer Volumenstrom, Strömungsrichtung nicht umkehrbar;
d) stufenlos veränderbarer Volumenstrom, Strömungsrichtung umkehrbar;
e) in Stufen veränderbarer Volumenstrom, Strömungsrichtung nicht umkehrbar.

Die Primärglieder a und b werden meist nur bei der Übertragung kleiner Leistungen eingesetzt, so z.B., um komplizierte mechanische Übertragungen zu vermeiden. Häufig ist der Lüfterantrieb des Kühlers von Fahrzeugen mit Verbrennungsmotor mit nicht regelbaren Hydrogetrieben (Hydropumpe a) ausgerüstet. Der Kühler kann dann völlig unabhängig vom Verbrennungsmotor im Fahrzeug z.B. auf dem Dach angeordnet werden. Die Hydropumpe wird vom Verbrennungsmotor angetrieben, wodurch sich automatisch die Lüfterdrehzahl proportional mit der Drehzahl des Verbrennungsmotors ändert.

Bei Walzwerken wird vielfach Primärglied c eingesetzt. Die Möglichkeit, bei Montagen oder beim Einrichten die Drehrichtung umzukehren, wird durch manuelle Schieberumschaltung, bei begrenzter Drehzahl, ermöglicht.

Voll genutzt werden die Vorteile nur bei Auswahl des Hydrogetriebes d, wie dies bei Flurfahrzeugen, Hubwerken u.ä. der Fall ist.

In Stufen drehzahlveränderbare Hydrogetriebe e, deren Drehrichtung nur durch Schieberumsteuerung umkehrbar ist, findet man bei Antrieben, die zum Einrichten bzw. Anfahren einen "Schleichgang" benötigen. Durch geschickte Abstufung und Anordnung von Ventilen können drei verschiedene Volumenströme des Primärgliedes erreicht werden (Beispiel: Q_1; Q_2; $Q_1 + Q_2$).

6.2.2 Aufbau

Auch der zweckmäßige Aufbau hängt in seiner wesentlichen Gestaltgebung von den individuellen Möglichkeiten der Unterbringung ab. Es können daher nur allgemeingültige Richtlinien angeführt werden.

Hydrostatisch arbeitende Pumpen und Motoren neigen zur Abgabe von intensivem Körperschall. Wegen der relativ hohen Frequenzen kommt es oft an weit vom Ursprungsort entfernten Stellen zu Resonanzerscheinungen, bei welchen dann der Körperschall meist erheblich verstärkt austritt. Es ist daher unbedingt darauf zu achten, daß die Körperschallübertragung bereits im Übergang von Hydropumpe und -motor auf andere Maschinenteile unterbunden oder aber mindestens gedämpft wird. Hydropumpe und -motor sollten daher grundsätzlich über schalldämpfende Bindeglieder befestigt werden. Eine derartige Befestigung ist sicher nicht problemlos, jedoch liegen heute bei einschlägigen Firmen ausreichende Erfahrungen vor, die eine betriebssichere Ausführung gewährleisten.

Die Dämmung der Körperschallübertragung soll aber nicht nur an der Hydropumpe selbst, sondern auch an Wellenkupplung und Rohrleitungsanschlüssen erfolgen. So sind Rohrleitungen über kurze Schlauchstücke anzuschließen. Die Mitnahme in der Wellenkupplung sollte über elastische Gummistücke erfolgen.

Wird die Hydropumpe in offener Bauweise installiert, sollte der Aufbau so erfolgen, daß die Hydropumpe - ohne Demontage umfangreicher Rohrleitungsteile - vertikal ausgebaut werden kann. Hierzu ist eine Wellenkupplung auszuwählen, deren Mitnahmeteile durch axiales Verschieben aus dem Eingriff gebracht werden können. Der Platz unterhalb von Hydropumpe und -motor sollte als Wanne mit Ablaßschraube ausgebildet sein. Leckagen, insbesondere bei Montagen, sind unvermeidbar.

Betätigungseinrichtungen für die Steuerung sollten grundsätzlich am Pumpengehäuse angebracht werden. Nur so sind Relativbewegungen und damit unerwünschte Steuerbewegungen ausschaltbar. Wird jedoch die Hydropumpe unterhalb des Flüssigkeitsspiegels im Behälter angeordnet, so sollte Antriebsmaschine, Kupplung, Zwischenflansch und Hydropumpe eine insgesamt montierbare Einheit bilden. Es ist dann also auch erforderlich, die Rohrleitungsanschlüsse durch den Zwischenflansch zu führen. Diese Bauform läßt sich besonders gut gegen Körperschallübertragung isolieren, da der gesamte Zwischenflansch in seiner Befestigung am Behälter isoliert werden kann. Da die die Hydropumpe umgebende Betriebsflüssigkeit einen erheblichen Anteil des abgestrahlten Schalls resorbiert, verspricht diese Bauweise die geräuschärmste Ausführung. Gegen diese Ausführung spricht die Forderung nach leichter Zugängigkeit aller Glieder des Hydrogetriebes. Betriebsstörungen lassen sich nur dann auf ein Minimum reduzieren, wenn alle Glieder laufend kontrolliert und gewartet werden.

Ein Aufbau des Hydropumpenaggregats auf dem Behälterdeckel ist nicht zu empfehlen.

6.3 Hydromotoraggregat

6.3.1 Auswahl

In Bild 145 sind die Auswahlmöglichkeiten dargestellt. Meist werden Hydromotoren nach a und b eingesetzt. Hydromotoren nach c und d mit veränderbarem Schluckstrom kommen nur in Ausnahmefällen zur Anwendung.

Die Veränderung des Schluckstromes bei einem Hydromotor hat zur Folge, daß sich der Hebelarm für den Kraftangriff bei der Erzeugung des Drehmomentes verändert (vgl. Abschnitt 3.1.2.2). Um höhere Drehzahlen zu erzielen, kann man zwar das Schluckvolumen pro Umdehnung verkleinern, erhöht damit aber gleichzeitig direkt proportional den Betriebsdruck, gleichbleibendes Drehmoment vorausgesetzt. Ein Einsatz kann also nur da interessant sein, wo bei fallendem Drehmoment die Drehzahl erhöht werden soll. Da aber der Hydromotor in der Regel so ausgewählt wird, daß er seine maximale Dauerleistungsfähigkeit erreicht, wird er sein volles Drehmoment auch bei der dafür höchstzulässigen Drehzahl abgeben. Eine weitere Drehzahlerhöhung - selbst bei abfallendem Drehmoment - ist also nur in dem Rahmen möglich, in dem der Hydromotor mit überhöhter Drehzahl betrieben werden darf. Ferner ist zu beachten, daß die Drehzahl gegen Unendlich geht, wenn der Schluckstrom gegen Null geht.

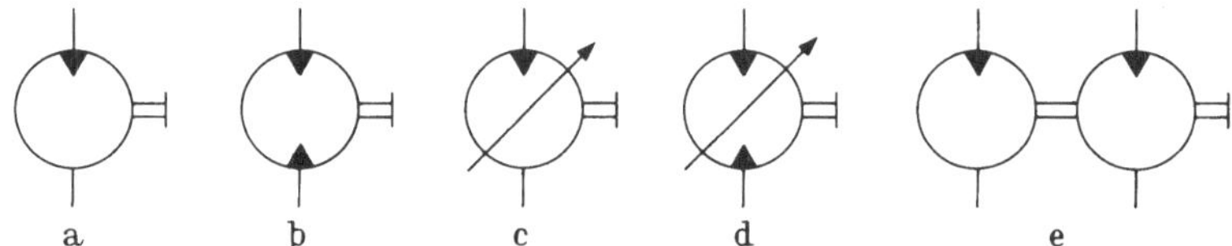

Bild 145. Hydromotoren

In vielen Fällen kann eine Auswahl des Hydromotors zum Fahren mit gestufter Drehzahl interessant sein. Kombiniert man einen Hydromotor nach Bild 145 e mit einer Hydropumpe nach Bild 144 e, so sind theoretisch neun Drehzahlstufen erreichbar. Nachteilig ist jedoch, daß entweder der nicht beaufschlagte Hydromotor jeweils abgekuppelt werden muß oder, falls dieses nicht möglich ist, als Pumpe im freien Umlauf arbeitet.

Es ist ferner zu prüfen, ob sich der Einsatz von sogenannten "Langsamläufern" lohnt. Viele Firmen bieten Hydromotoren mit einem koaxial angeflanschtem Getriebe an. In der äußeren Bauform entspricht dieses Aggregat einem Langsamläufer. Der Vorteil dieses Getriebeaggregates dürfte meistens in den Investitionskosten, der Nachteil im Bauvolumen oder im Geräuschspegel liegen. Der Langsamläufer hat den großen Nachteil, daß eine gleichförmige Drehbewegung praktisch nicht erreichbar ist, was aber in vielen Fällen auch nicht sein muß. Beide Antriebsaggregate haben ganz spezielle Einsatzgebiete. Der Langsamläufer stellt eine sinnvolle Ergänzung der Einsatzmöglichkeiten der Hydrogetriebe dar.

6.3.2 Aufbau

Hier gelten die gleichen Grundforderungen wie bei der Hydropumpe. Die kompakte, ungewöhnlich leichte Bauweise der meisten Hydromotoren bietet sich für ein unmittelbares Verflanschen mit der anzutreibenden Maschine an. Als Beispiel für eine besonders kompakte Bauweise eines Hydrogetriebes mögen die Bilder 146 und 147 dienen.

Zusammenfassend sei noch gesagt, daß alle Hydrogetriebehersteller für den Einbau von Hydropumpen und -motoren über spezielle Druckschriften verfügen, deren sorgfältige Beachtung Voraussetzung für eine betriebssichere Gestaltung ist.

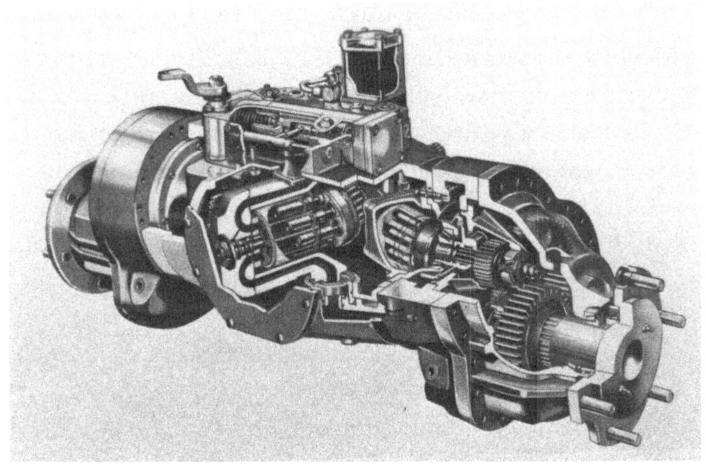

Bild 146. Hydroachsgetriebe (Foto Linde GmbH)

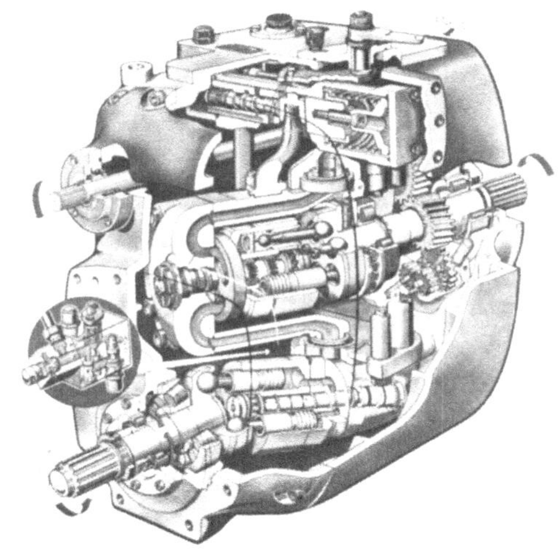

Bild 147. Hydrokompaktgetriebe (Foto Linde GmbH)

6.4 Speise- und Steuerdruckeinrichtung

6.4.1 Auswahl

Die Aufgabe und Auslegung der Speise- und Steuerdruckeinrichtung wurde in den Abschnitten 3.2.1.3, 3.2.1.4 und 5.2.1 bereits hinreichend behandelt.

Als Pumpen stehen Zahnrad-, Flügelzellen- oder Zentrifugal- (Kreisel)pumpen zur Auswahl. Da der Speisedruck meist $15 \cdot 10^5$ N/m^2 nicht übersteigt, sollten als Speisepumpen ein- oder zweistufige Zentrifugalpumpen eingesetzt werden. Der besondere Vorteil dieses Pumpentyps liegt im geräuschsarmen Lauf und in der relativ großen Schmutzunempfindlichkeit. Auch steht ein ausreichendes Angebot an "Motorpumpen" (Pumpen mit organisch eingebautem Elektromotor) zur Verfügung. Steuerdruck wird oft bis zu $50 \cdot 10^5$ N/m^2 benötigt. Hier wird der Einsatz von Zentrifugalpumpen uninteressant. Geeignet sind Zahnrad- und Flügelzellenpumpen.

6.4.2 Aufbau

6.4.2.1 Pumpen

Während Zentrifugalpumpen keinen oder nur geringen Körperschall abgeben, ist dieses in verstärktem Maße bei Zahnrad- und Flügelzellenpumpen der Fall. Hier gilt das in Abschnitt 6.2.2 Gesagte.

Speise- und Steuerdruckpumpe lassen sich oft zu einer Doppelpumpe mit gemeinsamen Antrieb zusammenfassen. Bei Anlagen im Industriebetrieb, ist ein separater Antrieb der Speise- und Steuerdruckpumpe aus sicherheitstechnischen Gründen vorzuziehen. Die Wartung und Überwachung des gesamten Hydrogetriebes wird hierdurch erheblich erleichtert.

Mit besonderer Sorgfalt sind die Saugleitungen der Pumpen zu gestalten. Jede angesaugte oder entstehende Luftblase führt zu Störungen im Hydrogetriebekreislauf. Filter und Wärmetauscher sollten in der Druckleitung angeordnet werden. Ist in besonderen Fällen keine Wärmeabfuhr, sondern - insbesondere bei der Inbetriebsetzung nach längeren Betriebspausen - eine Wärmezufuhr erforderlich, so erfolgt diese über Tauchsieder am Boden des Flüssigkeitsbehälters.

Zur Wärmeabfuhr eignen sich besonders Wasserkühler oder Luftkühler. Der Einbau von Kühlschlangen in den Behälter ist wenig wirksam und hat besonders den Nachteil, daß Undichtigkeiten (Eindringen von Wasser in die Betriebsflüssigkeit) erst durch Folgeschäden in Erscheinung treten. Grundsätzlich sollten, um das Eindringen von Wasser zu verhindern, Wasserkühler auch nicht auf dem Behälterdeckel angeordnet werden.

6.4.2.2 Behälter

Mit besonderer Sorgfalt ist der Flüssigkeitsbehälter zu gestalten. Der Behälter ist keineswegs ein "notwendiges Übel", sondern mitbestimmende Voraussetzung für einen störungsarmen Betrieb des gesamten Hydrogetriebes. Die Bedeutung, die der Betriebsflüssigkeit als Träger der zu übertragenden Leistung zukommt, kann nicht oft genug betont werden. Der Behälter dient zur Aufbereitung dieser Flüssigkeit. Er muß daher der Betriebsflüssigkeit die Möglichkeit bieten, sich zu "beruhigen" und so weit wie möglich im molekularen Gefüge zu regenerieren. Dabei sollten gleichzeitig alle festen, flüssigen oder gasförmigen Fremdstoffe aus der Flüssigkeit abgeschieden werden.

Die folgenden Überlegungen haben für alle Flüssigkeitsbehälter in hydraulischen Anlagen Gültigkeit.

Es ist nicht ausreichend, einfach einen Raum zu schaffen, der das benötigte Volumen aufnimmt, und hierin - möglichst weit voneinander entfernt - Saug- und Rücklauföffnung in ausreichendem Abstand unterhalb des Flüssigkeitsspiegels anzuordnen. Bei einer solchen Anordnung bilden sich - bedingt durch temperaturabhängige Viskositätsunterschiede - Fließzonen aus, die es nicht zulassen, daß sich die zurückfließende Flüssigkeit in ausreichendem Maße mit der im Behälter verbliebenen Flüssigkeit vermischt. Die zurückfließende Flüssigkeit gelangt daher auf kürzestem Wege wieder unmittelbar in die Saugleitung.

Die richtige Gestaltung des Behälters bestimmt über den Einfluß auf die Störanfälligkeit hinaus auch noch seine eigene Größe.

Bild 148 stellt einen sinnvoll gestalteten Behälter dar. Die in den Behälter zurückfließende Flüssigkeit sammelt sich in einer Vorkammer, aus der sie in einer möglichst breiten Front kleinster Dicke auf eine schräge Ablaufeinrichtung läuft. Diese besteht aus einem engmaschigen Drahtnetz, welches der Flüssigkeit das Durchtropfen ermöglicht. Wenige Zentimeter unterhalb dieses Drahtnetzes befindet sich ein Auffangblech, welches das durchgetropfte Volumen in den Behälter gleiten läßt. Ein Teil des Volumens gleitet über das Drahtnetz in den Behälter. Durch diese Aufteilung des zurückfließenden Volumens gelangen die eingeschlossenen Luftblasen weitgehend an die Oberfläche und zerplatzen. Läßt man das Volumen jedoch durch ein Rohr weit unterhalb des Flüssigkeitsspiegel austreten, wodurch Wallungen und zusätzliche Lufteinschlüsse vermieden werden, so müssen die Luftblasen aus eigenem Auftrieb zur Oberfläche steigen, wozu sie erheblich mehr Zeit benötigen. Das Volumen muß also längere Zeit im Behälter verbleiben, der Behälter wird also größer.

Die Flüssigkeit sammelt sich nun in einer Kammer und tritt - umgelenkt durch ein vom Deckel des Behälters ausgehendes Blech - über eine gleiche Ablaufeinrichtung in die nächste Kammer über. Dieser Vorgang sollte mindestens dreimal erfolgen. In der letzten Kammer befindet sich das Saugrohr. Die Einleitung der Betriebsflüssigkeit in das Saugrohr erfolgt durch einen "Diffusor", der die Strömungsgeschwindigkeit gleichmäßig zunehmen läßt. Etwas unterhalb des Flüssigkeitsspiegels trägt das Saugrohr einen kreisrunden Ringflansch, dessen Aussendurchmesser mindestens dem des Diffusors entspricht. Dadurch wird verhindert, daß Luftblasen am Saugrohr vorbei nach unten zur Ansaugöffnung wandern.

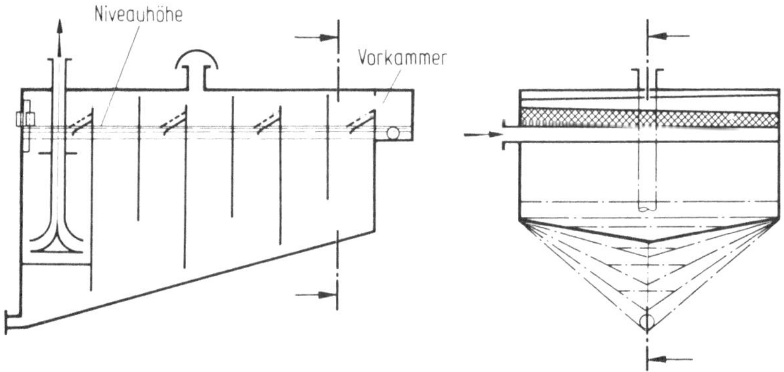

Bild 148. Flüssigkeitsbehälter

Um die Abscheidung von festen Fremdstoffen zu begünstigen, ist der Behälterboden zweifach abgeschrägt und mündet an seiner tiefsten Stelle in einem Ablaß. Die Kammertrennbleche lassen am unteren Ende einen Spalt frei, wodurch sich die absinkenden Fremdstoffe zum Ablaß hin absetzen können. Die Neigung des Behälterbodens entspricht der Flußrichtung der Strömung, d.h. das Saugrohr befindet sich über der tiefsten Stelle. Damit erhalten die eingeschlossenen Fremdkörper die Bewegungsrichtung zum Ablaß hin, wodurch in Folge ihrer meist größeren Dichte das Absetzen begünstigt wird. Die Saugkammer ist durch ein zusätzliches Trennblech von der Absetzeinrichtung völlig abgeschlossen.

Im Deckel des Behälters befindet sich ein Luftfilter, welcher gleichzeitig Einfüllstutzen sein kann. Sein Deckel ist kugelförmig. Nur so kann Wasserdampf (Luftfeuchtigkeit) am Deckel kondensieren und auf den Behälterdeckel tropfen. Bei ebenem Filterdeckel gelangen die Wassertropfen in die Flüssigkeit zurück. Bei grossen Temperaturschwankungen empfiehlt es sich, den Behälterdeckel insgesamt zu wölben und dem kondensierenden Wasserdampf eine Möglichkeit zum Ablaufen zu geben.

Eine weitere Möglichkeit der Behältergestaltung zeigt Bild 149. Der Behälter entspricht dem bereits beschriebenen, jedoch ist eine große Sammelkammer eingerichtet. Aus dieser entnimmt eine Zentrifugalpumpe die Flüssigkeit und drückt sie über Filter und Kühler in die kleine Vorkammer des beschriebenen Behälters zurück. Hierbei kann bei diesem Behälter auf die zweifache Abschrägung des Bodens verzichtet werden, da er ja nur gefilterte Flüssigkeit aufzunehmen hat.

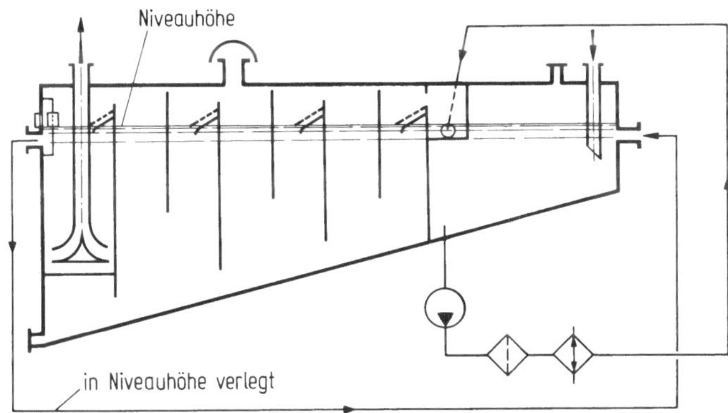

Bild 149. Flüssigkeitsbehälter mit Vorkammer und Umwälzfilterung

Dieses System empfiehlt sich besonders für Hydrogetriebe, die im offenen oder halboffenen Kreislauf arbeiten. Zusätzlich ergibt sich - bei entsprechender Dimensionierung der Umwälzpumpe - die Möglichkeit einer zusätzlichen Umwälzfilterung und -kühlung. Ein Überlaufrohr läßt das geförderte nicht entnommene Volumen wieder in die Sammelkammer zurückfließen.

Da beim Hydrogetriebe keine Volumenänderungen im Behälter auftreten, ist eine präzise Überwachung des Flüssigkeitsstandes möglich. Die Trennbleche sollten daher keine Öffnungen enthalten, die ein Nachfließen von Kammer zu Kammer bei zu niedrigem Flüssigkeitsstand ermöglichen. Sinkt der Flüssigkeitsspiegel, sollte dieses unbedingt angezeigt und nicht vertuscht werden. Werden die Flüssigkeitsbehälter wie beschrieben ausgebildet, so kann das kleinstmögliche Füllvolumen erzielt werden, wodurch sich nicht nur die Investitionskosten, sondern auch die Betriebskosten erheblich senken lassen [30].

6.5 Gestaltung der Rohrleitung

Zur Auslegung der Rohrleitung wurden bereits umfangreiche Anregungen gegeben. Auch wurde zur Frage der zweckmäßigen Rohrverbindungen Stellung genommen. Somit bleibt an dieser Stelle lediglich noch, einige Anregungen zur Verlegung und Befestigung zu geben.

Bei der Festlegung der Rohrverlegung sollte man immer die bildhafte Vorstellung vor Augen haben, daß die Betriebsflüssigkeit aus einer Vielzahl feiner "Fäden" besteht, die so durch Rohrleitungen und gebohrte Kanäle zu führen sind, daß möglichst wenig Fäden zerreißen. Diese Vorstellung entspricht den tatsächlichen Verhältnissen weitgehend, da die Moleküle der üblichen Betriebsflüssigkeiten oft fadenförmige Ketten bilden. Es ist selbstverständlich, daß alle abrupten Richtungsänderungen, alle scharfen Kanten u.ä. vermieden werden müssen. Das hat nicht nur Bedeutung für den Wirkungsgrad des Hydrogetriebes, sondern insbesondere für die Betriebsflüssigkeit, die ja möglichst unbeschädigt bleiben soll. Nur wenige Betriebsflüssigkeiten neigen dazu, zerrissene Molekülketten wieder neu aufzubauen.

Darüberhinaus sollten die Rohre selbst stets schwingungsfrei und schalldämmend befestigt werden. Hierzu stehen handelsübliche Kunststoffschellen in allen erforderlichen Abmessungen zur Verfügung. Metallschellen, die die Rohre unmittelbar berühren, sind nicht zulässig. Daß die Rohre infolge der Temperatur- und Druckänderungen ihren Durchmesser und ihre Länge dauernd ändern, dürfte hinreichend bekannt sein. Die Durchmesseränderungen werden von den genannten Kunststoffschellen aufgenommen. Diese Schellen lassen auch eine Längsbewegung zu. Es ist also lediglich darauf zu achten, daß an einem Rohr die Befestigungsstellen so angeordnet sind, daß eine Längsausdehnung auch tatsächlich möglich ist.

7 Wartung und Lebensdauerverhalten

7.1 Wartung von Hydrogetrieben

Alle Hydrogetriebehersteller stellen umfangreiche Druckschriften zur Inbetriebsetzung und Wartung von Hydrogetrieben zur Verfügung. Zusätzlich wird auf Abschnitt 8.1.3 verwiesen.

7.2 Lebensdauerverhalten

Angaben über die zu erwartende Lebensdauer beziehen sich immer auf die in die Hydrogetriebe eingebauten Wälzlager. Diese Angaben können also nur die Werte enthalten, die bei der Auslegung der Lagerung zugrundegelegt werden. Der Getriebehersteller muß also bei Lebensdauerangaben stets die bezogene Drehzahl und den bezogenen Betriebsdruck mit angeben. Der Einfluß von Änderungen dieser bezogenen Angaben auf die Lebensdauer entspricht dem einer normalen Wälzlagerung. Die Erfahrung beim Betreiben eines Hydrogetriebes zeigt, daß in den seltesten Fällen die Lebensdauer dieser Lagerungen erreicht wird. Oft werden zwar bei allgemeinen Instandsetzungen die Wälzläger routinemäßig mit ausgetauscht, ohne daß sie einen Schaden verursacht haben.

Die Lebensdauer des Hydrogetriebes wird hauptsächlich durch drei Faktoren bestimmt:

a) Einfluß durch die Betriebsflüssigkeit. Hydrogetriebe werden meist durch mangelnde Pflege der Betriebsflüssigkeit beschädigt oder sogar zerstört. Dabei steht vorallem Verschmutzung durch Fremdkörper im Vordergrund. Je feiner und sorgfältiger gefiltert wird, umso höher steigt die Lebensdauererwartung.

b) Einfluß durch den Betriebsdruck. Unter der Voraussetzung, daß kein frühzeitiger Verschleiß oder erst recht kein Schaden durch Verschmutzung der Betriebsflüssigkeit eintritt, erreicht ein Hydrogetriebe die gleiche Lebensdauer wie ein vergleichbarer Elektroantrieb. Dabei ist jedoch Voraussetzung, daß die Belastung zweier vergleichbarer Antriebsarten auch gleich ist.

Hier aber liegt der wesentliche Unterschied. Hydrogetriebe werden meist erheblich höher belastet als Elektroantriebe. Dem Elektromotor gibt man z.B. das 1,8- bis 2,4-fache Drehmoment als Kippmoment. Der Motor ist also in der Lage, dieses Drehmoment vorübergehend aufzubringen. Die Auslegung erfolgt aber auf das einfache Drehmoment. Legt man ein Hydrogetriebe entsprechend aus, bedeutet das, daß der 1,8- bis 2,4-fache Teil des zulässigen Spitzendrehmomentes Dauerdrehmoment ist. Wird also für ein Hydrogetriebe der maximale Druck der Betriebsflüssigkeit bei der Leistungsübertragung mit z.B. $245 \cdot 10^5 \, N/m^2$ festgelegt, so müßte die Auslegung auf $100 \cdot 10^5$ bis $135 \cdot 10^5 \, N/m^2$ erfolgen. Es sind genügend Fälle aus der Praxis bekannt, die bestätigen, daß ein Hydrogetriebe unter dieser Voraussetzung durchaus die Lebensdauer erreichen kann, die ein Elektroantrieb in der Regel immer erreicht.

c) Einfluß durch die Temperatur. Auch dieser Einfluß wird meist unterschätzt. Dabei übt die Temperatur der Betriebsflüssigkeit mehrfach Einfluß auf die zu erwartende Lebensdauer aus. Mit steigender Temperatur nimmt die Oxydationsfreudigkeit der Betriebsflüssigkeit zu. Diese Verbindung mit dem Sauerstoff der Luft führt zu einer bleibende Minderung der Schmierfähigkeit: Die Betriebsflüssigkeit "altert". Gleichzeitig sinkt mit steigender Temperatur die Viskosität. Dadurch werden die Dicke des Schmierfilmes und dessen Scherstabilität nachteilig beeinflußt.

Die Höhe der Temperatur begünstigt weiter die Dampfblasenbildung und damit die Kavitation. Man muß bedenken, daß trotz "niedriger" Flüssigkeitstemperatur im Behälter - die Temperatur wird fälschlicherweise meist im Behälter gemessen - im Hydrogetriebekreislauf allgemein höhere Temperaturen vorhanden sind, die örtlich u.U. noch erheblich gesteigert sein können. Niedrige Temperatur, gepflegte Betriebsflüssigkeit und günstiger Betriebsdruck sind Voraussetzung für lange Lebensdauer.

8 Anhang

8.1 Normen und Vorschriften

8.1.1 Allgemeines

Das Hydrogetriebe ist in seiner verbreiteten Anwendung relativ neu. Trotzdem haben intensive nationale und internationale Bemühungen bereits zu einer umfangreicher Vereinheitlichung geführt, die sich sowohl auf den allgemeinen Sprachgebrauch und damit auf die Festlegung von Fachausdrücken, Symbolen u.ä. als auch auf die zu verwendenden Bauelemente bezieht.

Jedem Techniker und Ingenieur der sich mit der Auslegung und Gestaltung eines hydrostatischen Systems befaßt, sollten die nachfolgend aufgeführten Normen, Empfehlungen und Vorschriften jederzeit zugänglich sein. Nur dann ist eine rationelle Arbeit und die Verhinderung von Mißverständnissen und damit die Vermeidung unnötiger Aufwendungen möglich.

Die nachfolgende Aufstellung umfaßt, über die das Hydrogetriebe betreffenden Normen hinaus, auch die Normen, die im Rahmen der Erarbeitung dieses Buches herangezogen wurden.

8.1.2 Organisationen

Folgende Organisationen haben eigene Normen bzw. Empfehlungen herausgegeben:

VDMA (Verein Deutscher Maschinenbau Anstalten e.V.)
Mendelsohnstraße 73, 6000 Frankfurt/Main
Fachgemeinschaft Pumpen und Verdichter,
Fachgruppe Ölhydraulik und Pneumatik;

DIN (Deutsches Institut für Normung)
Burggrafenstraße 4 - 7, 1000 Berlin 30

Ausschuß für Einheiten und Formelgrößen,
Ausschuß für Normungstechnik,
Fachnormenausschuß Maschinenbau,
Fachnormenausschuß Messen, Steuern, Regeln;

VDI (Verein Deutscher Ingenieure)
Graf-Recke-Straße 84, 4000 Düsseldorf
Ausschuß für wirtschaftliche Fertigung,
Fachgruppe Getriebetechnik,
Ausschuß Hydrostatische Getriebe,
Ausschuß Hydrodynamische Getriebe,
Fachgruppe Betriebstechnik,
Ausschuß Automatisierung in der Fertigung;

CETOP (Comité Européen des Transmissions Oléohydrauliques et Pneumatiques)
Sekretariat: Mendelssohnstraße 73, 6000 Frankfurt/Main

8.1.3 Normen

a) DIN-Normen

DIN 1301	Einheiten (Nov. 71)
DIN 1305	Masse, Gewicht, Gewichtskraft, Fallbeschleunigung (Juni 68)
DIN 1306	Dichte (Dez. 71)
DIN 1311	Schwingungslehre (Entw. Mai 72)
DIN 1314	Druck (Dez. 71)
DIN 1315	Winkel, Winkelteilungen (Entw. März 72)
DIN 1341	Wärmeübertragung (Nov. 71)
DIN 1342	Viskosität Newtonscher Flüssigkeiten (Dez. 71)
DIN 1355	Zeit (Jan. 73)
DIN 5479	Übersetzungen (Übersetzungsverhältnis) (Entw. Febr. 70)
DIN 5492	Formelzeichen der Strömungsmechanik (Nov. 65)
DIN 5497	Mechanik, Starre Körper (Dez. 68)
DIN 19226	Regelungstechnik und Steuerungstechnik (Mai 68)
DIN 24300	Benennungen und Sinnbilder (März 66)
	Blatt 1 - Übersicht, Grundzeichen, Funktionszeichen
	Blatt 2 - Energieumformung

	Blatt 3 - Energiesteuerung und -regelung
	Blatt 4 - Energieübertragung
	Blatt 5 - Betätigung
	Blatt 6 - Verschiedene Geräte
	Blatt 7 - Beispiele für Aggregate
	Blatt 8 - Beispiele für vollständige Anlagen
DIN 24315	Einheiten-Vergleich (März 67)
DIN 24328	Hydraulik-Steckkupplungen
DIN 24329	Hydraulik-Schlauchleitungen
DIN 24331	Hydropumpen und Hydromotoren, Geometrisches Verdrängervolumen
DIN 22332	Hydropumpen und Hydromotoren, Anbauflansch und Einbauraum
DIN 24334	Hydrozylinder
DIN 24340	Hydroventile (Entw. April 72)
	Blatt 1 - Wegeventile, Anforderungen
	Blatt 2 - Lochbilder und Anschlußplatten für Wegeventile
	Blatt 3 - Lochbilder und Anschlußplatten für Druckventile und Sperrventile

b) VDI-Richtlinien

VDI 2152	Hydrostatisches Getriebe
VDI 2153	Hydrodynamisches Getriebe
VDI 3027	Anleitung für Inbetriebnahme und Instandhaltung
VDI 3225	Ölhydraulische Schaltungen, Schaltpläne (Okt. 66)
VDI 3227	Technische Ausführungsrichtlinien für Werkzeugmaschinen, Allgemeines und Bestellabwicklung (Mai 67)
VDI 3230	Technische Ausführungsrichtlinien für Werkzeugmaschinen Hydraulische Ausrüstungen
VDI 3267	Kenngrößen Ölhydraulische Geräte, Wegeventile (Jan. 63)
VDI 3268	Kenngrößen Ölhydraulische Geräte, Mengenventile (Jan. 63)
VDI 3269	Kenngrößen Ölhydraulische Geräte, Sperrventile (Jan. 63)
VDI 3276	Kenngrößen Ölhydraulische Geräte, Druckventile (Jan. 63)
VDI 3277	Kenngrößen Ölhydraulische Geräte, Hydrozylinder (Jan. 63)
VDI 3278	Kenngrößen Ölhydraulische Geräte, Hydromotoren (Jan. 63)
VDI 3279	Kenngrößen Ölhydraulische Geräte, Hydropumpen (Dez. 71)
VDI 3280	Kenngrößen Ölhydraulische Geräte, Filter (Sep. 63)
VDI 3281	Kenngrößen Ölhydraulische Geräte, Druckübersetzer (Sep. 63)
VDI 3282	Kenngrößen Ölhydraulische Geräte, Hydrospeicher (Sep. 73)
VDI 3283	Kenngrößen Ölhydraulische Geräte, Druckschalter (März 64)

VDI 3284 Kenngrößen Ölhydraulische Geräte, Kühler (März 64)
VDI 3285 Kenngrößen Ölhydraulische Geräte, Servoventile
VDI 3286 Kenngrößen Ölhydraulische Geräte, Hydrostatische Getriebe

c) CETOP-Empfehlungen

CETOP R 1 Einheiten (1970)
CETOP RP 2H Gliederung von Hydrogeräten und -anlagen (1964)
CETOP RP 3 Sinnbildliche Darstellung von Hydraulik- und Pneumatikgeräten und Zubehör (1965)
CETOP RP 6H Verschraubungen für Ölhydraulik-Leitungen - Einschraubgewinde
CETOP R 8H Ölhydraulische Geräte und Anlagen (1971)
CETOP RP 9H Technische Lieferbedingungen (1964)
CETOP RP 10H Hydrozylinder (1964)
CETOP RP 11H Betriebs- und Wartungsanleitung, Kompl. Anlagen
CETOP RP 12H Anleitung für die Inbetriebnahme, Bedienung und Wartung von Hydropumpen (1967)
CETOP RP 13H Anleitung für die Inbetriebnahme, Bedienung und Wartung von Hydromotoren (1967)
CETOP RP 14H8 Empfehlung für die Inbetriebnahme, Bedienung und Wartung von kompl. Hydrogetrieben
CETOP RP 15H Anleitung für die Inbetriebnahme, Bedienung und Wartung von Hydroventilen
CETOP RP 16H Anleitung für die Inbetriebnahme, Bedienung und Wartung von hydr. Zylindern
CETOP RP 17H Anleitung für die Inbetriebnahme, Bedienung und Wartung von hydr. Druckübersetzern
CETOP RP 18H Anleitung für die Inbetriebnahme, Bedienung und Wartung von Hydro-Speichern
CETOP RP 31H Spezifikation für Hydraulik-Zylinder-Rohre
CETOP RP 34H Anschlüsse und Hydraulik-Schläuche
CETOP RP 35H Befestigungsflächen für Hydro-Ventile
CETOP RP 36H Techn. Ausführungsrichtlinien für ölhydr. Industrie-Ausrüstungen
CETOP RP 39H Tabelle der erforderlichen Angaben für Hydraulikflüssigkeiten
CETOP RP 42H Anbauflansche und wellenseitiger Einbauraum für Hydropumpen und -motoren
CETOP RP 45H Prüfmethoden für Pumpen und Motoren für hydrostatische Kraftübertragung
CETOP RP 47H Empfehlungen für die sichere Anwendung von Hydrospeichern mit Gasvorspannung

CETOP RP 48H Methoden zur Bestimmung der Korrosionsschutzeigenschaften der auf Wasser basierenden schwerentflammbaren Hydroflüssigkeiten.

VDMA-Empfehlungen

VDMA 24311 Ölhydraulik - Begriffe, Zeichen, Einheiten
Blatt 1 - Energieumformer, Allgemeines (Juni 66)
Blatt 2 - Energieumformer Hydropumpen (Juni 66)
Blatt 3 - Elektrohydraulische Servoventile (Mai 68)
Blatt 6 - Servosteuerungen

VDMA 24312 Ölhydraulik und Pneumatik-Drücke, Begriffe, Druckstufen (Mai 67)

VDMA 24313 Flughydraulische Anlagen
Benennung und Sinnbilder
Blatt 1 - Übersicht, Grundzeichen, Funktionszeichen (März 68)
Blatt 2 - Energieumformung (März 68)
Blatt 3 -
Blatt 4 - Energieübertragung (März 68)
Blatt 5 - Betätigungen (März 68)
Blatt 6 -
Blatt 7 - Beispiele für Aggregate (März 68)

VDMA 24314 Wechsel von Druckflüssigkeiten

VDMA 24316 Hydroströme, Rohre, Einschraubgewinde, Durchflußwerte (Aug. 66)

VDMA 24317 Schwerentflammbare Druckflüssigkeiten

VDMA 24318 Druckflüssigkeiten auf Mineralölbasis (Juni 68)

VDMA 24320 Schwerentflammbare Druckflüssigkeiten, Gruppe HSA

d) Sonstiges

Gesetz über die Einheiten im Meßwesen vom 2.7.1969 (BGBl S. 709)

Ausführungsverordnung zum Gesetz über die Einheiten im Meßwesen

8.2 Formelzeichen, Formeln, Einheiten

8.2.1 Formelzeichen

Zeichen	Bedeutung	Einheit
A	Arbeit	J
ΔA	Arbeitsdifferenz	J
A_V	Verlustarbeit	J
a	Verhältnis der Rohrlänge zum Durchmesser	
b	Breite	m
c	Konstante	
c	Spezifische Wärmekapazität	J/kgK
$c_{Öl}$	Spezifische Wärmekapazität von Mineralöl	J/kgK
c_{Ck}	Spezifische Wärmekapazität chlorierter Kohlenwasserstoffe	J/kgK
c_{SRi}	Konstante Zahlengröße aus den Richtwerten	$\sqrt{s/m}$
D	Durchmesser	m
D	Geschwindigkeitsgefälle (Verhältnisgröße)	
d	Durchmesser	m
d_i	Lichter Innendurchmesser	m
d_a	Außendurchmesser	m
d_l	Lichter Rohrdurchmesser bei laminarer Strömung	m
d_t	Lichter Rohrdurchmesser bei turbulenter Strömung	m
d_{Ri}	Erfahrungsrichtwerte für den lichten Rohrdurchmesser	m
Δd_i	Innendurchmesseränderung durch den Innendruck	m
d_R	Auf Erfahrungsrichtwerte bezogener lichter Rohrdurchmesser	m
d_1	Lichte Weite des Sauganschlusses der Hydropumpe	m
d_S	Lichte Weite der Saugleitung	m
d_{SRi}	Erfahrungsrichtwert für den lichten Rohrdurchmesser der Saugleitung	m
E	Elastititätsmodul	m^2/N
e	Exzentrizität	m
F	Kraft	N
F_K	Kolbenkraft	N
F'	Schubkraft nach Newton	N
F_{th}	Theoretische Kolbenkraft	N
F_R	Resultierende Kolbenkraft	N
$-F_K$	Saugkraft am Kolben	N
f	Umrechnungsfaktor	
$f_{ÖlT}$	Umrechnungsfaktor für die Änderung der Temperatur	
$f_{Ölp}$	Umrechnungsfaktor für die Änderung des Druckes	
f_ν	Umrechnungsfaktor für die Änderung der kinematischen Zähigkeit	
f_Q	Umrechnungsfaktor für die Änderung des Volumenstromes	
f_a	Umrechnungsfaktor für die Änderung des Durchmesser-Längen-Verhältnisses	
f_d	Umrechnungsfaktor für die Änderung des Durchmessers	
f_p	Umrechnungsfaktor für die Änderung des Druckes	
f_ρ	Umrechnungsfaktor für die Änderung der Dichte	
G	Gewichtskraft	N
g_n	Erdbeschleunigung, Normalbeschleunigung	m/s^2

h	Höhe, Hub	m
h_{st}	Statische Höhe einer Flüssigkeitssäule	m
h_{stRi}	Erfahrungsrichtwert für die statische Höhe	m
i_g	Geometrisches Übersetzungsverhältnis	
i_h	Hydrostatisches Übersetzungsverhältnis	
K	Durchmesserverhältnis d_a/d_i	
Δl	Längenänderung durch den Innendruck	m
l	Projizierter Kolbenweg	m
l	Länge	m
l_{Ri}	Erfahrungsrichtwert für die Länge	m
l_R	Auf den Erfahrungsrichtwert bezogene Länge	m
m	Umrechnungsfaktor für die Bestimmung des lichten Rohrdurchmessers der Saugleitung	
m	Masse	Kg
m_Q	Umrechnungsfaktor für die Änderung des Volumenstromes	
m_η	Umrechnungsfaktor für die Änderung des Wirkungsgrades	
m_ξ	Umrechnungsfaktor für die Änderung des Widerstandsbeiwertes	
m_{pS}	Umrechnungsfaktor für die Änderung des Saugdruckes	
m_ρ	Umrechnungsfaktor für die Änderung der Dichte	
M	Drehmoment	Nm
M_1	Antriebsdrehmoment der Hydropumpe	Nm
M_2	Abtriebsdrehmoment des Hydromotors	Nm

M_{1th}	Theoretisches Antriebsdrehmoment der Hydropumpe	Nm
M_{2th}	Theoretisches Abtriebsdrehmoment des Hydromotors	Nm
n	Drehzahl	min^{-1}
n_1	Antriebsdrehzahl der Hydropumpe	min^{-1}
n_2	Abtriebsdrehzahl des Hydromotors	min^{-1}
n_{1th}	Theoretisch mögliche Drehzahl der Hydropumpe	min^{-1}
n_{2th}	Theoretisch mögliche Drehzahl des Hydromotors	min^{-1}
P	Leistung	W, kW, J/s
P_{1th}	Theoretisch erforderliche Antriebsleistung der Hydropumpe	W, kW, J/s
P_{2th}	Theoretisch vom Hydromotor abgegebene Leistung	W, kW, J/s
P_{eff}	Effektive (tatsächliche) Leistung	W, kW, J/s
ΔP	Leistungsdifferenz, Verlustleistung	W, kW, J/s
P_1	Antriebsleistung der Hydropumpe	W, kW, J/s
P_2	Abtriebsleistung des Hydromotors	W, kW, J/s
P_{thm}	Theoretische mittlere Leistung	W, kW, J/s
p	Flüssigkeitsdruck	N/m^2
p_0	Luftdruck, Atmosphärendruck	N/m^2
p_a	Absoluter Druck	N/m^2
$p_ü$	Überdruck, Druck größer als p_0	N/m^2
p_u	Unterdruck, Druck kleiner als p_0	N/m^2
p'	Summe aus Druckhöhe und Überdruck, Mindestdruckgefälle	N/m^2
p_E	Druck am Eintritt in Pumpe oder Rohrleitung	N/m^2

p_A	Druck am Austritt der Pumpe oder Rohrleitung, aufgewendeter Druck	N/m^2
$p_{1,2,3}$	Druck an verschiedenen Orten in einem System	N/m^2
p_N	nutzbarer Druck	N/m^2
p_{Sp}	Speisedruck	N/m^2
p_h	Flüssigkeitsdruck aus der Gewichtskraft	N/m^2
Δp	Druckgefälle, Druckdifferenz, Druckverlust, Druckabfall	N/m^2
Δp_{th}	Theoretisches Druckgefälle, Theoretisch möglicher Druck	N/m^2
Δp_{thG}	Theoretisches Gesamtdruckgefälle	N/m^2
Δp_R	Druckdifferenz im geraden Rohr mit kreisrundem Querschnitt	N/m^2
p_1	Druck am Austritt der Hydropumpe	N/m^2
p_2	Druck am Eintritt des Hydromotors	N/m^2
p_{1th}	Theoretisch möglicher Druck am Austritt der Hydropumpe	N/m^2
p_{2th}	Theoretisch erforderlicher Druck am Hydromotor Eintritt	N/m^2
$-p_S$	Saugdruck, Unterdruck in der Saugleitung	N/m^2
p_i	Innendruck	N/m^2
$-p_{Szul}$	Zulässiger Unterdruck am Anschluß der Saugleitung der Pumpe	N/m^2
Δp_l	Druckdifferenz bei laminarer Strömung	N/m^2
Δp_t	Druckdifferenz bei turbulenter Strömung	N/m^2
p_{Ri}	Erfahrungsrichtwert für den Druck	
p_R	Auf den Erfahrungsrichtwert bezogener Druck	N/m^2
Δp_G	Gesamte Druckdifferenz in der Rohrleitung	N/m^2
Δp_R	Druckdifferenz der geraden Rohrleitungsteile mit kreisrundem Querschnitt	N/m^2
Δp_E	Druckdifferenz der Rohrleitungseinzelteile	N/m^2
Q	Volumenstrom	m^3/s
Q_{1th}	Theoretischer Volumenstrom der Hydropumpe, Theoretischer Ansaugvolumenstrom der Pumpe	m^3/s
Q_{2th}	Theoretischer Schluckstrom des Hydromotors	m^3/s
Q_1	An der Hydropumpe austretender Volumenstrom	m^3/s
Q_2	Am Hydromotor eintretender Volumenstrom	m^3/s
Q_{thm}	Mittlerer theoretischer Volumenstrom	m^3/s
Q_{Sp}	Speisevolumenstrom	m^3/s
Q_{1Sch}	Volumenstrom für die Schmierung der Hydropumpe	m^3/s
Q_{2Sch}	Volumenstrom für die Schmierung des Hydromotors	m^3/s
$Q_{Spü}$	Spülvolumenstrom	m^3/s
Q_{Rsv}	Reservevolumenstrom	m^3/s
Q_{Ri}	Erfahrungsrichtwert für den Volumenstrom	m^3/s
Q_R	Auf den Erfahrungsrichtwert bezogener Volumenstrom	m^3/s
Q_S	Volumenstrom in der Saugleitung	m^3/s
Q_{1eff}	Tatsächlich angesaugter Volumenstrom der Hydropumpe	m^3/s

ΔQ	Verluste des Volumenstroms	m^3/s
ΔQ_1	Aus dem Kreislauf austretender Volumenstrom in der Hydropumpe, Lecköl	m^3/s
ΔQ_2	Aus dem Kreislauf im Hydromotor austretender Volumenstrom, Lecköl	m^3/s
Q_{th}	Theoretischer Volumenstrom	m^3/s
Q_{eff}	Effektiver Volumenstrom	m^3/s
q	Umrechnungsfaktor für den Wirkungsgrad von Rohrleitungseinzelteilen	
q_p	Umrechnungsfaktor für die Änderung des Druckes	
q_ρ	Umrechnungsfaktor für die Änderung der Dichte	
q_ν	Umrechnungsfaktor für die Änderung der Strömungsgeschwindigkeit	
R	Radius	m
r	Hebelarm, Radius	m
Re	Reynoldssche Zahl	
Re_R	Auf Erfahrungsrichtwerte bezogene Reynoldssche Zahl	
Re_{RG}	Grenzwert der Reynoldsschen Zahl	
S	Fläche	m^2
T	Temperatur	K
ΔT	Temperaturdifferenz	K
ΔT_t	Temperaturdifferenz nach einer bestimmten Zeit	K
ΔT_p	Temperaturdifferenz bezogen auf die Druckeinheit	$\frac{K}{N/m^2}$
t	Zeit	s
t_v	Zeit in der ein Verlust entsteht	s

Δt	Zeitdifferenz	s
t_{St}	Steuerzeit	s
t_K	Kompressionszeit	s
u	Verhältnis der auf die Erfahrungsrichtwerte bezogenen Tabellenwerte (Tabelle 12) zum gegebenen Wert	
u_Q	Verhältnis u für den Volumenstrom	
u_ν	Verhältnis u für Dichte	
v_K	Kolbengeschwindigkeit	m/s
v_m	Mittlere Kolbengeschwindigkeit	m/s
v	Geschwindigkeit	m/s
v_S	Strömungsgeschwindigkeit in der Saugleitung	m/s
V	Volumen, Füllvolumen	m^3
V_{1th}	Theoretisches Hubvolumen der Hydropumpe	m^3/Hub
V_{2th}	Theoretisches Schluckvolumen des Hydromotors	m^3/Hub
ΔV	Volumendifferenz	m^3
V_G	Füllvolumen eines Gefäßes	m^3
ΔV_{GT}	Volumendifferenz eines Gefäßes nach Temperaturänderung	m^3
$V_{Öl}$	Ölvolumen in einem Gefäß	m^3
$V_{ÖlT}$	Ölvolumen in einem Gefäß nach Temperaturänderung	m^3
$V_{Ölp}$	Ölvolumen in einem Gefäß nach Druckänderung	m^3
$\Delta V_{Ölp}$	Ölvolumendifferenz in einem Gefäß nach Druckänderung	m^3
ΔV_{Gp}	Volumendifferenz eines Gefäßes nach Druckänderung	m^3
$\Delta V_{ÖlT}$	Ölvolumendifferenz in einem Gefäß nach Temperaturänderung	m^3

V_{Gp}	Ölvolumen in einem Gefäß nach Druckänderung	m^3
ΔV_p	Volumendifferenz nach Druckänderung	m^3
V_{Luft}	Luftvolumen	m^3
ΔV_{Luftp}	Luftvolumendifferenz nach Druckänderung	m^3
ΔV_K	Kompressionsvolumen	m^3
ΔV_{St}	Steuervolumen	m^3
ΔW_v	Wärme aus dem Leistungsverlust	J
w	Verhältnis der Reynoldsschen Zahl aus den Erfahrungsrichtwerten zum Grenzwert der Reynoldsschen Zahl	
w_{tmax} w_{tmin}	Grenzwert des Verhältnisses w für den turbulenten Strömungszustand	
w_l	Grenzwert des Verhältnisses w für den laminaren Strömungszustand	
y	Geschwindigkeit	m/s
z	Anzahl der Kolben	
α_{St}	Kubischer Ausdehnungskoeffizient für Stahl	m^3/m^3
β	Winkel zwischen Schrägscheibe (90+β), Schrägtrommel Taumelscheibe (90+β) und Pumpenachse	rad
η	Wirkungsgrad	
η_P	Proportionaltiätskonstante	
η_v	Volumetrischer Wirkungsgrad	
η_{1v}	Volumetrischer Wirkungsgrad der Hydropumpe	
η_{2v}	Volumetrischer Wirkungsgrad des Hydromotors	
η_{Gv}	Volumetrischer Gesamtwirkungsgrad	
η_{hm}	Hydraulisch-mechanischer Wirkungsgrad	
η_{1hm}	Hydraulisch-mechanischer Wirkungsgrad der Hydropumpe	
η_{2hm}	Hydraulisch-mechanischer Wirkungsgrad des Hydromotors	
η_{Ghm}	Hydraulisch-mechanischer Gesamtwirkungsgrad	
η_G	Gesamtwirkungsgrad	
η_{hR}	Auf Erfahrungsrichtwert bezogenen hydraulischer Wirkungsgrad der Rohrleitung	
η_{hRi}	Erfahrungsrichtwert für den hydraulischen Wirkungsgrad der geraden, kreisrunden Rohrleitung	
η_{hRt}	Auf Erfahrungsrichtwerte bezogener hydraulischer Wirkungsgrad der Rohrleitung im turbulenten Bereich	
η_{hRl}	Auf Erfahrungsrichtwerte bezogener hydraulischer Wirkungsgrad der Rohrleitung im laminaren Bereich	
η_{hE}	Hydraulischer Wirkungsgrad von Rohrleitungseinzelteilen	
η_{hERi}	Erfahrungsrichtwert für den Wirkungsgrad von Rohrleitungseinzelteilen	
η_{v1}	Volumetrischer Wirkungsgrad der Pumpe	
η_{vRi}	Erfahrungsrichtwerte für den volumetrischen Wirkungsgrad	
λ_R	Widerstandszahl im geraden Rohr mit kreisrundem Querschnitt	
λ_{Rl}	Widerstandszahl im geraden Rohr mit kreisrundem Querschnitt im laminaren Strömungszustand	
λ_{Rt}	Widerstandszahl im geraden Rohr mit kreisrundem Querschnitt im turbulenten Strömungszustand	

ν	Kinematische Zähigkeit	m^2/s
ν_{Ri}	Erfahrungsrichtwert für die kinematische Zähigkeit	m^2/s
ν_R	Auf den Erfahrungsrichtwert bezogene kinematische Zähigkeit	m^2/s
ξ_G	Gesamtwiderstandsbeiwert	
ξ_R	Widerstandsbeiwert in geraden Rohren mit kreisrundem Querschnitt	
ξ_E	Widerstandsbeiwert in Rohrleitungseinzelteilen	
ξ_{GRi}	Erfahrungsrichtwert für den Gesamtwiderstandsbeiwert	
ρ	Dichte	kg/m^3
ρ_{Ri}	Erfahrungsrichtwert für die Dichte	kg/m^3
ρ_R	Auf Erfahrungsrichtwerte bezogene Dichte	kg/m^3
σ_t	Tangentiale Spannung	N/m^2
σ_x	Axiale Spannung	N/m^2
φ	Drehwinkel	rad
ω	Winkelgeschwindigkeit	rad/s

8.2.2 Wichtige Formeln

Seite	Nr.	Formel	Einheit	Berechnet wird
6	(1)	$h = \frac{p_h}{\rho g_n}$	m	Statische Höhe aus dem statischen Druck
10	(2)	$v = \sqrt{2g_n h}$	m/s	Geschwindigkeit im freien Fall
11	(3)	$p' = \frac{\rho v^2}{2}$	N/m^2	Flüssigkeitsdruck aus der Strömungsgeschwindigkeit
17	(4)	$Q = \frac{V}{t}$	m^3/s	Volumenstrom aus Volumen und Zeit
17	(5)	$Q = Vn$	m^3/s	Volumenstrom aus Volumen pro Umdrehung und Drehzahl
18	(6)	$n = \frac{Q}{V}$	1/s	Drehzahl aus Volumenstrom und Volumen pro Umdrehung
18	(7)	$M = \frac{Vp}{2\pi}$	Nm	Drehmoment aus Volumen pro Umdrehung und Druck
18	(8)	$A = Vp$	J	Arbeit aus Volumen pro Umdrehung und Druck
18	(9)	$P = \frac{A}{t}$	W	Leistung aus Arbeit und Zeit

8.2.2 (Fortsetzung)

Seite	Nr.	Formel	Einheit	Berechnet wird
19	(10)	$P = pQ$	W	Leistung aus Volumenstrom und Druck
23	(11)	$\Delta P = P_1(1 - \eta_G)$	W	Leistungsverlust aus Leistung und Wirkungsgrad
25	(12)	$\Delta T = \frac{\Delta P t_v}{G c} = \frac{P_1(1 - \eta_G)t_v}{G c}$	K	Temperaturänderung aus dem Leistungsverlust
127	(13)	$\Delta p_l = p_A(1 - \eta_{hR}) = \frac{128}{\pi} \nu\rho \frac{Qa}{d_l^3}$	N/m^2	Druckverlust bei laminarer Strömung
127	(14)	$\Delta p_t = p_A(1 - \eta_{hR}) = \frac{0{,}2415\nu^{0,25}\rho Q^{1,75}a}{d_t^{3,75}}$	N/m^2	Druckverlust bei turbulenter Strömung
139	(15)	$d^5 = (\frac{4}{\pi})^2 \lambda_R \frac{1}{\Delta p} \frac{\rho}{2} Q^2$	m	Durchmesser in Abhängigkeit vom Druckverlust
147	(16)	$- p_S \geqslant - p_{Szul}$	N/m^2	-
147	(17)	$- p_S = - \xi_G \frac{\rho v^2}{2} \pm h_{st}\rho g_n \geqslant - p_{Szul}$	N/m^2	Saugdruck aus Druckverlust und statischer Höhe
148	(18)	$d_{Smin} \geqslant \sqrt{\frac{4}{\pi} \frac{Q_S}{v_S}}$	m	Durchmesser der Saugleitung aus Saugvolumenstrom, Druckverlust, statischer Höhe und zulässigem Saugdruck
		$d_{Smin} \geqslant \sqrt{c \frac{Q_{1eff}}{\eta_{1V}}} \times \sqrt{\frac{\xi_G \rho}{p_{Szul} \pm h_{st}\rho g_n}}$	m	

8.2.3 Einheitenvergleich

Größe	Formelzeichen	Einheit im internationalen Einheitensystem (SI)	Einheit im früheren technischen Einheitensystem	Umrechnungsfaktor vom SI ins frühere technische Einheitensystems	Umrechnungsfaktor von früheren technischen Einheitensystems ins SI
Arbeit	A	J	kpm	$\frac{0,102\ kpm}{J}$	$\frac{9,81\ J}{kpm}$
Dichte	ρ	$\frac{kg}{m^3}$	$\frac{kg}{m^3}$	-	-
Druck	p	$\frac{N}{m^2}$	$\frac{kp}{cm^2}$	$\frac{1,02\cdot 10^{-5} kp/cm^2}{N/m^2}$	$\frac{0,981\cdot 10^5 N/m^2}{kp/cm^2}$
Gewichtskraft Kraft	G F	N	kp	$\frac{0,102\ kp}{N}$	$\frac{9,81\ N}{kp}$
Drehmoment	M	Nm	kpm	$\frac{0,102\ kpm}{Nm}$	$\frac{9,81\ Nm}{kpm}$
Drehzahl Umlauffrequenz	n	$\frac{1}{s}$	$\frac{1}{min}$	$\frac{60s}{min}$	$\frac{min}{60s}$
Geschwindigkeit	v	$\frac{m}{s}$	$\frac{m}{min}$	$\frac{60m/min}{m/s}$	$\frac{m/s}{60m/min}$
Gewicht, Masse	m	kg	kg	-	-
Leistung	P	W	PS	$\frac{1,36\ 10^{-3} PS}{W}$	$\frac{736\ W}{PS}$
Temperatur	T	K	^oC	$\frac{^oC}{K}$	$\frac{K}{^oC}$
Volumenstrom	Q	m^3/s	l/min	$\frac{6\cdot 10^4\ l/min}{m^3/s}$	$\frac{m^3/s}{6\cdot 10^4\ l/min}$
Viskosität dynamische	η	$\frac{Ns}{m^2}$	P	$\frac{10\ P}{Ns/m^2}$	$\frac{Ns/m^2}{10\ P}$
Viskosität kinematische	ν	$\frac{m^2}{s}$	cSt	$\frac{10^6\ cSt}{m^2/s}$	$\frac{m^2/s}{10^6\ cSt}$
Wärmemenge	W	J	kcal	$\frac{kcal}{4187\ J}$	$\frac{4187\ J}{kcal}$
Wärmekapazität spezifische	c	$\frac{J}{kg\ K}$	$\frac{kcal}{kg\ ^oC}$	$\frac{kcal/kg^oC}{4187\ J/kg\ K}$	$\frac{4187\ J/kg\ K}{kcal/kg^oC}$
Wichte	γ	$\frac{N}{m^3}$	$\frac{kp}{m^3}$	$\frac{0,102\ kp/m^3}{n/m^3}$	$\frac{9,81\ N/m^3}{kp/m^3}$
Winkelgeschwindigkeit	ω	$\frac{rad}{s}$	$\frac{rad}{s}$	-	-
Trägheitsmoment		kgm^2	kgm^2	-	-

Literaturverzeichnis

1. Hütte, Bd. IIA Maschinenbau. 28. Aufl. Berlin: Ernst & Sohn 1954.
2. VDI-Richtlinie 2152 (Entwurf). Düsseldorf: VDI-Verlag.
3. VDI-Richtlinie 2153 (Entwurf). Düsseldorf: VDI-Verlag.
4. Wolf, M.: Strömungskupplungen und Wandler. Berlin, Göttingen, Heidelberg: Springer 1962.
5. Dubbel: Taschenbuch für den Maschinenbau. 2 Bde. 13. Aufl. Berlin, Heidelberg, New York: Springer 1970, Berichtigter Neudruck 1974.
6. Kaufmann, W.: Technische Hydro- und Aeromechanik. 3. Aufl. Berlin, Göttingen, Heidelberg: Springer 1963.
7. Richter, H.: Rohrhydraulik. 5. Aufl. Berlin, Heidelberg, New York: Springer 1971.
8. Europump. (Sammelband) Europump Secretariat Generale, Fabrimetal Groupe 9, Brüssel.
9. Druckschrift der Firma Hydromatik GmbH, Ulm.
10. AWF- und VDMA-Getriebeblätter (AWF 617/618T). Berlin: Beuth.
11. Molly, H.: Die Zahnradpumpe mit evolventischen Zähnen. Ölhydraulik u. Pneumatik 2 (1958) Nr.1.
12. Druckschrift der Firma Pall GmbH, Dreieichenhain.
13. Crone, L.: Leistungsdaten von Hydraulikfiltern-Bedeutung und vergleichende Aussagekraft. Ölhydraulik u. Pneumatik 15 (1971) Nr.12.
14. Crone, L.: Neue Wege in der Hydraulikfiltration. Ölhydraulik u. Pneumatik 13 (1969) Nr.12.
15. Lohrentz, H.S.: Die Entwicklung extrem hoher Temperaturen in Hydrauliksystemen und die Einflüsse dieser Temperaturen auf die Bauteile und ihre Funktion. Druckschrift der Firma Alfred Teves GmbH, Frankfurt.
16. Wünsch, G.: Das Regel- 1 × 1. Druckschrift der Firma Askania-Werke AG, Berlin.
17. DIN 19226: Regelungstechnik und Steuerungstechnik.
18. Druckschrift der Firma Argus GmbH, Ettlingen.
19. Gerretz, P.: Das Verhalten von Öl in ölhydraulischen Anlagen. Techn. Rundsch. 57 (1965) Nr.21.
20. Gerretz, P.: Hydrostatische Getriebe-Regelung, Steuerung, Größenwahl. Ölhydraulik u. Pneumatik 8 (1964) Nr.3.
21. Bickel, E.; Acel, St.: Das Verhalten von Luft in ölhydraulischen Kreisläufen. Die blaue Reihe, Heft 59 (Techn. Rundsch.), Bern: Hallwag 1963.

22. Arbeitsmappe für den Mineralölingenieur. Düsseldorf: VDI-Verlag 1962.

23. Schwerentflammbare Flüssigkeiten. Druckschrift der Firma Kracht GmbH, Werdohl.

24. Brown, L.S.; Tartakowski, Sh.E.: Wie kann man eine zu starke Erwärmung in Werkzeugmaschinen verhindern? Stankii instrum. Artikel 329/20a (1957) Nr.12.

25. Herning, F.: Stoffströme in Rohrleitungen. 4. Aufl. Düsseldorf: VDI-Verlag 1966.

26. Stradtmann, F.H.: Stahlrohr-Handbuch. 7. Aufl. Essen: Vulkan-Verlag 1973.

27. Dettinger, W.: Die hydrodynamische und technologische Leistungsgrenze der Kolbenpumpe. Ind.-Anz. 88 (1966) Nr.44 u. 46.

28. Dettinger, W.: Zur Dimensionierung der Saugleitung von Kolbenpumpen. Verfahrenstechnik 2 (1968) Nr.5.

29. Vetter, G.; Fritsch, H.: Auslegung der Rohrleitung für oszillierende Verdrängerpumpen. Pumps-Pompes-Pumpen 18 (1968) Nr.12.

30. Druckschriften der Firmen DEA und Rheinpreussen GmbH, Hamburg.

Ferner wird verwiesen auf:

Haeder, H.; Gärtner, E.: Die gesetzlichen Einheiten in der Technik. 4. Aufl. Berlin, Köln, Frankfurt: Beuth 1974.

Backé, E.: Grundlagen der Ölhydraulik. Umdruck zur Vorlesung. Techn. Hochschule Aachen, Institut für hydraulische und pneumatische Antriebe und Steuerungen.

Sachverzeichnis